JN174179

監禁畜舎・食肉処理場・食の安全

屠殺

テッド・ジェノウェイズ 著／井上太一 訳

緑風出版

THE CHAIN

: FARM. FACTORY. AND THE FATE OF OUR FOOD

by Ted Genoways

Copyright © 2014 by Ted Genoways

Japanese translation published by arrangement with
Thedore Genoways c/o Trident Media Group, LLC
through The English Agency (Japan) Ltd.

目　次

屠殺——監禁畜舎・食肉処理場・食の安全

プロローグ

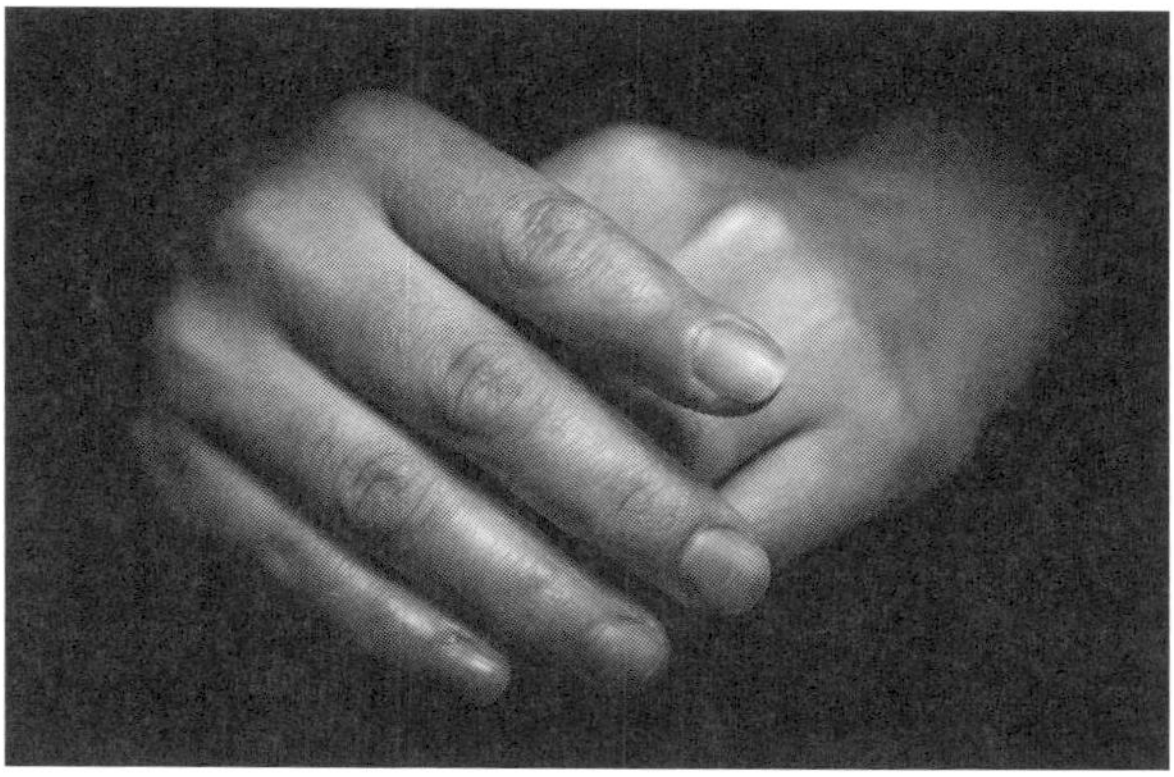

マリア・ロペスは、その日を決して忘れないだろう(原注1)。二〇〇四年、通常シフトでホーメルフーズ(訳注1)の解体ラインに立っていた時、それは起こった——工場の場所はネブラスカ州フリーモント、町南端に伸びるユニオン・パシフィック鉄道の線路のちょうど真向かいに、ブロックとコンクリートの建造物が大きく身を横たえている。隣の作業員がいつも通り、豚の肩肉を一つまた一つと回転ノコに掛けていく横で、ロペスは切り取られた脂身を袋に集め、目玉商品スパムの加工に回していた。フリーモントの施設はスパムを造る世界に二つしかない工場の一つであるから、作業ペースは常に一定だった。けれども近年ラインの速度が急に上げられ、一時間の処理数が一〇〇〇頭から一一〇〇頭以上になって、ロペスはついていくのが難しくなっていた(原注2)。隣の同僚が新たな肩肉に手を伸ばした時、とっさに切断エリアを拭こうとロペスが動く——と、指が滑ってノコギリの歯に迫った。すぐに手を引いたが遅かった。人差し指は皮一枚でぶら下がり、骨は完全に切断された。ロペスの叫び声がこだまする中、噴き出した血が作業場を朱に染めた。

後に医師は骨の両端を削りスクリューで固定、慎重に腱と神経と血管をつなげた。一カ月後、骨の湾曲を正すため二本目のスクリューを入れる手術を行なう。最終的に指の感覚は全て失われたが、仕事に戻ったのは事故からわずか二カ月後のことだった。ホーメルに戻って間もなく、ロペスはおぞましい現実を知った——あの日、看護室に駆け込んだ彼女はフリーモント地区医療センターへ送られ、救急処置室で包帯に包まれた指を見つめながらオマハの外科医が到着するのを待っていたが、ホーメルの解体ラインはその間もなお、豚を捌《さば》き続けていたらしい。その時もいつもと変わらず、少しの中断もなく、一時間一一〇〇頭が処理されていた——屠体《とたい》は部分肉に分けられてキュア81ハムやブラック・ラベル・ベーコンになって出荷され、屑肉《くずにく》はまとめて挽《ひ》かれてスパムやリトル・シズラーズ朝食ソーセージになる。隣にいた同僚は血に汚れた仕事場を綺麗にするようフロアの監督から指示されたというが、ラインはついに止まらなかった。

フリーモント郊外の自宅でポテトを揚げながら事の顚末《てんまつ》を振り返るマリア。スパチュラを持つ手の人差し指はまっすぐに伸びている。麻痺した指はホーメルの仕事に差し支え、やがてマリアはこの不器用が原因で一層ひどい怪我を負うことになるのではないかと不安に駆られ始めたという。二〇〇六年、さらに速度が上がり処理数は一時間一二〇〇頭以上に――この時、マリアは工場を去った。私の訪ねた折、なお工場に勤めていた夫のフェルナンドは、さらなる加速があって処理数が一時間一三〇〇頭以上になり、負傷件数も増え怪我の程度も酷くなったと語った。友人の一人は「内臓摘出係」で、ぶらぶら揺れる屠体から臓物を引きずり出していた。ある日のこと、腹腔を空にするのに手間取っていると、豚の背を割って出た胴付ノコが彼の四本の指を削いだ。「二本は失ったでしょう」とフェルナンドは中指と薬指を指し示す。そして後から思い出したように、自分も指の一部をなくしたんだったと付け加えた――左手小指先が肋骨切断機をかすめた、と。彼の経験では、いずれの場合も「清掃はしますが作業は止めません。ひどいものですよ、ラインの仕事は」。

労働者の権利団体も意見は一致している。二〇一三年九月には非営利公益組織の南部貧困法律センター(訳注2)とネブラスカ・アップルシード公益法センターを先頭に一群の人権団体が結束し、反復運動損傷や切断事故など、国内で「見過ごしがたい率」の食肉処理作業員を苦しめる「システム上の深刻なリスクを最小限に抑えるべく、加工ラインの速度を落とす」よう労働安全衛生局および合衆国農務省に要請した。(原注3) 人権団体らが取り上げたのは二〇〇九年にネブラスカ・アップルシードが行なった調査で、食肉処理場作業員の実態を探ったこの大々

訳注1　アメリカに本拠を置く世界屈指の豚肉加工会社。日本との関わりについては訳者あとがきを参照。

訳注2　同一姿勢で同一の筋肉を酷使することから起こる筋肉・腱・神経の損傷。テニス肘やバネ指、手根管症候群（手首の損傷）などの症状がある。

的な研究によると、(原注4)作業員の五二パーセントは二〇〇八年から一年の間に労働環境が危険の度を増したと感じていたらしく、彼等の「大多数」はラインの速度を理由に挙げた。一方、このような報告書があったにも拘わらず、対象になった工場はいずれも調査後の数年間に更なるスピードアップを強行していた。

しかしフリーモントと同じ速さのライン稼働が許されている工場は、国中探しても一握りしか存在しない。今から十年と少し前、農務省は試験的に食品安全検査の人員を減らす特別計画を施行し、おかげで全米五つの豚肉加工施設は独自のライン速度を設定できるようになった。そしてホーメルは自社の所有・操業する三つの屠殺施設すべてを、その選ばれた一握りに入れることに成功する。作業の加速によってホーメルは、来たる経済危機と、それの生む財布にやさしい肉（スパムなど）への需要を、好きなように利用できる立場となった。が、この一見他愛もないような工場業務の変化――たった三施設の屠殺スピード上昇、そしてホーメルがスパムを造る僅か二つの工場の解体・加工のスピード上昇――が、広範囲に影響し、時に破壊的ともなる一連の現象を招来した。

これから綴《つづ》られるのは従って、ただホーメルが生産の加速を決定した際に起こったあれやこれやの事実譚《じじつたん》ばかりでなく、その決定が引き起こしたドミノ効果の検証でもある――年月をかけ、サプライ・チェーンのあらゆる段階に波及するそのさまをみれば、川上の監禁畜舎では過密養豚によって環境と動物福祉が日に日に脅かされていく、川下の処理工場では労働者が国内随一の危険な労働環境に置かれ、あまつさえ居住区の社会から敵意を向けられる。果てはスーパーマーケットの肉売り場で供給食品の安全性と健全性が消滅に近付いていく。それは生産増に奔走して限界に達してしまったアメリカ産業の肖像でもあり、また同時に我々の、質をおいて低価格と利便性をとる、その都度その都度の共犯関係を映し出す、割れた鏡のかけらでもある。算定されるものはすなわち、安い肉の真実の価格に他ならない。

第一部

第1章　脳マシン

クオリティ豚肉加工社（Quality Pork Processors Inc.、QPP）の屠殺場には、常に風が吹いている――大型トレーラーが金切り声の豚たちを吐き出す積み降ろし地点の開口扉から、豚を捌《さば》く蒸し暑い室内を抜け、包装待ちの肉製品がホーメルフーズに受け渡される、ビニール覆いの通路まで。時に猛《たけ》り、時に渦巻き、峡谷を馳せる気流のごとく、風は工場にごうごうと鳴る。二〇〇六年十二月第一週、風荒れる作業場にいたマシュー・ガルシアは熱っぽい悪寒に襲われた。（原注1）刺すような背の痛み、それに嘔吐と闘わなくてはならなかったが、ただのインフルエンザだろうと思っていた。エルニーニョがミネソタ南部の草原地帯にかかって秋にはいつにない暖気を運んできたというし、公衆衛生局のお役人はすごいインフルエンザが全米で猛威を振るうだろうと警告していた。けれども自分はまだ若くて屈強だから、何とか凌いでやろう、と考えていた。

ミネソタ州オースティンに位置するQPP、双子都市ミネアポリス‐セントポールから南へ二時間も行けば見えてくるこの工場にガルシアが勤めだして、まだ十二週間しか経たないが、配属先はラインの中でも最悪の場所だった――扱う機具は単純に「脳マシン」といわれるもので、その置かれているのは、Jの字型のステンレス作業台、名付けて「頭部処理台」（原注2）の、真ん中を行くコンベヤーの先である。毎時一三〇〇以上の豚の首がベルトに載って運ばれてくる。作業員は耳を落とし、鼻を削ぎ、頬肉を削り取る。眼球をくり抜き、舌を切り、口蓋の肉をこそぎ取る。その意《こころ》はよく知られている通り、豚の身体はどんな部分でも食べられるからで（「鳴き声のほかは全部」と金言はうたう）、無駄になるものは何一つなく、脳でさえも例外ではない。ガルシアが入社する数年前、指揮命令を司る某氏、ホーメルの某氏は韓国に買い手を得た（液状にした豚の脳は、炒め物にとろみを加えるのに使われるという）。

それで毎日ガルシアの隣では女性作業員が後頭部の肉を取り、裸になった頭蓋をコンベヤーに載せてアクリル板の入口へ送る。その向こうに圧力九〇psi（約六・三kgf／㎠）のコンプレッサーを持ったガルシアが立ち、送られてきた頭蓋の後ろにノズルを挿入、すると自動で引き金が引かれ、豚の脳がピンクのどろどろになって吹き飛ばされる。首一つにつき三秒。高圧噴射、紅の霧、そして脳のどろどろは排水孔下の回収バケツに収まる（私の会ったある労働者はこれをショッキング・ピンクに近いといい、別の労働者はむしろぶくぶくの苺《いちご》シェイクだと形容した）。そうして一〇ポンド（約四・五キログラム）入りの容器が一杯になると、別の係が脳を回収して包装、発送に回す。空になった頭蓋は傾斜路《シュート》に落とされ、その先で更に別の係、ガルシアも会ったことのない一人が、挽いて骨粉に変えていく。その秋はほとんど毎日、相当な速さで作業が行なわれていたため、脳マシンの噴射中に空気が入れ替わることはなく、細かな霧は降り積もって頭部処理台の作業員らを組織と血液の不気味な混合物で覆った。

誰も気にはしなかった。解体室――俗にいう「暖房室」、「蒸し部屋」――では温度が高く設定され、血が固まって排水管を詰まらせないよう、また脂肪が固まって機械を壊さないよう保たれている。誰を見ても、外に曝された腕や顔は血に覆われ、白の作業着は赤に染まって油まみれ。そして、よどんだ空気をなお息苦しくするのがフィザード・ナイフという輪型の回転ナイフで、動力の空気圧縮機は音を四方に轟かせる。やがてフィザードの単調なうなり声とラインの苛酷な繰り返し作業――係によっては一シフトにつき三万回の同一切断作業——とによって、全員が手根管《しゅこんかん》症候群〔手首の損傷〕ないし腱炎を患う。ＱＰＰの駐車場でシフト交代の時間を待っていると、一日中同じ場所に立ち尽くしていた労働者たちの、ふらつく姿が現われる。八時間、ガルシアは立ち通し、大抵の日は昼食もトイレ休憩もろくにとらず、首が来たら真鍮《しんちゅう》製のノズルを差し込み、脳のどろどろは排水孔に注ぎ、空《から》の頭蓋は傾斜路に送り——一方で頭痛、吐き気と闘っていた。「インフルエンザっぽかったんですけど」と彼は後、私に語ってくれた、「熱と吐き気とだるいのと。まぁしんどくって、とにかく仕事に追い付けなかったです」。が、昇級したければ欠勤はできない、とくに上層部が残業に次ぐ残業を求めてくる間は。

　その秋、サブプライム・ローンの不良債権化が大問題になって住宅市場は急落、ここに景気後退の暗雲が立ち込めたことで、スパムの需要は増大した。ラインは速度を増し、操業時間も延び、一日一交代、土曜の休みはほぼ無くなり、日曜出勤も時々必要になったが、それでもホーメルは需要を満たせない。かくしてもう一シフトの追加が検討され始めた。一方、感謝祭には実家に帰る予定でいたガルシアだが、背や頭のズキズキは治らなかった。間もなく彼は、これが単なる働き過ぎの疲労や冬のウイルスではないと悟ることになる。

　十二月十一日、目を覚ましたら歩けなくなっていた。(原注3) 脚は死んだように麻痺している。三番通りにビクトリア調の分譲住宅を借りる家族は、近所の病院オースティン医療センターにガルシアを運び込んだ。医師らは詳しい検査を行なうため、一時間ほど行った所にあるロチェスター市メイヨー・クリニックのセント・メアリーズ病院に彼を送る。着いた時には高熱に悩まされ、刺すような頭の痛みを訴えていた。すぐに通され、一連の検査が行なわれた——頭部、頸部、胸部のＭＲＩも撮った。すべての結果が示したのは免疫系の異常、中でも深刻だったのはひどい脊髄炎で、自己免疫反応が引き起こしたものと看て取れた。あたかも自身の身体が自身の神経を攻撃しているような有り様だった。

容体は日に日に悪化し、医師たちは頭を抱えながらも、ガルシアの身に何が起こっているのか必死で理解することに努め、更なる入院治療のためクリニックのメアリー・ブライ・ビルに彼を移した。クリスマスの頃には寝たきり生活も二週間になり、医師はガルシアが自殺衝動に駆られはしまいかと危惧し始める。突然身に降りかかった謎の疾病ないし負傷による重度の鬱《うつ》状態、「急性適応障害」の診断が出ていた。カウンセリングのため精神科医が呼ばれた。ガルシアには今までとは違う生活を送る心構えが必要、とささやかれた——車椅子の生活である。

マシュー・ガルシアは実在しない。

というより、マシュー・ガルシアは本名ではない。この名は、移民税関捜査局（ＩＣＥ）から彼を護《まも》るため、私が付けたものに過ぎないが、いずれにせよ私も彼の本名を知りはしない。知っているのは免許証や就労資格証明書やカルテの名義、個人用納税者番号や労災補償の申請名義。それに社会保障カードの名義のみ。だがその名義は別の誰か、テキサスの、刑務所かあるいはもっとまずい所に暮らす、手頃なヒスパニック系の名を持つ誰かのもので、その誰かが自分の情報を売ったか盗まれたかした、ということになる。ミネソタ州オースティンにマシュー・ガルシアなる人物は存在せず、探しに行っても会うことはできない。

しかし、ひるがえって考えてみると、エミリアノ・バジェスタやミリアム・アンヘレス、それに頭部処理台でガルシアと肩を並べていた他のヒスパニック系労働者たちもみな実在しない。というのも今世紀最初の十年にＱＰＰで働いた労働者の恐らくは全員が、偽名を持ち、偽住所を登録した偽造書類を持っていたからである。屠殺場の作業員ばかりではない。クオリティ豚肉加工というのもホーメルの別称に他ならず、ダラスの事業本部というのは、ＬＢＪフリーウェイ沿い、コンクリートの現場打ち工法で造ったオフィスパークが所在地とされる、税金逃れ用の会計事務所兼郵送先住所でしかない。そしてオースティンの電話帳をめくってみればQPPの最高責任者ケリー・ワディングの名前はあるが、車で行ってみると家は無く、そんな住所も見当たらない。

オースティンではこうした真実半分の黙認されたハッタリが風景の一角をなし、それはちょうど、ゆるやかに流れるシダー川が町を二分する姿にも似る。川の向こう岸にはホーメルの工場が、六層の静水圧スパム調理機は高々と、フェンス囲いの敷地は広々と、QPPを囲って腰を据えるが、一五フィート（約四・六メートル）の隔壁があって中を覗くことは叶わない。私が中を見せてほしいと頼んだところ、広報担当のジュリー・H・クレーブンから元気あふれるEメールが届いた、「弊社の工場は最先端を行く施設です（ギョッとするようなものは何一つありません！）が、取材は全てお断り致しております」(原注4)。川のこちら側にはスパム博物館があって、純真素朴な中西部流の訛《なま》り言葉と人を煙に巻く企業一流の曖昧トークが第二言語のように飛び交っている。元工場従業員がスパム大使を務める傍ら、モンティ・パイソンの「スパムの歌」がスピーカーから流れて延々「Spamity《スパミティ》, Spam《スパム》! Spamity《スパミティ》, Spam《スパム》!」の歌詞を繰り返し、都合の悪い部分を消し去ったホーメルの歴史が展示品や飾り物、こさえ物などで一万六〇〇〇平方フィート（約一五〇〇平方メートル）にわたり展開する。さらには秒読みデジタル時計の付いたブースでは来場者の腕試し、ラインに遅れずスパムを缶詰にできるか一つ挑戦、という企画まである。

ある部屋はホーメル食料品店、すなわちジョージ・A・ホーメルが一八九一年十一月、ミル通りリッチフィールド店舗ビルに開いた最初の販売店の店先に模してある(原注5)。展示解説が教えてくれないのは、同じ年の感謝祭の日、ホーメルが恋人リリアン・グリーソンを連れて、凍ったシダー川の面《おもて》を渡り、楢《なら》の木立が隠す古い工場へと東岸の林を行く姿のあったことで、かつて乳製品を造っていたそこを、彼は食肉処理場に改めたのだった。恋人に披露したかったのは購入したての二馬力エンジン、それに電動肉挽《にくひ》き機、ソーセージ肉詰め機。これが大事業の始まりになる。リリアンはさぞ感じ入ったに違いない、三カ月後に二人が籍を入れた時、同じく三カ月を迎えていたのが、お腹の息子、ジェイである。

事業を始めた時からジョージ・ホーメルは規模の経済を知っていた。(訳注1)最初の年、一人の手伝いとともに捌《さば》けるのは調子のいい日で三頭だった。次の年には道具が良くなったのと分業をしたのとで四倍以上が捌けるようになった。けれども最大の拡張を成し遂げたのは、思いもよらぬ一八九三年、鉄道の過剰建設と西部を襲った大旱魃《かんばつ》が、あいつぐ銀行破綻そしてアメリカ史上最大の恐慌を招いた時のことだった。ホーメルは生産の縮小をよしとせず、リスクの高い計画を打ち出す。第一には失敗した鉄道事業によって輸送費が下落すると睨《にら》み、ミネソタ、アイオワ両州全土から豚の仕入れを開始、同時に肉の取引相手はセントルイスやシカゴの小売業者にまで拡大した。第二に、冷凍輸送車が現われたことで東部の業者は中西部の生肉市場に参入する機会を得たが、ホーメルは独自の考えにのっとり、貧窮にあえぐ人々は燻製《くんせい》や漬込《つけこ》み肉を多く求めるだろうと踏んだ。新商品のアイデアには砂糖に漬け込んだ薄切り背肉というものがあり、これは新しい朝食の一品という触れ込みで店頭に登場、カナディアンベーコンと名付けられた。

一八九六年に工場は火事に見舞われたが、これすらも好機に転じてみせる。大量生産を目指すホーメルは同じ場所に新たな工場を建て、従業員数を二〇人に増やした。国が混乱から立ち直りだした頃には、地元民のいう「ホーメル社」では一日六〇頭の豚を解体していたのに加え、シカゴ・グレート・ウェスタン鉄道を説き伏せ工場前まで線路を敷設させる話も取りまとめた。世紀の変わり目には解体数が一日一二〇頭に到達。(原注6)

訳注1　生産規模を拡大して製品一単位当たりの平均費用を抑える手法。

アメリカが第一次大戦に参加した頃には二〇〇〇頭。大恐慌の直前、経営がジョージからジェイの手に移った頃には一日四〇〇〇頭が処理されていた。

スパム博物館の一角には等身大のジョージとジェイが幽霊のように真っ白な姿で（ジョージ・シーガルの彫像さながらに）描かれ、家業の引き継ぎが行なわれた一九二九年の一齣《こま》を再演する。「私も、会社を率いていくには歳を取り過ぎてしまったようだ」。硬い調子でジョージの音声が言う、「ここが潮時、お前が継げ」。実際のジェイ・C・ホーメルが社長を継いだ時、会社は生産量を増していないながら深刻な財政危機に瀕していた。しかしジェイは経営手腕にすぐれ、父に似て資本主義者を地でいく賭けの才をも発揮する。一八九三年の事業拡大を振り返りつつ、今ひとたび困窮したアメリカ人は安上がりの缶詰食などがあれば喜ぶのではないかと考えた。それで、国内初の肉たっぷり缶詰スープ、ホーメル・チリとディンティ・ムーア・シチューが出来上がった。キャンベル社の有名な濃縮缶スープと区別するため、売り文句は「おっきな缶でたっぷり満足」。

新商品の売上げは好調でホーメルは生き延びる——ところがここに満足の行かなかったのは、社の儲けに比して賃金の上がらない労働者たちだった。一九三二年、屠殺担当のジョー・オルマンとジョン・ウィンケルスは、腸詰め担当責任者フランク・エリスと手を結び、全労働者協同組合〔ミネソタ州に拠点を置く労働組合〕のもと工場労働者を組織しようと企てた。同じ頃、ジェイ・ホーメルは珍しくも失策を犯してしまう。ライン作業員の退職を減らすため、彼は積立年金制度を設け、これが会社に留まる特典になると考えた。なにしろ、皆の給料からわずか二〇セントを差し引くだけで、退職金と生命保険に毎週一ドルが積み立てられるのだ。が、その内容を労働者に説明するのが面倒で、代わりに現場監督を介し、作業員にむりやり会員証への署名を迫る形となった——ジェイは後にこのやり方を「善意の独裁」（原注7）といって後悔する。屠殺場の監督が一人を引き留め署名を強制した時、組合組織者らはストライキを呼び掛け、監督みずから会員証を破棄するまでの十分間、操業を停止した。

事件の噂は工場中に広まり、勇気づけられた労働者は組合を結成すべく大勢でサットン・パークに押し寄せた。エリス、オルマン両名の熱い演説を聞いて六〇〇人がその場で組合に加わり、（原注8）さらには自分達も徒党を組もうという話がオースティン全市で持ち上がった。土地の経営陣らはあわてふためく。ジェイ・ホーメルは組合を認めるよう促した。「出身地で揉め事に巻き込まれる気はない」（原注9）と明言。しかし他の会社は労働者の組織化を認めず、ホーメルとしては競争上の不利を被《こうむ》りたくない。「まず他の処理場を当たって組織したらどうか、と言われましたよ」とフランク・エリスは後に振り返っている。（原注10）「我々がジェイ・ホーメル氏に言ったことは、他の工場でも組織する、けれども今、より多くのお金が必要なんだと。賃金を上げてもらうのが我々の課題、競争はあなたの関心だと」。

一九三三年十一月、エリスその他の組合組織者はパイプや棍棒を手にジェイを本部から連れ出し、工場の冷蔵装置を止めた上で、三六〇万ドル相当の肉を無駄にするかと詰め寄った。三日間にわたりジェイはピケットライン（訳注2）で組合幹部と対話し、急ごしらえの演壇から労働者に向かって意思表明をすることとなる。ストライキの早期決着をめざし一連の前向きな施策案を承諾した中には、利益分配や業績給、それに「年俸制度」もあって、最後の一つは、出来高払いと時間給が主流の産業では聞いたこともない給与体系だった。生産増に応じた賃上げも約束し、解雇については五十二週前の告知をも保証した。

何より重要だったのは、新たに結成された組合を認めたことだろう。「長い物には巻かれるしかありませ

訳注2　ストライキ破りを防ぐための労働者側の見張り人。ピケ。

ん」とジェイは告げた。(原注11) この譲歩によって経営者と労働者との理想的な調和が訪れたが、『フォーチュン』誌はジェイを「アカの資本主義者」と嘲笑う(原注12)——一方、不況の影響は生肉と漬込み肉の売上げを著しく損ないつつあった。製品が売れないので、賃金が高いだけホーメルの儲けは削られていき、また職員への支払分も減っていく。一九三四年、人員削減を図ったところ座り込みストライキが起こった。ラインの作業員は減らさずに、なおかつ収益を向上させるには無駄を減らすのが策と考え、ジェイは更にもう一つの缶詰食品を開発、今度は挽いた屑肉が材料になった。

がしかし、オースティンにある一切のものと同様に、まずは名前が要る。——決まったのは、スパム。

二〇〇七年二月十二日、エミリアノ・バジェスタがQPPのシフトを終えたちょうどその頃、巨大なブリザードがカナダから吹き下《お》ろし、舞い狂う雪は州間高速道路九〇号線を越えた。(原注13) オースティン郊外、高速道の西に留まるトレーラーハウスにバジェスタが帰ってみると、外には風に飛ばされた雪が積もり始め、内ではパイプ類が凍りついていた。妻と五人の子供——特にこのあいだ白血病と診断された五歳の息子——が心配で、バジェスタは小さな石油ストーブ二つを携え、車体下の空間に震える足を運んだ。ところがパイプを解凍する代わりに、火は床板からぶら下がった細い断熱材を焼き、たちまちにしてトレーラーは炎に包まれてしまった。警察と消防士が駆け付けてみれば、軒《のき》から立ち昇る煙は濛々《もうもう》と渦巻き、バジェスタ一家は怪我こそなかったものの、持つ物すべてが灰燼《かいじん》に帰すのを、なすすべもなく見守っていた。朝には何もかもが消え失せ、ただ焼け焦げた車体のみが残った。

それから家族はあれこれ話し合い、友人や親兄弟のもとに泊めてもらうなどして、数週間ぶっ続けにカウチや床に寝る生活を送る。バジェスタにとって何よりも喫緊《きっきん》の課題は、オースティン高校の最高学年になった長男を予定通りに卒業させることと、残りの子らに眠る場所を確保することだった。アパートを借り、再び身の周りのものを揃えるに足るだけの金を貯めるため、QPPでの超過勤務が始まった。工場に勤め始めたのは一九九四年、ほとんどは頭部処理台の仕事で、頬肉や顎肉を削いでいた。経験もあり、最近入ってきた移民のライン作業員からは父親的存在とも目されていたバジェスタだが、時給はわずか一二・七五ドル――基本給にして二万六五〇〇ドルにしかならない。けれども遥か以前から土曜出勤もして超勤手当を得ていたおかげで、最近では実入《みい》りも良かった。

景気が後退するとホーメルもQPPも更に更に時間外労働を求めるようになる。ホーメルの社員は『ニューヨーク・タイムズ』紙で、こんなに時間外をこなしたのは初めてだと語っている。(原注14)追加の収入で新しいテレビと冷蔵庫を買ったと自慢する者もいた。頭の肉はスパムではなくソーセージになるものだったが、一品の増産は他すべての増産につながる。したがってホーメルがスパム用の肩肉やハムの生産増をした際に、バジェスタも頭部処理台で超勤手当を稼ぐことができた――何しろ、その時分たっぷり働いたおかげで彼は工場から程遠くない所に家を借り、一家で引っ越すことができたのだった。そして長男は予定通り卒業を迎える。

二〇〇七年五月、卒業式に参列していたバジェスタは両脚がこわばっていくような、痺れていくような感覚を覚える。幾日かで右の腰下から腿《もも》にかけての箇所がズキズキと痛みだし、まるで火の上に立つ心地だった。疲れのせいだろう、時間外を沢山やって立ちっぱなしだったのだからと、初めのうちはそう思っていたが、やがてQPPの駐車場から工場入口まで歩いていくのもつらくなった。最上階のロッカー・ルームが途方もなく遠く、スチールの手摺に掴《つか》まりながら体を引っ張って階段を昇る日々が続いた。

バジェスタは知らなかったが、これは彼だけの悩みではなかった。頭部処理台のそばで脊髄《せきずい》の残り屑を取り除いていたミリアム・アンヘレスも、やはり膝から下が痛みに焼かれ、しかも右腕はほとんど麻痺していた――仕事の最中はおろか、家にあって稚《おさな》い娘の面倒をみるに際しても。マリアナ・マルティネスは作業場をあちこち移動して病欠の係の穴埋めをするのが仕事で、三月からはおおかた頭部処理台に就いていたが、彼女もまた頭と背に痛みを抱え、脚は弱り、踝《くるぶし》から先は燃えるような感覚に包まれた。スーザン・クルーズはアクリル板を挟んでマシュー・ガルシアの反対側に立ち、脊髄が入り込む頭骨開口部から肉を取り去る作業に携わっていたところ、左の脹脛《ふくらはぎ》に瘤《こぶ》が生じて、これがいつまでも消えてくれない。右脚全体に痙攣《けいれん》が広がり、両手の硬直が刺す痛みに変わって、とうとう病院を訪ねることとなった。

その一方、ガルシアはメイヨー・クリニックの医師らにステロイドを処方され、神経の炎症が抑えられたおかげで快方に向かい、車椅子から身を起こして歩行器なしで歩き回れるまでになっていた。まだ骨盤底筋の機能が回復していなかったので、腸の調節ができず毎朝尿道カテーテルを挿入しなければならなかったものの、どうにかQPPの業務に復帰することができた。その後は倉庫に配属され、商品発送に使う段ボールパレットの積み降ろし作業に当たったが、耐えられるのはシフト時間の半分ばかりで、それ以上になると痛みが激しくなるので家に帰って寝ていなくてはならなかった。ガルシアが欠けても脳摘出は続く。時折はマリアナ・マルティネスが補うが、普段はサンタ・サパタという若い女性作業員が毎分二〇個の頭蓋に脳マシンのノズルを挿入していた。

一九三七年の考案当時から、スパムは市場の需要に応えるものとしてでなく、必要な日常業務の産物としてあった。保証した賃金を労働者に支払い、季節的な解雇は一切しないと確約する、という条件を課せられジェイ・ホーメルは、ならばこれまでは時間が掛かり過ぎて費用効率が悪いとされていた仕事も職員に割り当てねばなるまいと考えた。何十年もの間、肩肉は骨から切り離す手間に値しないということで、何千ポンドにもなるものを廃棄していた。もし単純に消費者を説得してこの屑肉を買わせることができたとしたら、賃金を上乗せする負担もそれで相殺できるかも知れない。会社は缶詰ハム市場では既に不動の地位を占めていて、その開発は一九二六年に始められた。しかしジェイの理解では、消費者が缶詰を求めたのは他でもない、ひとたび缶から出されると、中のハムは地域の肉屋で購入するものと同じに見えたからであった。締まりのない豚の肩肉や脂身を買いに肉屋へ行く客はいない。そこでホーメルの食肉科学者は、肩肉に香辛料を加え、四角い塊に加工する案を思い付く。

技術班は初めに二つを決めた。第一に、出費を惜しむ主婦連を惹き付けるため、一缶は一二オンス（約三四〇グラム）――五人家族が夕食で堪能して、残りを次の日のサンドイッチにできる量とする。第二に、これが単なる廃物利用ではなく、新機軸の商品であると思わせるため、形は長方形に整え、四角にスライスできるサンドイッチパン（一九三〇年にワンダーブレッドが国内販売を始めた商品）に収まるようにする。開発の手始めは、言い伝えによると、社員ジュリアス・A・ジルジットがオースティン市メイン・ストリートのスクエア・ディール食料品店で、四角い缶に入ったマゾーラの食用油を見つけたのが切っ掛けだったという（原注15）。買ってきた缶に肉を詰め、封をして調理してみた。が、開封したところにあったのは、カチカチになった肉が八オンス（約二二七グラム）、それに水四オンス（約一一三グラム）のみ。これは数え切れない失敗の第一号でしかない。ホーメルの会報は後、開発の初期につきまとった困難の一々を数え上げた――「缶、はんだ、接合、量、調合、保存処理、豚の年齢、豚の飼料、その他もろもろ（原注16）」。最終的な解決策は今も極秘事項とされているが、真空混合、素早い密封、圧力調理といった技術に行き着いた。ジルジットは結果、新たな製法をあみだし、また「肉を焼いて固めるため」の特別機器を創り出した功績で、共同開発者らとともに特許を授与された。

いまやジェイ・ホーメルの任務はただ一つ、大衆に食べさせることである。そこで一九三六年の大晦日《おおみそか》、彼はオースティン東端にある、ベッドルーム二十六室の自邸でパーティーを催した。客人は入口で挨拶かたがた白紙カードを渡され、それから名もない新しい肩肉ブロックを振る舞われる——料理は色々、四角に切って爪楊枝に刺したものもあればサイコロにしてサラダに盛ったものもあり、スライスして揚げたものもある。カクテルを頂戴するにはまず、この商品の名前を考えカードに記入しなくてはならない。最初の案はどれも味気なかった。しかしジェイが後に冗談めかして振り返るには「四、五杯飲んだ頃から皆、頭が回り出した」(原注7)。ケネス・デイノーというニューヨークの俳優が、ホーメルの副社長を務める兄弟を訪ねようと、この休暇中オースティンに来ていたが、彼の思い付いたのが「スパム」——スパイスの効いた肉、ハムのような見た目、を合わせた言葉遊びだった。商標登録は年改まって、一九三七年五月十一日に行なわれた。

新商品を売り出すため、ホーメルの販売部はあらゆる女性誌、生活雑誌に四色刷りの広告を掲載する(原注18)。若手営業社員の一団が「スパム班」の綽名《あだな》で全国の卸売業者のもとや地方市場に派遣され宣伝を担当する。謝礼キャンペーンを開催して町また町を訪ね回り、スパムに意見を寄せてくれた人には一ドル進呈、翌日の新聞には一番好意的だったコメントを紹介する。更にジョージ・バーンズ、グレイシー・アレンの二人には、担当の人気ラジオ番組でホーメルの宣伝をしてくれるよう依頼した。一九四〇年までにスパムはアメリカの都市家庭の七割が消費するものとなっていた。

日本の真珠湾攻撃があって後、ホーメルは軍と契約して世界各地の飢える米陸軍兵《GI》にスパムを提供し始める。政府許可のもと劇物の亜硝酸ナトリウムが従来の塩化ナトリウム(食塩)の代用として使えるようになると、際限ない商品製造が可能になった。太平洋一帯の補給線にK号携帯食が届けられ、スパムは「戦争の勝利を飾った肉」との賞賛に浴した。兵士は配給食を嫌い、ジェイのもとに山なす苦情を寄せたが、寄せられた側はそれを愚痴ファイルと呼ぶ抽斗《ひきだし》にしまって一向に気にしなかった。「スパムが御嫌なのでしたら戦時中に我々の出していたコンビーフを食べればよかったのです」と一九四五年、『ニューヨーカー』誌に彼は語った(原注19)。平和が訪れた時、ドワイト・D・アイゼンハワーはホーメルに書き送る、「私も他何百万の兵士らとともに自分の分け前のスパムを頂きました。それについて些《いささ》かの無礼を口に致したことは、白状せねばなりますまい――戦闘の最中《さなか》なればと、これは御察しの通りであります。しかし前最高指揮官として、私はなお貴下の唯一の過ちを赦免《しゃめん》することが許されましょう。御提供いただいたスパムは多すぎました(原注20)」。

ホーメルは他の復員兵からも赦免を勝ち得た――というのも、社はこの際に特別職業計画なるプログラムを設け、労働人員の最大一五パーセントまでは、障害を負う場合、軽作業の担当に就けるとしたからである。そして仕事は沢山あった。スパムのたゆまぬ生産が、戦争でズタズタにされた一九五〇年代のヨーロッパを支えた。のみならず、それによって戦後世代の頭にはスパムの確固たるイメージが焼き付けられた。モンティ・パイソンの有名な笑劇（スパム博物館で終わりなく繰り返されている放送芝居）では、ロンドンの大衆食堂のあらゆるメニューにスパムが入っている様子が描かれるが、これはイギリスの配給食料を食べるかぎり缶詰肉を逃れることはできない、というネタだった。アメリカのベビーブームに生まれた世代にとってもやはり、スパムは戦後の加工食品びいきをあらわす象徴となり、また自国の産業力が労働者に安定した中流の暮らしを保証するという、その実際を示す好例にもなった。

しかし、一九五四年にジェイ・ホーメルが他界して会社が一族の手を離れ、それまであった累進給付制度の継続などには関心のない新たな人物が社長の座に就くや、すべてが変貌し始める。一九七五年、後の社長リチャード・ノールトンは組合を前に、新たな工場を建てて仕事量を軽減すると約束した上で、新契約の交渉を開始する。実は、この新たな工場のおかげで、ノールトンは長く続いた勤務奨励策を骨抜きにし、ラインの加速をやりおおせたのだった。続いて勃発した激しいストライキ――そして、代々のジョージ・A・ホーメル&カンパニーは完全なる転身を遂げ、社名の発音もホーメルの「ホ」にアクセントがあったのが「メ」に移って、これも新しい個性になる。が、変わったのは装いだけではない。それは築かれた契約と将来の責任を免れるべく、偽りの法人格が産声を上げた時であり、全ての者が土地訛りの「真実」を口にするようになった時、そして、屠殺解体の作業場がクオリティ豚肉加工へ、その労働力が偽名を持つ未登録移民(訳注3)へと転じていった時なのだった。

二〇〇七年九月、メイヨー・クリニックのオースティン医療センターに勤める家庭医リチャード・シンドラーは、神経学を専門にするロチェスターの同僚四人にEメールを送り、新症例の仔細を説明した。(原注21)「いくつか気懸かりな点があります」。それというのは前《さき》の年に看た一〇人近くの患者のこと、その症状がどこか慢性炎症性脱髄性《だつずいせい》多発神経炎（ＣＩＤＰ）、すなわち、神経を覆うリン脂質の髄鞘《ずいしょう》が傷付くことで末梢神経が死ぬという珍しい疾患と重なるようなのである。患者はみな過去に重い病を患《わずら》った経験はなく、歳は若く、血筋は（一人の例外をのぞき）ヒスパニックだった。

何より不可解なのは、全員がクオリティ豚肉加工（ＱＰＰ）の解体ラインで働いていたことで、これはごく最近、しかも全くの偶然から判明した。患者はほぼ例外なく運転もできないほどに弱り果て、診察を受けるのにコロンビア生まれのウォルター・シュワルツが運転する送迎サービスを使い、診察室では病院のスペイン語通訳キャロル・イダルゴを頼りとした。二人は症状の類似に気が付き、シュワルツが自分は皆の面会時間をＱＰＰの勤務スケジュールに合わせて調整しているとイダルゴに語った時、イダルゴは医師シンドラーにそれを告げて注意を喚起することにした。(原注22)

シンドラーは患者に質問し、彼等がただＱＰＰに勤めているというだけでなく、お互い近接した場所で働いていたこと、多くは頭部処理台ないしそのそばに配属されていたことを知った。工場の看護師キャロル・バウアーに問い合わせてみると、足を痛がる労働者がいたことには気付いていたらしく、彼等は工場ラインのうなり声が遠く聞こえる最上階のロッカー・ルームへ達するのに悪戦苦闘していたという。(原注23) バウアーは六人の名を挙げた。その一人がマシュー・ガルシアで、彼は倉庫の作業に数週間携わった後、元の持ち場に戻って再び脳マシンを手にとった――最初は一日四時間に留め、後に六時間を務めるようになる――が、すぐに病がぶり返した。作業場で倒れる症状があらわれ、その際には脚が麻痺して動かなくなった。ガルシアと、彼に代わって脳マシンを扱っていたサンタ・サパタ、シンドラーの診たところ、この二人のケースが最も進行著しい。「もう少し調べてみる必要がありそうです」とＥメールは締め括る、「どう進めていくか、何か案がございましたら御一報を」。

神経学者のダニエル・ラチャンスは、メールの症例に興味を抱いた。読んで思い出したのは二〇〇五年、手根管症候群の女性を治療した時のことだった。筋電図その他のテスト結果をみると、どうもそこには他の何かがあるように思われた――手根管が正中神経を圧迫しているのでなく、神経そのものが炎症を起こしているのである。しかしテスト結果はどんな既知の疾患とも一致しない。シンドラーの患者と同じく、その女

訳注３　「不法移民（illegal alien）」という表現は、この語で指し示される人々の負う社会的・歴史的背景を無視した侮蔑語なので、差別主義者でない人間は「未登録移民（undocumented immigrant）」という呼称を用いる。

性も若いヒスパニックで、かつては健康体だった——結局、彼女は脊髄液を調べる前にメキシコへ帰ってしまったが。ラチャンスはまた、昨年入院治療していたガルシアのことも思い出した。ステロイドで神経の腫《は》れは抑えられたものの、医師らはついに脊髄炎の原因を解明できなかった。初診時は職歴を気に留めなかったが、カルテを開くと、どちらの患者もQPPで働いていた。

ラチャンスはオースティンで神経科相談を行なっていたので、彼等のような最近の患者については記録を得られる立場にあり、この件を深く掘り下げてみることにした。調べてみるとガルシアは当の患者グループの一人で、他のメンバーもシンドラーのいうとおり、似たような症状に悩まされている。それにしても、CIDPの診断は数理的にあり得ないものと思われた。「この手の病気は、どうも統計的には五万に一人くらいしか発症しないんですよ」と、ラチャンスは私に説明した、「それが今回は、二、三カ月くらいの間に、二万二〇〇〇人の町で実に一〇人、しかも全員が同じ場所で働いていたんです」。

ラチャンスはメイヨーの神経科医数人と話し合い、既知の病気の可能性から排除するため一連のテストを行なった。苦しむ工場作業員を一人一人検査し、長大な疾病疾患リストに、これも違う、これも違うと横線を引いていく。狂牛病、旋毛虫症は屠殺場では最もありふれた二大疾患だが、これはどちらでもない。手根管症候群のような単なる筋肉の不調でもなく、関節リウマチや紅斑性狼瘡《エリテマトーデス》のような既知の自己免疫反応でもない。癌でもウイルスでもない。細菌、寄生虫でもない。結論は何らかの自己免疫疾患だろうということになったが、具体的な原因が特定できない——そして、これが食品を媒介としてホーメルのそれを食べる人々に感染する可能性もまた除外することができない。はっきり言えるのは、先頃QPPの生産ラインが速度を上げた、それが何らかの形で発症を引き起こしたということだった。患者とのやりとりを回顧しながらラチャンスは語った。「ラインの速度、ラインの速度と、それをとにかく何度も聞かされましたね」(原注24)。

第2章　コーヒーでも啜って神に祈ろう

アプトン・シンクレアが小説『ジャングル』を世に出したのは一九〇六年二月末。このとき彼は、移民労働者を搾取するシカゴの屠殺場の惨状を描き出し、読者に衝撃を与えたいと願っていた。ところが即座に巻き起こった市民の狂騒は、本の明かした不衛生な労働環境の方に向けられる――作業員は毒餌でネズミを仕留め、屍骸を掃いてソーセージ肉挽き機に入れてしまうというし、牛の胃や軟骨は香辛料で色付け味付けされた後、辛口ハムになって売りに出されるらしい。それに調理室の職員は時折タンクに落ちて発見されぬまま数日間放置され、その肉がラードの缶詰に紛れ込むこともあるとか。シンクレアが嘆息を漏らしたのは、小説が注目されたのも詰まるところ「人々が労働者のことで何か気に病んだからではなく、結核を患う牛の肉はイヤだという、ただそれだけのことだったから(原注1)」である。

しかし、規制機関にとっては、この小説によって恐怖が煽《あお》られたのは好い時期だったといえる。奇《く》しくもそのとき、農務省による連邦食肉検査の確立を求める議会法案が提出されていた。セオドア・ルーズベルト大統領は再選の追い風にする意図からこれを支持し、シンクレアに手紙で約束した、「貴殿の指摘される悪弊は、もしその存在が実証されました暁《あかつき》には、私の権限が及ぶ限り、これを撲滅してみせましょう(原注2)」。その手始めにまず労働委員会委員のチャールズ・P・ニールとソーシャル・ワーカーのジェームズ・ブロンソン・レイノルズを任命し、政府査察に当たらせた。ニール＝レイノルズ報告書が『ジャングル』に輪をかけた浅ましい実態を伝えると、ルーズベルトは全面的改革案を通過させるよう議会に圧力をかける。一九〇六年に制定された連邦食肉検査法は、屠殺前の家畜を対象とする全頭個別検査、加工前の各屠体を対象とする健康状態再確認、新しい衛生基準の遵守《じゅんしゅ》、連邦検査官による常時監視の受入承認などを義務化した。とりわけ重要なのは、農務省が人の消費に適さない肉を摘発する権限、さらには違反が直らない施設を閉鎖する権限をも得たことだった。

　シンクレアの方では新たな法律に感心できなかった。青い制服に真鍮《しんちゅう》ボタンを光らせる政府検査官にしても、堕落した業界の政治的隠《かく》れ蓑《みの》としか映らず、「食肉検査を規制する法律は食肉処理業者が起草」した上、「アメリカ国民が費用を負担して食肉処理業者が利益にあずかる」(原注3)ものだった。食肉検査法は注意をそらせる陽動作戦だと彼は警告し、業界の働きで検査の的《まと》が致死性の一点に絞られてしまうことを憂慮した。恐らく将来、肉の着色に使う化学物質や保存のために添加される刺激物は監視の枠から外されていき、色々盛られて劣化した肉を調理で安全にしても規制に引っ掛からなくなり、微量の汚染を調べる検査も消えていく。一言でいえば、ライン速度を落ち着かせるものは何もかも無くなってしまうのではないか。

　シンクレアは止めることの叶わない生産の動態をじかに見知っていた。シカゴでは巨大なユニオン家畜待機場《ストックヤード》(訳注1)に接するアーマー、スウィフトの豚屠殺場を目の当たりにした。各室には時計を持った監督が置かれ、そこでの仕事は「時計のゼンマイが仕切っていた」(原注4)。別の男は発破《はっぱ》をかける役で、速く手を動かせ、もっと豚を捌《さば》けと皆を追い立てる。しかも求められるスピードの基準は日に日に上がっていき、かたやラインの果てまでずらりと並ぶ出来高払いの解体係らは定期的な賃金削減に苦しめられる。というのも上の者からすれば、作業に要する時間はまだ短縮できると思われたからであった。シンクレアの予想では、全く同じ仕方で会社は衛生環境を整える余分な出費をも賄《まかな》おうとする。かたや市民は自分たちの肉が安全であるかぎり、処理場労働者の福祉などはまず考えようとしない。後年シンクレアが発した嘆きはよく知られている、「私は人々の心に狙いを定めたが、見当違いに胃袋を射当ててしまったらしい」(原注5)。

とはいえ二〇世紀の大部分、連邦食肉検査法は政府権限の基盤としてあり、食肉産業の監督と規制は農務省——後には農務省の食品安全検査局(FSIS)に委ねられた。システムは常識にしたがい、屠体の数が増えれば検査官も増えるし、適切な検査のためには必要範囲でラインの減速も行なう、つまりはラインの速度が検査の可能な範囲内に留まる、というものだった。ところがその後に転機が訪れ、各屠体の腺やリンパ節を突いて抓《つね》って確かめていた人手が減らされることになる。切っ掛けは国全体を巻き込む大パニックだった——そしてその機を逃さなかったやり手がいる。

「私はホーメル一家のもとで育った」とリチャード・ノールトンが記したのは、一九九五年にCEO(最高経営責任者)の座を降りてから十年以上も後のことだった(原注6)。父はオースティンの工場で働き、レールに運ばれてくる家畜の目方《めかた》を測っていた。家は何区画も行かない所にあって、部屋四つに七人の兄弟姉妹が暮らした。近所は肉体労働者の集落で、下見板を張ったその小さな家々は一九二〇年代、日ごとに増えていくホーメルの人員とその大きくなる家族との便宜を図って建てられたものだった。ジョージ・A・ホーメルの兄弟にあたるジョンは個人出資でクレーン・コミュニティ礼拝堂を建て、近所の子供らが加わる日曜学校の場とした。目の前が工場だったので、ノールトンの父は徒歩で往き来することができた。「とくに秋が来ると、

訳注1　屠殺・売買・移送される家畜を一時的に留め置く囲い場。

夕食を摂った父は再び職場へ出向いたものだった。それも朝六時から一日働いた後にである。日曜も決まって日がな一日のシフト、それで私はあるとき父に連れられて工場へ行き、豚の目方を測るところを見学したのを覚えている。これをやって、稼ぎは週に十一、二ドル。子供が七人いたから父は何としても働かなければならず、仕事を持てているだけ自分は運が好いと思っていた。これは誓ってもいいが、幼くして私は組合の論理を理解したのである（原注7）」。

一九四八年、十六歳を迎えたノールトンは父の道を歩もうと志す。朝シフトが始まる前に工場へ行き、夏季アルバイトを申し込んだ。しかし不採用になってしまったため、翌日に出直し、その次の日もまた出直した。「採用されることを願って朝五時に人事のオフィスを訪れ、これを三週間も続けた」と彼は回想する（原注8）。「ついにある朝、人事担当が情けを見せた。「ノールトン、君を見るのももうウンザリだ」と告げられる。「出てって仕事に取り掛かるんだな」。短期間の研修を経た後に配属されたのはゼラチン担当部の第二シフト、豚の皮を酸液に浸し、商用アイスクリームやケーキ用砂糖衣の増粘剤に使うゼラチンを得る仕事だった。

ある日、ノールトンは猛烈な勢いで工場に駆け込んで来た。「午後のシフトだった私は……早い時刻にタイムカードを押したくて通用口に飛びこんだ。ちょうどジェイ・ホーメル氏が出ようとするところだったらしい。見えなかった私は氏を進入通路の角まで突き飛ばしてしまった。すぐ駆け寄って服をはたいた。それが誰だか判った時、クビを覚悟した。けれども氏はこう言った、『頭上げて前を見たらどうだ、ん?』（原注9）」。後年、ノールトンはジェイ・ホーメルを慕っていた心の内を明かして、ことあるごとに自分たち二人だけがオースティンで生まれ育ったCEOなのだと口にした。しかし大学に入って一旦職場を離れ、また戻って営業職を始め、着々と管理職の道を昇っていく中で、沢山あったジェイ・ホーメルの勤務奨励策は時代遅れのものに思えてきた。一九五四年、六十一歳のホーメルが心臓発作に倒れると、その会社の理念を守っていくことが自らの責務であると心得る歴代取締役が後に連なったが、ノールトンの考えは違っていた。

「ホーメル氏の労働慣行は死後十五年間、つくられた当初からほとんど形を変えずに生き延びた。氏が予見できなかったのは……技術もまた食肉業界、そして食品業界すべてを変える大きな要因となり得ることであり、これは自動車業界に起こった革命に等しい（原注10）」。ノールトンがまずこの信念に行き着いたのは、一九五九年に工場管理者となった後のことだった。それからラインの作業を隅々まで再点検し、スパム生産につきまとう長年の問題に打開策を見出そうと決意する。

豚の肩肉から手根骨と結合組織を除去する作業は、大勢の玄人《くろうと》解体係による慎重なナイフ捌きを要するとあって、二十年以上ものあいだ最も時間をとられる箇所だった。ノールトンはここを自動化することに決める。アメリカ食肉協会の年次総会で、簡単な除骨機を造れるオランダの製造業者を見付け、機械の調整については社のエンジニアとともに一年以上検討した。技術的な課題は色々とあったものの、それらを乗り切ってみると「結果得られる骨なし肩肉とボンレスハムは好いスパムの材料になり、労働力も大いに節約できた（原注11）」。程なくして、最も混雑していた作業部の一つは僅か二〇人にまで人を減らすことができた。

一九七四年、副社長に昇任したノールトンは、同じ方法で施設全体を刷新できると考えた。会議に臨んでいわく、新工場の建設には一億ドルを投じる価値がある。収益が増すのに加え、準備費用も三年で取り戻せる、ということだった。そのためには人件費を削り、賃下げを進める競争企業の給与水準に並ばなければいけない。組合が反抗するのは分かっていたが、彼は委員会に対し「大々的な時給削減」はいまや「食肉加工産業では争う余地のない現実（原注12）」なのだと主張した。年輩の労働者に契約分の金を支払ってしまえばジェイ・ホーメルの奨励策はバッサリ葬れる、そうすれば新規職員には高度な解体でなくスキル不要の機械操作を任せ、低賃金で間に合わせることもできるだろう。新工場の作業員は思い切り削減できて（二九五〇人から一一五〇人へ）、なお生産量は右肩上がりになる。「有意義な生産増を達成するため」会社がすべきは唯一つ、ラインを今よりずっと速めることである。この夢を現実にするには、ノールトンは第一に国内有数の強力な労働組合と渡り合わなければならない。またよしんばそれに勝てたとしても、一方で農務省食品安全検査局を説き伏せ、ラインの加速が必ずしも食品安全を脅かすものではないと納得させる必要がある。好機を得るまで、彼は二十年近くの年月を待った。

一九九三年、ついにノールトンの望んでいた危機が訪れる。その一月、ワシントンを中心に六二三人のアメリカ人が珍しい大腸菌〔腸管出血性大腸菌O－157〕によって病に陥った。子供四人が他界した。感染源はすぐに突き止められ、ジャックインザボックス・レストランの汚染されたハンバーガーがそれと判ったが、（原注13）事件を切っ掛けに牛挽肉の安全性を問う声と食肉検査の強化を求める声が湧き起こった。細菌感染の懸念が高まるなかアメリカ食肉協会（AMI）は細菌検査の履行を提案、それは彼等のいわゆる危害要因分析必須管理点《ハセップ》（HACCP、Hazard Analysis and Critical Control Point）検査の一環で、ということだった。長年AMI会長を務めるJ・パトリック・ボイルは計画を喧伝し、これは去る一九五〇年代にアメリカ人宇宙飛行士の食品安全を保証すべくNASAとピルズベリーがつくりあげた検査システムに則ったもので云々と説明を並べた。そしてジャックインザボックスの一件に続く数カ月の間、ボイルは農務省にHACCP式検査モデル計画（HIMP）の実施を請願する。（原注14）食肉検査は従来の官能検査という、生産者から「突ついて嗅いで」と揶揄《やゆ》される方式を改め、細菌検査に基礎を置くものにすべきだ、というのがその議論だった。

計画の構想自体は充分に説得力があるものと思えた。工場が自社の品質保証管理者を雇い、政府の検査官より前に家畜エリアや畜殺室で病気の動物を見付け出すというのであれば、理論上は検査が改善されることになる。この摘発手続きで交差汚染[訳注2]の可能性は減り、検査官はライン上の一番問題が起こりそうな地点に焦点を絞れるようになるので、そこで任意の屠体を科学テストに掛ければよい。一方で工場の監督は固定した金太郎飴式の要求に囚われることなく、それぞれ独自の検査手続きをつくる柔軟性を得られる。何より嬉しいのは、効率が良くなれば生産の合理化が進み、消費者は安全を捨てずして肉の出費を抑えられるという点だろう。どこをどう見比べても、屠体の細菌検査は、ただ手で確かめるだけの検査より優れている――アメリカ食肉協会はこの大原則から出発して、HACCPを担《かつ》ぎ上げるべく動いたのだった。

　ところが懐疑的な立場から、AMIは大手食肉会社を代弁するロビー団体ではないかとの指摘が寄せられる。AMIの前身は全米食肉処理業者協会、『ジャングル』刊行後の一九〇六年、ルーズベルトの食肉検査改革に抗うことを目的に結成された組織だった。食品安全を求める市民と食肉検査官組合が危惧するには――生産を遅らせる要因を業界は「摩擦点」と呼び、検査もその内に含めるが、HACCPはそれを解消するための狡猾《こうかつ》さを増した新手の策なのではないか。連邦食肉検査法によれば、全ての屠体が訓練された連邦検査官による官能検査を経なければならないとあるが、HACCPモデルは一部の屠体の抽出検査に頼るという（ゆえに検査官たちはHACCPが「Have a Cup of Coffee and Pray〔コーヒーでも啜《すす》って神に祈ろう〕」[原注15]の略だと皮肉っている）。しかもこの巧妙なモデルは生産者に検査の手綱を握らせ、農務省を再確認の下役に追いやってしまう。つまり問題は、細菌検査が目視検査に勝るかどうかではなく、社の自己裁量で時々抜き打ち検査をするのと、政府が全屠体を検査するのと、どちらが勝るかであった。答を出したかった農務省は、一九九七年、豚肉業界の五つの加工工場を対象に抜き打ち検査の試験的導入を認めた。

訳注2　汚染度の低いものが汚染度の高いものと接触して起こる汚染。調理済み食品と原材料の接触による汚染など。

この勝利に一役買ったのがジョエル・W・ジョンソンなる人物だった(原注16)。一九九二年にホーメルの執行副社長として雇われた彼は、勇猛果敢な切れ者の評判を我がものとしていた。ハーバード大学で経営学修士を修め、一九六七年には勤め先のゼネラル・フーズから一年の休暇を取ってベトナムへ、そこで米陸軍の司令官を務め青銅星章《ブロンズスター》を与えられる。オスカー・マイヤーではすぐ食べられる調理済み食品、いわゆる付加価値商品の可能性に賭け重役にまで登りつめた。一九八八年、社がクラフト・フーズに買収されるとランチャブルズを発売。これはオスカー・マイヤーのボローニャソーセージとクラフトのチーズ、クラフト所有のリッツ・クラッカーを一袋にうまく纏《まと》めた商品で、大評判を呼んだ。

リチャード・ノールトンは、ここ数年売上げが落ちているスパムにも、彼が同じような奇蹟を起こしてくれるのではと期待した。ホーメルに金属容器を供給していた重要取引先のアメリカン・キャンは一九八〇年代の初めに自主調査を行ない、脂肪分とナトリウムの多く含まれる食品に市民が不安を募らせているとした上で、スパムも十年以内に消え去るだろうと結論した。ノールトンの覚えている感想は「あり得ん、そんなこと」(原注17)。そしてかの切れ者の勇猛果敢流がブランドを蘇らせ装いも新たにしてくれるだろうと信じたが、そのノールトンでさえ初めジョンソンに会った時は驚いてしまった。「私はジョエルと対談した」と後年の回想は述べる。「一日中話していたので、しびれを切らした私は提案した、『ちょっとハーフでもしに行かないか』。行ってみて参った、彼は見事九ホールを三六打で終えてしまったのだ。まず思ったのは、『こいつはとんでもないゴルフ狂だ――仕事は何時《いつ》しているんだ』と。それからもう一つ、『相当のやり手には違いない。ここへ来て将来の雇用主の前で三六打を決め、それでもって私の賭けた金を全部かっぱらっていくとは！』」。

ジョンソンはすぐにその大胆ぶりを発揮し、ジャックインザボックスの騒動はホーメルの販売促進に使えると提唱した。必要なのは彼自身いうところの「新機軸」を創り出すこと――つまり今までになかった面白いスパムの食べ方で、しかもそれは牛挽肉に対する人々の心配を利用したものであることが望ましい。そこで消費者に勧めたのは、スパムを縦に切って四分の一ポンド（約一一〇グラム）の四角形三枚にし、焼いてパンに挟むというアイデアだった。「危なっかしい」牛挽肉の完璧な代用品、「唯一のハムでできたハンバーガー」という謳い文句で、スパムバーガーの宣伝に投入した額は、紙広告とテレビと、合わせて一四〇〇万ドル。また同時に精力的な売り込みで州の農業祭や食品店の陳列棚にもスパムを並べ、『ミネアポリス・スター・トリビューン』紙上ではレシピコンテストを開催、挙句はKマートと交渉して全国店舗の棚に置いてもらう契約を取り付けもした。国がなお一九九〇年代初頭の景気後退からの回復途上にあって、特売品狙いの買い物客らは、値段も高くて汚染の疑いもぬぐえないハンバーガーより、調理済みのスパムに手を伸ばした。二年もしない内にスパムの売上げは三五パーセント近くも上昇する。

その貢献によりジョンソンは一九九三年十月、ノールトンの後を継いでCEOに昇格――社名もジョージ・A・ホーメルからホーメルフーズへと正式変更され、同族経営企業から独立した企業体への転換が完了したことを告げた。同じ頃、ジョンソンはアメリカ食肉協会の人間としてもまた出世街道を歩んでいた。協会長ボイルは振り返る、「執行委員に加わったと思ったら、たちまち頭角を現わしましたよ」。一九九四年には財務担当に、九五年には秘書役に、九六年には副会長に、そして九七年には、会長に就任した。その間にジョンソンの中で育っていたのは、手作業の検査を減らしラインの速度を上げることが、需要に相応したスパム生産に欠かせない、という確信だった。ボイルの記憶するところ、彼はHACCP式検査モデル計画（HIMP）を支持した「最初の賛成者の一人」に数えられる――と同時に、ミネソタ州オースティンにあるホーメルの屠殺解体施設、クオリティ豚肉加工と、ネブラスカ州フリーモントに立つホーメルの工場とを、HIMP導入の認められた豚肉工場、初めの三枠の二枠に入れた人物でもあった。「完全にジョエルの力です」

とボイルは言った。

一九九七年に発表された計画綱領のもと、ラインの農務省検査官は七人から四人に減らされ、参加企業はそれまで決められていた制限を越えてライン速度を上げられるようになった。ホーメルの工場二つに加え、モデルの試験導入が予定されたのは、イリノイ州ベアズタウンのエクセル・コーポレーション、ペンシルベニア州ハットフィールドのハットフィールド・クオリティ・ミーツ、カリフォルニア州バーノンのファーマー・ジョン。しかし導入の途中で食肉検査官組合が訴訟を起こし、計画が連邦食肉検査法に違反すると主張した。法廷での戦い五年の後、コロンビア地区巡回控訴裁判所は組合の主張を受け入れ、屠体検査を民間の職員に委ねることは違法、食品安全の確認は訓練を経た連邦検査官が行なうとの条件に背くものと判決した。

参加企業は憤った。全米食品検査官合同評議会が連邦労使関係院に提訴した内容によると、(原注18)クオリティ豚肉加工CEOのケリー・ワディングはミネソタ州の単位組合に、組合上部の役員に働きかけて新検査モデルへの不服申し立てを取り下げるよう圧力をかけたという(評議会の訴えが通れば公正労働法違反の判決が出ていたろうと思われる)。連邦労使関係院の投票では判定が割れ、訴えは二〇〇二年、退けられた。そして最終的に当事者らは思いもよらなかった協定に達する。もし組合が試験工場のライン検査官を三人に限定するという条件でよければ――当初の提案より更に少ない人数だが――その場合は追加でラインとは別の場に交代検査官を置き、農務省が彼等に資金を供給することとする。これなら検査官組合にとっては仕事が増え、食肉処理業者にとっては検査が減る、どちらにとっても美味しい話だった。一方、食品安全を求める市民は置いてけぼりにされ、消費者が危険にさらされることを懸念した。が、お構いなしに協定は結ばれ、ホーメルはただちに新たな品質管理者の養成に取り掛かった。

ニック・リネカーは心に誓った、ホーメルフーズでは二度と働くまい、と。(原注19) 父は十年、二十年、ついには四十三年もフリーモントの工場でフォークリフトを操縦してきた――ニックのいう「賃金劇変」が起こるよりも前からずっと、それも紅斑性狼瘡《エリテマトーデス》に苦しむ妻を看るため金が入用だったから。しかし息子はホーメルが実施した一九八〇年代の賃金カットを許せず、代わりに自身の請負会社を立ち上げ、ついには父に工場を辞めるよう説いて共に事業を営むことにした。

ところが一九九二年、ニックは仕事で背に怪我を負い、一連の手術を受けるのに大金を要した。「いまいちといっても、そこそこの保険に入れる会社は町でホーメルフーズだけでしたから」と彼は私に語った、「しかもちょうどホーメルが新しい清掃員を募集していたんです」。そこで初めは嫌々ながら応募したが、機器の洗浄は楽だった上、勤務は夜だったので昼のあいだは時間をみつけ事務の仕事を続けることもできた。全てがうまくいっているように思えた、そのある日、作業員の一人が家畜エリアの囲いから誤って豚の群を放ってしまい、リネカーの足はひどく踏みつけられた。配属は軽作業とされる屠体のタグ付け係に替わったが、そこで転倒事故を起こし踵《かかと》の骨を砕いてしまった。会社に苦情を申し立て、労働現場の危険を糾弾した。すると、苦情を取り下げたら新たにできた品質管理の仕事を与えようという話になった。ライン作業に関する「していいこと、いけないことの基礎」とでもいうべきものを六週間の研修で学び、HIMPの規則を教え込まれた。

新しい方式では家畜の係留場から検査が始まり、病気の豚は畜殺室に入る前、(もしそれが可能なら)ここで隔離されることになっている。とはいえ見落としは避けられない。通過すれば屠殺され、通常どおり湯に浸けられ、毛を剃られ、捌かれる。病気を見抜く政府派遣のライン検査官が減らされた今、そうした豚が屠殺され流通に回されるのを防ぐのは、リネカーたち品質管理者である。彼等は照明のまばゆい観察区画に立って、内臓もしくは頭部や喉頭部の腺に異常がないか確認するが、その間にも対応する屠体は解体されていく。回収されたリンパ節に問題があったら、チェーンの屠体はサイドレールに移され（つまり「弾き出され」）タグが付けられ廃棄となる。流れは速く気は緩められない、けれどもリネカーにいわせると、初めはこれでうまく回っていたらしい。一時間に運ばれる豚は九〇〇頭、検査をするには充分な時間があった。

それが少しずつ、速さを増していく。ラインの速度変更は月曜日で、始業前の朝礼では作業員一同、チェーンの加速が告げられるのではと緊張を高める。会社はまず僅かなスピードアップを決め、次にどの工程で無理が生じるかをみる。新機構、新機材が造られている間は速度が保たれ、できあがると次の加速が告げられた。

どのシフトの最中にも組合の雇った生産技術者がストップウォッチを首に作業場を歩き回り、チェーンに連なる屠体を数えて、ホーメルの一分当たり処理数が許容範囲を超えていないか確認する。しかし当時の職場委員長ジョゼフ・レザックが振り返るに「あれはただ数を数えるだけのことではありませんでした」。労働者がラインの速度に抗議した際には、しばしばこの時間分析が引き合いに出され、ラインは技術的基準を守っている、本当の問題は切れ味の鈍いナイフあるいは人手不足だ、ということにされた。

作業の流れに関わる個々の問題を前に、ホーメルは新たな自動機器の開発、特許取得、設置を行ない、首切り、内臓出し、背割り等の高速化を図る。頭蓋割り、脳採り、腺採りの手法でも特許を得た（特許出願書類にいわく「全ての動物組織には何らかの商業価値がある」（原注20）と）。また労働者が玄人仕事を遅れずできるよう、コンベヤーとブンブンうなる自動ナイフを工場全体に設置し、複雑な作業を単一の繰り返し動作に分解した。組合代表はほとんど口出ししなかった、というのも速度が上がれば人を増やすのが当然であり、人が増えれば組合も大きくなる筈、と考えていたからである。

そしてそれ以降、チェーンは実質、止まることを忘れた。「ＨＩＭＰ以前は農務省が一切の仕切り役でした」とリネカーは言う、「糞が付いていたら取り除くまでラインが止まりました。ＨＩＭＰ以後のホーメルは問題の豚をただ弾き出して洗浄、あるいは再処理です」。作業中断を厭《いと》う姿勢の強固なことには、一日のライン停止が十分未満の場合につき品質管理者に報奨金を与える制度を設けたほどだった。やがて日々の屠殺における制約は唯一つ、送られてくる豚の数だけとなったので、ホーメルはアイオワ州と話し合いを持ち、養豚場への投資と更なる増産を可能とする取り決めをまとめた。二〇〇六年の終わりには一時間九〇〇頭から一三五〇頭へ――これは五割増しというだけでなく、標準の農務省監督下にある大手工場いずれと比べても、その速度をおよそ二割上回る。問題は単純です、とリネカーは語を継いだ、「一時間九〇〇頭なら検査も大丈夫でしょう。それ以上になると糞は見落とします」。

遅れを出さないためホーメルはフリーモントの労働人員を一〇〇〇人前後から一二〇〇人前後に増やした――が、工場の大きさが変わらないのでは、新たな人員は危険な混雑を生むのが現実だった。「事故が起こりやすいのは誰かが手を伸ばした時です」というリネカーの言葉は、指を切断されたマリア・ロペスの災難に一致する。しかし作業員が負傷して肉が血に汚染されても、品質管理者にはラインを止めずにおくことが求められる。「ラインの速度が上げられたせいで、ありとあらゆる負傷が起こるようになりました。私のやっていた品質管理は、表面に付いた人の血を洗って血液感染の病気を防ぐ仕事でした」。

リネカーは監督に苦情を持ちかけ、こうしたやり方では商品の安全性と品質が損なわれると訴えた。しかしそこはもはや父の働いていた家族経営の会社ではなく、ＨＦＣこと、ホーメルフーズ株式会社だった（Ｅメールの中でもリネカーは常に過去の会社「ジョージ・Ａ・ホーメル」と現在の会社「ＨＦＣ」を厳密に区別した）。品質が落ちる、と懸念を口にした彼は、監督からこう聞かされたという、「品質なんぞ気にしていられるか。

品質が足を引っ張るんだ」。

「職員一同がそこにいた目的は一つ」、リネカーによればそれは「生産部長になりたがっている監督を応援するためです――その夢もオースティンの親玉が左右するわけですが」。

ＨＩＭＰのおかげで夢はすぐ現実になった。ついに計画が実施されてみると、参加した食肉企業はほとんど時を待たずして莫大な増益に浴し、二〇〇四年にはエクセルとハットフィールドが国内の食肉処理会社としては最大の増産を達成した。[原注21] 一方、他三つの工場は揃ってホーメルの生産増に貢献する――フリーモントのホーメル社認定工場とオースティンのクオリティ豚肉加工に加え、カリフォルニア州にあるファーマー・ジョンの工場も二〇〇四年の末、ホーメルが即金で買収したので。これによってホーメルの屠殺解体施設はいずれも最大速度でのライン稼働を連邦政府によって認められた形となり、この三施設が現在もなお、世界の活動拠点に九四〇万頭分の豚肉を供給している。

農務省の試験運用プログラムを梃子《てこ》にホーメルＣＥＯのジョエル・ジョンソンは、スパムその他の付加価値商品を前面に出す企業戦略を展開した。後に、どうしてこのような方向を追求したのかと尋ねられた時にはこう答えた、「何度も紙面で読んで、明らかと思えることがありました――働く家族だとか、夕食の支度をする暇がないとか、そういった事情です。けれどももっと数値にしにくい問題がある。アメリカ人の料理の腕が衰えているのは疑問の余地がないでしょう。で、それを覆《くつがえ》せそうなものは何一つ見えてこない。出版社は色々料理本も出していますが、消費者は多分、壁紙くらいに扱っています――いわば飾りですよ」。[原注22]

自社の調理済み食品ラインに留まらず、ホーメルは他企業（フェイマス・デイブズ等）との提携や既存ブランド（ロイズ・バーベキュー等）の買収に着手し、社の豚肉をより多彩な加工食品に変え、より莫大な利益を生み出そうと目論んだ。二〇〇五年、ジョンソンがＣＥＯを退任すると、ホーメルの顧問弁護士だったジェフリー・M・エッティンガーが後任の座に就く。それから二年の間に七〇〇万ドルがフリーモントの工場拡大に、三五〇万ドルがオースティンのクオリティ豚肉加工の拡大に費やされ、更に六〇〇万ドルの投資でミネソタ州アルバート・リーにクオリティ豚肉加工の姉妹工場、セレクト・フーズが建てられた。投資は成功し、まもなくエッティンガーは、新たな付加価値商品がホーメルに年間一〇億ドルの売上げをもたらしていると発表した。

サブプライム・ローン問題で景気が落ち込み、他の会社が競って廉価商品の開発販売を始めた頃、ホーメルは既に揺るがぬ地位を築いていた。重点的に投資した商品は、再び労働者となった女性たちを狙ったもの、そして大量に生産できる安い肉製品――困った時の定番、スパム、ディンティ・ムーア・シチュー、ホーメル・チリ等々――は、突如収入源を断たれ家計のやりくりに窮々としている家庭向けである。景気後退最初の数年に、スパムの売上げは二桁成長を記録した。それが今度は会社全体の利益を引き上げる。二〇〇六年から二〇一三年の間に総売上げは四三パーセント増加(原注23)――五七億五〇〇〇万ドルが八二億三〇〇〇万ドルに膨らんだ。出費を抑えたい人にスパムはお勧め、と大宣伝を繰り広げる傍ら、ホーメルは不況に強い自社株をと、景気下降のさなか機会を求める投資家連に呼びかけた。

しかし、ホーメルの安い肉は、労働者たちの高い代償によって得られたものだった。

強い訛《なま》りはあるものの英語に堪能とあって、パブロ・ルイスは白人の監督が出した指示をヒスパニックのライン作業員に伝えることができ、クオリティ豚肉加工の貴重な人員となった。(原注24)それに経験もある。ミネソタ州ワージントンにあるスウィフト&カンパニーの工場では、農務省の検査官と並んで牛を分類すること数カ年であったから、オースティンのクオリティ豚肉加工に勤めだすや、八カ月にして工程管理者に抜擢《ばってき》された。本質をいえばその務めは、農務省のライン検査官に先立って違反の疑いに目を光らせ、問題があったら芽のうちに摘んでライン停止命令を未然に防ぐ、という仕事だった。

食肉加工室では各作業区画を見て回る。一時間ごとに、屠体が運ばれてき次第、明らかな身体欠陥の確認を一〇回、内臓処理台で膿瘍《のうよう》と肝吸虫《かんきゅうちゅう》の確認を一〇回、頭部処理台で結核その他の感染が怪しまれるリンパ節の腫れの確認を一〇回、そして冷却室の梱包作業へ向かう前に切り分け完了の確認を一〇回。加えて一時間ごとに脳と卵巣と膵臓《すいぞう》の回収容器に温度計を差し込み、承認の範囲より熱過ぎないか冷た過ぎないかを確認する。

ルイスの話では、二〇〇六年時点でチェーンの流れは速過ぎて、たった一人の政府検査官は目で確かめるのが精一杯とあってライン脇の椅子に座っていた。「私《じぶん》らは先頭でチェックするだけです」とルイス、「リンパ節とか色んな腺とか脳なんかを見て、何か病気がないかチェックする」。政府の監督が充分とは思わなかった。通常の農務省指針では豚一頭一頭の尾、頭部、舌、胸腺、それに全ての内臓を確認しなければならない。大腸と下腹部のリンパ節にさわって結核腫がないか、腸を探って寄生虫がいないか、腎臓を裏返して炎症や腫瘤《しゅりゅう》による硬化が起こっていないか確かめる。それがクオリティ豚肉加工に来ると、検査官はただ工程管理者の仕事を目視で再確認するだけ。「まぁだからラインはガンガン進んでいくんですけどね。私が来た時で一時間一三〇五頭です。八時間だと一万。これなら安泰でしょう――手軽で速い」。

ところが二〇〇六年の暮、新たな加速によって頭部処理台のアクリル板、すなわち脳マシンの噴射から作業員を守っていたその遮蔽《しゃへい》の開口部分に豚の首が折り重なり、コンベヤーの力が加わって亀裂を走らせた。ルイスは必要となる修理項目を書き留めたが、当面の措置としてつぎはぎを試みる。「ビニール袋を貼って人をガードしました」が、一日二日の内に、工場を駆け抜ける風が袋を引き裂きボロボロにしてしまう。なのでまた新しい袋をテープで留める。そうこうしながら気付いてみると、マシュー・ガルシアという脳マシン担当の痩せた青年が何日も顔を見せず、いつしか完全に姿を消していた。

「おっと、これは辞めたか他の仕事を見つけたか、と思っていたら、それから四カ月してだったかな、戻ってきたんです」。しかし脳マシンを手に取る代わり、ガルシアは倉庫で四時間だけ働いて帰っていく。

「どうしたんだ」とルイスは尋ねた。

メイヨー・クリニックに三カ月以上も入院していたんだ、という答えだった。「全然歩けなかったなんて言うんで。あと車椅子の特別クラス、シャワーとか服を着るとか食べるとか、そういうのも受けたって言いましたよ」。話を聞く内、ルイスも不安になってきた――自分もこのところ検査して回るのが大変で、ぐらぐら体の軸がずれるものだから監督に引き摺《ず》り足をからかわれている。それから半年の間に、痛みは悪化していった。

とうとうルイスは工場の看護師キャロル・バウアーのもとへ行き、手足の慢性的な熱感を訴えた。手根管症候群のせいか関節炎が広がりかけているせいか、と指摘したバウアーだったが、二〇〇七年十月にはもっと深刻な何かだと悟ったに違いない。過去に六人もの畜殺室作業員が同じような症状で来て、その話をオースティン医療センターのリチャード・シンドラー医師にしたら、彼からメイヨー・クリニック神経科の同僚に相談が行った。それなのにどうしたことか、ルイスの健康診断はなされなかった。

代わりに引き続き作業区画を巡り、容赦ないラインの流れに遅れじと奮闘する日々が続いた。そして十一月二十日、内臓回収容器の温度を測ろうとしたところで、畜殺室の床に倒れた。つい今まで歩いていた、とルイスは語る――次の瞬間には倒れていて、眼鏡はコンクリートの床に砕け散っていた。同僚が駆け付けて立ち上がらせ、引き摺る足で看護室へ向かおうとするのを助けた。ルイスは血が下着に広がって右のブーツに流れ込んでいくのを感じたが、いくら頑張っても脚を動かすことはできなかった。

第3章　分身

二〇〇七年十一月初頭、セントポールのミネソタ州保健局（ＭＤＨ）に勤める疫学者アーロン・デブリースは、謎めいた共通の症状群を訴えるクオリティ豚肉加工職員の医療記録を調べるべく、オースティンに車を走らせた。(原注1) 屠殺施設から新種の末梢神経障害が発生したのではと危惧を募らせていたＭＤＨ、事の発端はメイヨー・クリニックの神経学者ダニエル・ラチャンスからの連絡だった。初期分析をした彼は、この疾病が食品に由来する可能性、さらには人から人へと感染する可能性をも否定することができず、保健局に至急の調査を要請したのだった。

デブリースは数年前に医学校を出たばかりで、ＭＤＨに勤め始めてまだ三カ月という若さだったが、既にして慎重さと思いやりを兼ね備えた医療調査官という評判を得ていた。ハリケーン・カトリーナの襲来後には医療予備隊としてルイジアナ州ラファイエットへ赴き避難民の初期対応に従事、近年になるとミネソタ大学デラウェア通りクリニックでエイズ患者の治療も手掛けだした。オースティン医療センターに着くと、患者の健康記録を調べながらチェックリストを辿っていき、原因の可能性を排除する作業に取り掛かった。まず第一に、職員の家族が類似の症状に悩まされているという報告はない、したがって人同士の接触ではうつらないらしい。が、すぐ判ったのは、それが当時知られているどの感染症とも一致しないことだった。ラチヤンス同様デブリースもまた、この病気は新種の自己免疫疾患であり、原因は工場内部にある可能性が極めて高い、との結論に到る。

　患者の病歴を調べ終えたデブリースは直接クオリティ豚肉加工（ＱＰＰ）へ向かい、キャロル・バウアーの案内で簡単なライン見学をしたあと、会議室で工場所有者のケリー・ワディング、人事担当のデール・ウィックスと対面した。ワディングは病気の発生した作業場すなわち「蒸し部屋」の略図を描き、ウィックスが職員らの作業区画ＩＤを手元に寄せると、それを頼りに各人の持ち場を特定した。図面はオースティン医療センターのリチャード・シンドラーが立てていた推測を裏付けた――発症した作業員のほぼ全てが頭部処理台ないしその近傍に集中していたのである。デブリースは、近いうちＭＤＨの調査班を連れてくるから、問題の地点の環境評価を行なった方がいいと勧めた。

　三週後、感謝祭が過ぎて間もなくの頃に、デブリースと州の疫学者ルース・リンフィールド率いるＭＤＨ調査班がＱＰＰに戻ってきた。入るに先立ち、ビニール製のエプロン、ブーティー、グローブ、マスク、それに安全帽の下に被るヘアネットを渡される。さてワディングに解体ラインを案内されながらすぐ気付いたのは、労働者がそうした防具をほとんど身につけていないことで、それというのも蒸し部屋の中はべったりしていて気持ち悪いからであった。頭部処理台の係でさえ、腕は曝し、マスクもゴーグルも着けていない。ステンレス台に沿って各作業区画を観察していき、いよいよ脳マシンに辿り着いた。一時、口を噤《つぐ》んで佇み、噴射によって赤い雲が立ち込めていくさまを見る――一度に発生するのは少量、しかし吹き積もり満ち満ちていくそれは、頭部処理台に並ぶ職員を端から端まで、徐々に覆っていくのに充分だった。リンフィールドは噴射ごとにピンクの霧が小さな渦になって昇るのを見ながらワディングに尋ねた、「ケリー、何が起こっていると思う？」。訊かれた方は、伝わるところによるとこう応えたらしい、「脳採取を止めよう」[原注2]。

この後、ワディングには賛辞の数々が贈られた。「止めよう」の一言は立派だった、作業場からの脳マシン撤去を命じたのも速かった、取り外したマシンを見学後のMDH調査班が同席する会議室に持って来させたということは、見学の終わる前に早くもマシンが止められていたようだ、と大いに持て囃《はや》された。それともう一つ、工場での神経疾患発生を伝えたMDHのプレスリリースに続き、報道陣を前に積極的に話を打ち明けた、その前向きな姿勢も絶賛に浴する。

そのとき誰も知らなかったのは、デブリースが最初に来てMDH調査班が再び訪れるまでの間に、QPPがこっそり自社株の八〇パーセント——議決権付きの八〇万株すべて——を一株一セントで売却していたことである。(原注3) ホーメル最大の工場を代理する独占契約を結び、推定二億八〇〇〇万ドルの歳入をもたらす会社の支配権が、わずか八〇〇〇ドルで譲渡されたのだった。購入者のブレイン・ジェイ株式会社は二〇〇四年創設とあるが、(原注4) 譲渡の件はテキサス州フランチャイズ委員会が記録する社の最初の購入歴になる（二〇〇七年十一月十五日）。会社の書類ではダラスのLBJフリーウェイ沿いにある会計事務所がブレイン・ジェイ株式会社の本部、会長はケリー・ブレイン・ワディングということになっている。

ワディングはMDH訪問前には欠陥機器が作業員の病気を引き起こしているとは知らなかったと言い、私が後日、あなたは御存知だったばかりか衛生検査官が来る前に会社が経済的損失を回避できるよう手筈を整えたのではないか、私にはそう見えるのだが、と私見を述べると、青筋を立てて反論した。わが社はそのような小細工を弄さない、「そんな話はありません」とワディングは断固言い放った。「そんな話は一切、ありません」(原注5)。

全米食品商業労働組合ローカル9で長いあいだ事務調整役を務めてきたデール・チャイドスターは、ボサボサ頭にゴマシオ鬚《ひげ》の態のような男だが、そのかすれ声には落ち着いたやさしさがある。(原注6)年より老けて見えるのは、ひとつには勤め先である地域の組合事務所、正式名称オースティン労働センターのせいでもあるらしい。煉瓦《れんが》造りの、没個性的な外観、今日では小学校や拘置所くらいにしか見られないその佇《たたず》まいは無産主義の大恐慌時代を思い起こさせるタイムカプセルさながらである。朝来るとチャイドスターはレジの窓を開け、木造のシャッターをまるで業務用エレベーターの戸を開けるがごとく上に押し上げ、それからギシギシいう事務椅子に身を収める——その片側にフランクリン・ルーズベルトの、向かいにジェロニモの肖像が見下ろす。

オースティンを引き裂いた一九八五～八六年のストライキ(原注7)の最中には、まだチャイドスターはこの町に住まず、アイオワ州オタムワのホーメルの工場で働いていた。けれどもよく覚えているのはその当時、州間高速道路三五号線を四時間かけて行く物資の定期配給があったことで、行く先は不毛の年月と格闘するいくつもの家庭と決まっていた。チャイドスターが食肉処理を始めたのは一九七〇年代の後期にあたり、国が景気後退に向かう中、大手食肉処理会社はこぞって吸収合併を進めつつ、労働者に低賃金の受け入れを強いていた。組合を欺く薄汚い手口は、自身も沢山見てきたという。すぐ北のミネソタ州ではアルバート・リーにあるウィルソン・フーズの豚肉加工工場が一九八三年に破産を申請、(原注8)これは既存の契約を白紙に変え、平均給与を一〇・六九ドルから六・五〇ドルに減額する策だった。儲けが増える分、所有者は高値で会社を売ることができた。

オースティンでは食肉処理場労働者組合ローカル９（当時の通称Ｐ‐９）が、賃下げの話に憤《いきどお》っていた。既に労働者たちは譲り過ぎというくらい譲歩してきたが、それも交換条件あってのこと、リチャード・ノールトンは最新式の工場を建てながら、なおオースティンの施設は残すと約束した。Ｐ‐９に対しては、新たな工場が建つまで奨励給制度を諦め、賃金凍結を受け入れ、建って三年間はストライキの権利を行使しないよう署名してほしいと頼み込んだ。ノールトンの理解では屠殺業の利鞘《りざや》は縮小しており、ゆえに新工場は高度に自動化された仕事を未熟練労働者に任せるものと構想された――が、その計画がP‐9に明かされることはなかった。いざ新工場が開かれてみると、P‐9の労働者らは自動化への大転換に衝撃を受ける。説明ではこの革新によって仕事が楽になるとのことだったが、それはむしろ労働を単調に、かつ目まぐるしくするものでしかなかった。

セントポールのマカレスター大学に所属する労働史家ピーター・ラクレフは新工場の職員数十人に新業務のことを尋ねた。その記録は新たな技術、改まった速度の実態を明晰に伝えて恐ろしい――「ドライソーセージ、調理済みソーセージ、缶詰部門に自動計量機があるほか、コンピュータによる総合在庫管理システム、作業に幅を持たせる剝皮機《はくひ》、自動格納検索システム、フォークリフト・ロボット、自動除骨機、回転数を増した電動ノコ、電動ナイフもある。チェーンの流れはあまりに速く、遅れた作業員はことあるごとにぶつかり合う」（原注9）。危険な高速度が負傷を招き、労働者の中には新機器で腕を大きく裂いたり指を切り刻んだりする者もあった。さらに多かったのは機械の研《と》ぐ新型ナイフがすぐに切れ味を鈍らせる結果、労働者が切断作業に根《こん》を詰め過ぎてしまうというケースで、手根管症候群の患者が続出した。

最悪はいわゆる「新工場協定」が勤務奨励制度を廃し、組合締め付け型《タフト・ハートレー》の基準を設けて労働者一同を従わせたことだった。晩年のジェイ・ホーメル同様、リチャード・ノールトンも増益の秘訣は安定した仕事ペースの維持にあるとみていた。しかし先代とは違い、彼が収益拡大（と自身の大幅増収《ひとりがち》）のためにとった手は、労働者からの利益強奪だった。一九八四年十月、すべての変更が実施に移されると、ノールトンは新工場の仕事がスキル要らずになったという理由で二三パーセントの賃下げを宣告、一〇・六九ドルの時給は八・二五ドルに縮小した。全米食品商業労働組合（ＵＦＣＷ）に吸収されたばかりのＰ‐９は契約があるためストライキができず、一九八五年の八月が来るまでなすすべがない。激昂《げっこう》するも選択肢は二つ、出て行くか一年近く耐え忍ぶかしかなかった。

ストライキ制限期間が終了したその日、早速Ｐ‐９は業務停止に踏み切り、十三カ月におよんだその膠着状態はアメリカ史上最も悪名高い、最も憎念に満ちた抗争の一つに数えられる。ただしＰ‐９にとってはホーメルのみならず、新たな組合幹部もまた敵対者だった。他の大手が既に組合賃金を八・二五ドルに下げているなかホーメルが競争力を失うことを恐れ、ワシントンＤＣのＵＦＣＷ幹部らはＰ‐９に賃下げの受け入れを勧告し、何十年も消えずにあった交渉制度を復活させ、全企業、全工場に共通の賃金体系を確立しようとした。Ｐ‐９が受け入れを拒み、加えて全国規模でホーメル商品の不買運動を促すに至ると、ＵＦＣＷはアメリカ労働総同盟・産業別組合会議（ＡＦＬ‐ＣＩＯ）の各支部に手紙を送り、当のストライキは非公認のものである、他の工場労働者はＰ‐９の応援に回らないように、と通達した。

全米組合と地元の板挟みにあって多くの労働者がピケを越え、怒る仕事仲間から毎日のように車の窓を叩き割られる事態となった。ミネソタ州知事ルディ・パーピッチは彼等および外部から来たスト破りの労働者を護衛するよう州兵に依頼する。そして悲嘆の一年――以後オースティンを分かつことになる、友と組合の兄弟とを巻き込んだ決裂の一年が過ぎた後、ＵＦＣＷはＰ‐９を財務管理下に置くことでついにストライキを終息させた。賃金についてＵＦＣＷは、ホーメルの提示額に一セント上乗せする代わり、新たに雇った職員には低い額を適用する、という条件で話を進めた。また、ホーメルが工場も職員もみな一新してしまうことのないよう、勤務歴の長い職員は工場内で優先して高報酬の仕事に就ける権利を、過去ストライキに参加した者は非組合員の仕事に欠員が生じたら優先して再雇用される権利を持つものとする、という内容で掛け合った。Ｐ‐９幹部は、二重の賃金体系を導入すると労働者間の不和を招くと警告したが、ＵＦＣＷの取りまとめた契約に異を唱える力はなかった。

「ストライキは無条件降伏に終わりました」。頭の後ろに手を組み、ギシリと椅子に凭《もた》れながらチャイドスターは言った。「お分かりの通り、会社が勝ったんですから」。組合が寝返ったと労働者たちは感じたかも知れない――がしかし、それは間もなくホーメル自身の手で犯される裏切りに比べれば、些末のことに過ぎなかった。

ＱＰＰの駐車場には砂利が広がり、私が最初に訪れた時のような――三月になったばかりの、温度計がようやく氷点の上を示し、路肩の雪山が滴《しずく》をしたたらせ崩れ始める頃――そんな一日には、防犯ゲートに通じる車道がぬかるみと化し、轍《わだち》だらけの穴だらけになる。四時、太陽は煌々《こうこう》と空に輝き、敷地に通じるフェンス入口は職員出入りの流れで賑わう、シフト交代の時刻。多くはヒスパニックで、ソマリ人やアフリカ系アメリカ人も混じり、三脚を横にした回転バーを押しながら狭い改札を通っていく、その傍らで私は、警備員が再びブースから出てくるのを待っていた。ドレッドヘアに青バンダナの男がＩＤカードを読み取り機に通すこと数回、「カードが言うこと聞かねぇよ、オイ」と叫ぶ。紛れもないジャマイカ人の調子《のり》。警備員が通してやり、それから申し訳なさそうにドアを開いた。聞けば、「こういうことにはみんなもうアホみたいにピリピリしていまして」。実をいえば、脳マシンが病気を引き起こしてからの数年間、ＱＰＰは一人として記者を敷地に入れようとしなかったのである――私が来るまでは。

やっとのことでキャロル・バウアーが現われ、私を入口に案内した。(原注10) 真っ白の上下に真っ白の靴。マニキュアを塗った爪も白で縁取り、ハイライトの入った髪も白の条《すじ》をなす。物腰態度は、よそよそしいのとは少し違うが、上から目線の感がある。観音扉を過ぎる時は後ろに一瞥《べつ》もくれなかった。私を待たせたことを大変済まなく思っていると言って、けれども「クオリティ豚肉加工とホーメルは安全性を非常に重視しておりますので」と言い足した。労働者の行列が階段を上へ、畜殺室の方に向かって行く。綺麗な白エプロンを手に取って、洗濯室の前を次々と通り越す。バウアーは私を脇へ導き、事務室入口を指した。中に入ると、コンピュータに向かっていた目が一斉にこちらを向き、個人スペースを仕切る壁から頭が覗いて、私たちの過ぎて行くのを見送った。

貸切りの狭い専用オフィスに入ると、バウアーはドアを閉め、ブラインドを下ろした。机を挟んで向かいに座り、紙ファイルを開いて話の要点を確かめる。そして私が質問するたび、逐一用意された文面に目を通し、適切な答を読み上げる。気の毒に思えてきた。彼女は、過失を認めずしてなおＱＰＰの関与は認めなければならないというジレンマにあるらしい。しかし私が回答用紙の箇条書き項目からずれた質問をしても、バウアーは頑としてＱＰＰ弁護の姿勢を崩さず、病気が発生した後の対応は速かった、経営陣は罹患《りかん》した労働者を心の底から気に懸けている、と答えた。「公衆衛生機関が現場に来た時は、大きい二つの休憩室をつかって従業員全員と公開会議をおこないました」と言う。「業務を中断して、その間も時給にカウントしてです、会社の社長と人事部長、それに私と、関与した人全員が作業員と話して、通訳もいれて何が起こっているのか説明したのです。それから週一回おなじような会議を開いて、工場で働く全員と話し合いを持ちました、四週間、五週間、六週間と」。

対して私は、被害者一〇人以上を取材したがそうした会議に参加した職員は一人しかいなかったと話し、さらに、進展のあるたび仰るようなやり方で通知するとしたら会議は一〇回余りに及んだ筈では、と思うところを述べた。澄ましていたバウアーが歯止めを失った。

「何度も会議を開いたんですよ」と切り出す、「解体室の方も冷却室の方も家畜サイドも……。立て続けに確か四回もです」

机越しに私を睨んだ、その口元は引きつっている。

「成程」と私は応え、「ただ見えてこないのは――」

「昼も夜もです」と遮られた。再び沈黙。

「ただ――」

「何週間もですよ」バウアーの顔が紅潮した。「お分かりいただけましたか、そろそろ」

一九八七年十一月、ストライキ解消の条件が認められてようやく一年が過ぎたばかりのこの時、ホーメルは工場の半分近くを閉鎖すると発表した。冷却室での包装作業は続け、屠殺解体はクオリティ豚肉加工社に任せるという。QPPはまだ紙の上の存在に過ぎなかったが、社長なる人物に元スウィフトの重役、リチャード・C・ナイトの名があった（スウィフトはコンベヤー生産ラインを開発したシカゴの食肉会社で、近所のワージントンにも大工場を構えていた）。ナイトによればこの新たな加工会社とホーメルは別物とのことだったが、QPPはホーメルの契約農家からのみ豚を仕入れ、肉もホーメルにのみ売り渡す。使うのはホーメルの施設、ホーメルの機材、頼るのはホーメルの整備士、動かすのはホーメルのフォークリフトである。

名誉を失いストライキで疲弊したP-9、今では通称をUFCWローカル9と改めた、その幹部らはこれを組合潰しの戦略と解した上でいわく、優先的再雇用リストに名を連ねる五五〇名の元ストライキ参加者は当の下請け契約が創出した新しい仕事に就く権利がある――賃金については先だって組合が合意した額を受け取る権利がある、と。ホーメルはこれに耳を貸さず、我意を通そうと工場中央に壁を設け、自社の領域とＱＰＰとを分断した。ついには入口も別になり、駐車場も金網フェンスで等分された。チャイドスターは形容する。「言ってみれば家の真ん中に部屋を設けた上で、そこは実は家の一部じゃないんだ、というようなものです」。

ローカル９の弁護士は『セントポール・パイオニア・プレス』紙の中で問うた――「自社の建物敷地を別の会社に貸し出し、そこの待遇は独断決定、かくも簡単な措置で契約逃れができるというのなら、そもそも何のための労働契約か」(原注11)。一九八八年六月の操業開始日に仲裁人の一人がこの批判を認め、ＱＰＰに閉鎖を命じる。しかし組合にはもはや延長戦を戦う体力は残っていなかった。法廷争い一年の後、ついに敗北。契約は改められ、下請け工場では安い賃金が適用されることとなって、一九八九年六月、操業は再開される。ワシントンＤＣのＵＦＣＷ幹部はこの取引を勝利とみて喜んだが、さて振り返ってみれば、つい三年前には地元組織が時給一〇・六九ドルを守ろうとホーメル相手に一年間のストライキを敢行し、結果勝ち得たのはＱＰＰの時給わずか九ドル。かつてのＰ‐９指導層が警告した二重の賃金体系は今や動かぬ真実となった――もっとも、これすらまやかしに包まれている。「二重ではありませんね」。皮肉の笑みを浮かべてチャイドスターが言う、「賃金体系を改悪された下請けが一つ、それだけです」。

新たな賃金が適用されると新たな労働者が到来し、更にはＱＰＰがメキシコから働き手を募っているとの噂も噴出した。マシュー・ガルシアの話では、正式な募集については知らなかったものの、故郷の小村、オアハカ州のマグダレナ・ペニャスコでは、知人の成人男性のほぼ全てがＱＰＰで働いた経験を持っていたという。一九九〇年代初頭までにオースティンの労働力は結束を固めた地元住民のそれから、截然《せつぜん》と分かたれた他人同士のそれへと変わり、建前上はなお団結していながら、ＱＰＰからすれば決定的に声も力も弱まっていた。いくつかの試算では、神経疾患が発生した際のＱＰＰ従業員は七五パーセントが移民だったとの結果が出ている。しかし優先的再雇用を約束されていた元ストライキ参加者らの怒りは、ＱＰＰの強引に決めた労働条件に向けられる代わり、ホーメルが彼等に保証した筈の地位に後から就いた、移民の方に向けられた。チャイドスターはただ肩をすくめてみせる。「ストライキの残り火ですよ」。

――――

二〇〇七年後半にＱＰＰの会議に参加した労働者たち、ミリアム・アンヘレスらは、休憩室の集まりをキャロル・バウアーとは大分違うものとして記憶している。オースティン市のセントロ・カンペシーノで私と会ったアンヘレスは――センター長ビクトル・コントレーラスを通訳に挟んで――経営陣の言葉を思い返した。(原注12)ＱＰＰの作業員が病気を発症したのは事実である、けれども原因が工場内にあるとする根拠はない、というのが聞かされた主張で、作業員は会社が公式発表をするまで黙っているよう指導されたという。「この件に関する一切の発言を禁じます」との命令が下った。「この疾病について口外した者は誰であれ職を失う可能性を負うものとします」。

発症した作業員は会議の場で名乗り出てはならず、質問もしてはならないとされた。ある時しかし、一人の病んだ職員が恐怖のあまり立ち上がり、ケリー・ワディングに質問の矢を放つ――「私の身体に何が起こっているんですか」。

アンヘレスによると、ワディングの答は「座りなさい。あなたには看護室で話すから」。

その後さらにミーティングは開かれたが、病気の職員は恐れて口を開こうとはしなかった。代わりにロッカー室で囁《ささや》き交わした。互いの家に電話した。そして段々、病気の同僚が誰か判ってきたが、ワディングが最後の会議を開いて謎の疾病は発生防止ができていると告げた際には、まだ就労制限のある罹患者も怖くて何一つ発言できなかった。そしてまた、彼等は皆UFCWに所属していたというのに、ローカル9もワシントンDCの幹部もその被害を問題にしなかった。

今日なお、罹患したQPP職員の数はよく分かっていない。MDHの調査で見つかったのは一五人。厳密な試験に基づいた研究でラチャンスが公表している数は二一人。一三人はQPPに労災補償を申請する資格を奪われている。さらにややこしくなるのは、豚の脳採取をする他二つの国内工場もMDHの調査対象に含まれていたことで、一部の報告書はインディアナ州デルフィー所在のインディアナ・パッカーズ社の工場から出た七人の症例およびネブラスカ州フリーモント所在のホーメルの工場から出た一人の症例を数に加える。

アンヘレスは病気の同僚を探そうとはしなかった。二人の娘がいて一人はまだ生まれたばかりであるから、上司とのいざこざに巻き込まれるわけにはいかない。ただ仕事に打ち込んで黙っていることにした。医師からは二時間ごとに十五分間の休憩をとるよう言われたが、監督がそれを無視して作業の続行を求めても文句を言おうとはしなかった。腕の痛みを抑える強い薬が原因で視力障害が生じた時も休憩は認められなかった。「駄目です」と監督は言った、「仕事を続けてください」。

最も重篤な患者になると何週間も仕事を休むことになったので、その多くはQPPの会議に参加できなかった。自分の身に何が起こっているか分かったのは、ほんの偶然でしかない。スーザン・クルーゼは働くのが無理で自宅にいたため、奇病の大発生については午後のニュースを見て初めて知った。エミリアノ・バジェスタはステロイド治療を受けにオースティン医療センターを訪れた際、待合室が同僚で混雑しているのをみて初めて蔓延の程度を知った。五カ月におよぶ更なる休暇を経てQPPに戻ったマシュー・ガルシアは、ラチャンス医師が自分ともども複数の同僚作業員を、検査のためメイヨー・クリニック神経科のP・ジェイムズ・B・ディックに紹介していると知って驚いた。ディックは検査が終わる時になってようやくガルシアに事情を打ち明け、「神経疾患の流行」がQPPの労働者を襲っている、正体は新たに発見された脱髄性多発神経根筋障害だと説明した。

慎重な研究の末に医療調査官らは、粒子状になった豚の脳組織を吸い込むことで免疫系の抗体生成がうながされた、との結論に行き着いた。豚と人とは神経細胞が酷似しているため、抗体は異物の細胞が無くなっても分からない。ガルシア《あなた》の体から豚の組織が一掃されても抗体は感染症との戦いを続け、あなた自身の神経細胞を破壊するのです、とディックは続けた。

なるほどという説ではあったものの、腑に落ちないのは会社役員の話で、QPPでは間々《あいだあいだ》に期間を置きながらも十年以上にわたり脳採取をしてきたという。それならなぜ昔でなく今になって病気が発生するのか。メイヨー・クリニックの出した答は複雑だったが、要は一つの変化が災いの元だった——ラインの加速である。本人の語るところ、ガルシアは常軌を逸した生産ペースに付いていくのが大変で、既にして陰惨な脳吹き飛ばし作業は以前よりもっとひどい汚れ仕事になっていた。遅れが生じないよう会社はお決まりの手段、自動化への転換に打って出て、足で操作していた引き金を、頭蓋にノズルを差し込んだら自動で空気を噴射する仕組みに替えた。けれども新型の機械は時々噴《ふ》き損なったり脳組織を辺りへ撒き散らしたりする。その苦情があって、脳マシン作業員と他の頭部処理台作業員との間にアクリルの遮蔽が設けられた。が、更なる加速によって遮蔽入口に豚の首が積み重なるようになると、押し付けられた頭骨によって板が罅《ひび》割れ、頭部処理台を漂う赤い霧もその濃さを増した。そして二〇〇七年の労働時間延長が一層の曝露につながったことは言うまでもない。

ただしディックはガルシアのために好い報せも持っていた。（原注13） 調査官たちの間では一致をみない点もある。彼とラチャンスは疾患の記述について一つ、小さいながら重大な点でミネソタ州保健局（ＭＤＨ）および連邦政府の疾病管理予防センター（ＣＤＣ）とは見解を異にしていた。ＭＤＨは病名を進行性炎症性神経障害（ＰＩＮ）とした――メディアはこの呼称が発症の兆の火照《ほて》りと痺れを示しながら略記も好い語呂になっていると気に入った――が、メイヨーの調査班は当の病気が進行性ではないと考えていたのでこれを受け入れなかった。神経科のディックはガルシアを前に、もうＱＰＰが脳採取をやめたので具合は良くなっていくでしょう、と考えを述べた。

しかしながらガルシアや他の罹患労働者にとってのその後は、遥かに辛いものとなる――それも、身体だけでなく精神の面で。脳マシンが撤去されてガルシアは新しい持ち場に就くこととなり、元の作業場からほんの数フィートの所へ移動した。床に落ちた血、コンベヤーの上を滑る肉が目に入ると、パニックが襲ってきた。また曝露されて病気が再発悪化するのではないかと恐怖した。息が継げず、胸が締め付けられた。場所移動を請い、ソーシャル・ワーカーに相談した。それで頭部処理台から離れた場での新しい仕事を確保してもらったが、軽作業でもなお、二〇〇八年の大半はフルタイムで働くのに四苦八苦した。

診断から一年以上が過ぎてもガルシアの足から焼ける痛みは去らず、膝は歩くとコキコキ鳴り、腸と膀胱も壊れたままだった。二十歳にも達しないというのに一日四回、カテーテルを入れなければならない。追跡検査でラチャンスは脳底部の神経に怪しげな箇所を発見、最終的に神経鞘腫《しょうしゅ》と診断した。そしてラチャンスとディックは間もなく、最も重篤な患者は汗腺が機能停止を起こしていると認めざるを得なくなる――それは神経の死を意味する明確な徴《しるし》。マシュー・ガルシアはじめ他数名は、一生におよぶ、癒すことの叶わない障害を負ったのだった。

第二部

第4章　小さなメキシコ

正午、最後の容器から未整形の腿肉《ももにく》が出され、除骨、ナトリウム溶液注入の後、調理のためラインに送られると、ラウル・バスケスはホーメルの工場を後に、寂れた並木道を横切って職員駐車場へ向かい、このネブラスカ州フリーモント郊外から、町を出るべく西を目指す。(原注1) ユニオン・パシフィック鉄道線路と曲がりくねるプラット川に影を落とす細いアスファルトの帯、国道三〇号線を一時間近く走るとスカイラーの町に出る。バスケスはここに暮らし、由緒あるその繁華街に通う煉瓦造りの通りの一つ、一二番通りに面した古い店先に、質素な酒類販売店を構えている。店で働くのは妻ミゲラで、終日の務めが終わると毎晩、帰ってきた夫に簡単な夕食を用意する。二人が食べるあいだ五人の子供は奥の部屋に待ち、ラウルが呼びに来たら車で帰宅、宿題を済ませて布団に入る。ミゲラは閉店まで店に残って、帰って来るのは大概真夜中になる。

店で一家を見るかぎりは恐らく、ラウルとミゲラがどれだけ身を粉にして働いているかも、またどれだけ一家で過ごす時間を欠いているかも分からない。私が最初に訪ねた金曜の夜は長男次男がカウンターの後ろでディズニー・チャンネルに見入っていた——冷蔵庫の上の小さなブラウン管からゲラゲラいう声が聞こえてくる。いたずら盛りの三歳の息子が稚《おさな》い妹をいじめて風船を取り上げたり廊下で蹴り回したり。ドタバタの中、ミゲラはしょうがなさそうに苦笑したが、いらいらするかと訊いたら笑って受け流した。ラウルの方も、ホーメルのシフトを終え、一時間の長旅から戻ってきたばかりでありながらレジを打つのが楽しそうで――勘定台の前にはホセ・クエルボのボトルを持つ客、長い一週間を乗り切った仕事帰りであるらしい。

これだけ見ると、落ち着いた生活を得て暮らし向きも良くなっていく、移民一家の理想的な絵姿と映るかもしれないが、実のところスカイラーの酒販店は苦肉の策の産物だった。ラウルがネブラスカ州へやって来た時、ちょうどホーメルで働いていた兄弟がいて、夫婦が自力でやっていけるようになるまで仕事の工面をしてやると言った。ラウルとミゲラには既に充分な預金があったので、計画ではフリーモントに家一軒を購入し、下宿人を入れて賃貸料をローン返済に当て、行く行くは事業資金融資を受ける信用を確立する。後はどんどん増えていくヒスパニックの人口が安定した顧客層になるので、レストランを開くもよし、パン屋を始めるもよし、控えめに小さな食料品店を営むもよしと、そんな風に考えていたところが、六カ月過ぎた時点でミゲラはホーメルの仕事に堪えられなくなっていた。切り開かれた豚が鉤《かぎ》に運ばれてきたら首の肉を落としていく――これを延々一日続けなければならないので体調は崩し体力は尽きるが、それでいて給料ときたらベビーシッターを雇うのも苦しいほど。なので子供のそばを離れずにいるため、やむなく退職することにしたが、夫の収入だけでは生活は厳しかった――ラウルは畜殺室での一年間、これから殺す豚を二股の電気棒で打って失神させる作業に従事した挙句、ようやくにして「放血」担当に昇格、豚の頸動脈に鋭いスチールの刃を突き立て、黒い血のとめどない奔流を屠場一面の白タイルに放つ役となる。が、重労働や低賃金にもまして不吉だったのは、暗雲漂う政治情勢だった。

二〇〇六年後期に住宅バブルが弾けて経済が落ち込むと、それまで沸々と煮えたぎっていた移民への反感が就職難の影響で頂点に達したようだった。再選キャンペーンを行なっていたネブラスカ州民主党上院議員ベン・ネルソンは、共和党超保守派の政敵、オマハを拠点とする証券会社TDアメリトレードの元CEO、ピート・リケッツの向こうを張る好機を見出す。(原注2)リケッツが不法移民に関し、「自主国外退去」したのち派遣労働者として入国を許可されるべきという、議論を呼ぶ立場の支持を表明した際、ネルソンはすかさず攻撃に回り、NPR（ナショナル・パブリック・ラジオ）を通じて、合衆国はメキシコとの間に「堅い防壁」を設けるべきだと提言した。圧力を加え移民の流れがもと来た方へ向かうのを期待するだけでは不充分、まして市民権獲得の道を与えるなどは言語道断である、適切な書類を持たぬ者は摘発・強制送還せよ。この冷酷な主張が功を奏しネルソンは圧勝の再選を果たした。

　同じ選挙期間中、六の司法管轄区が共和党の掲げる反移民強硬路線の主張をただの空公約に堕していくものとみなし、自ら本腰を入れて問題に取り組もうと決断する。広くニュージャージー州リバーサイドからカリフォルニア州エスコンディードにいたる各地で自治法案が作成され、正式な国籍証明書類を持たない者を雇用する事業者や、彼等に家ないし土地を貸与する不動産所有者に罰則を科すといった移民排斥措置が試みられた。半分は明らかに違憲的といえる表現に満ちた粗末な仕上がりだったため揃って行き詰まるが、ここに合衆国司法長官ジョン・アシュクロフトのもとで育った弁護士、政治的野心家のクリス・コバックなる人物がいて、(原注3)その助力により残り半分はより巧妙に起草され、長い法廷での争いに発展するものと思われた。この件で注目を浴びた町――ペンシルベニア州ヘーズルトン、ミズーリ州バレー・パーク、テキサス州ファーマーズ・ブランチ――は全国報道で多少の批判を被った一方、反移民活動家の結集地ともなり、彼等はこの拠点からやがて他の、同じく急速に人種が入れ替わりつつある町を求め拡がっていった。

　ラウルの店を出て繁華街スカイラーの通りを歩くと、州のこの地域に訪れた変容が到る所に像《かたち》を結んでいる。夜になるとネオンサインが店の上に目を覚まし、綴《つづ》られた文字は「Liquor《リクオル》 San《サン》 Miguel《ミゲル》」。この店名はラウルの生まれ故郷、メキシコ南部はゲレーロ州にある、山の農村チチウアルコの守護聖人にちなんで付けられた。同じ土地の出身者にとってスカイラー一帯は安息の地となり、ネブラスカ州の田舎町に食肉産業が越してきたのに釣られて移民も大量流入、この界隈のヒスパニック人口は爆発的に増加した――一九九〇年には一〇〇〇人にも満たなかったのが今日では一万六〇〇〇人近く、州東北端では人口のおよそ二割を構成するまでになった。ある区画を訪れればアイスクリーム屋のパレタ専門店オアシス・メキシカンがある。スペイン語のお祝い手紙を売るラ・グロリアがある。コンビニのヴァリエダーデス・フレディースがある。名刺や携帯電話を扱うエル・パイサーノがある。隣の区画には中古車販売店ロス・アミーゴスが、その向かいに車改造店チャベロスが立ち、そばにエル・プエブロ・タイヤ店、コラール自動車修理店が立つ。ラウルの酒販店の道を挟んだ反対側、かつてディディエ食料品店があった所にはラティノ・クラブなるダンスホールができ、土曜の夜にはコンクリート塀を透かしてテハノ音楽の重低音がドンドン響く。クラークソン・テレビ修理店の跡地にはミゲラのいとこが食品店ラ・ティエンダ・チチウアルコを開店し、店内の狭い通路にはメキシコ料理の食品食材を所狭しと陳列した。

ネブラスカ州の人々がスカイラーのような町を「小さなメキシコ」と呼ぶようになったのも無理はない。これら田舎町に暮らす古い住民の多くにとって――すなわち、ノーマン・ロックウェルの描いたような、ウォルマートの駐車場で人と人が挨拶を交わし、日曜には共に教会へ出向き、夜更ける頃には街の灯りがふいと消える、そんな風景に誇りを抱いていた者たちにとって――この移民流入は暮らしの現在を脅かすばかりでなく、自分の土台、そして生き方そのものを脅かすことになる。ホーメルのライン業務が地域で一番人気の仕事だったことは大勢が覚えている。けれども一九八〇年代に組合が崩壊し、九〇年代、二〇〇〇年代に食肉検査の削減が合意されてからというもの、この分野は専ら未登録移民が担う仕事となり、彼等は以前より少ない給料で以前の倍も働こうとする――フリーモントと周辺地域が見る間に廃《すた》れたのもそのせいだ、と悪態を吐く古参の者は少なくない。

二〇〇七年、ラウルとミゲラがホーメルで働き、住宅ローンを支払い、フリーモントでパン屋を始めるべく財を蓄えていたこの年を通し、土地に長い住民の間では一つの意見が広がっていた――自分たちの町も他に倣い、自分たち自身の手で問題の処理に当たろうではないか、と。

ホーメルがフリーモントに工場を開いたのは、第二次大戦後の肉需要増大に応えるためだった。戦時中はスパムを詰め込んだK号携帯食を大量生産したため、一九四五年時点でミネソタ州オースティンの施設がつくる製品のまるまる九割は米軍の購入するところとなっていた。創始者ジョージ・A・ホーメルが一九四六年六月に他界すると、残された息子ジェイには大きな課題がのしかかる――米陸軍兵《GI》帰還の後も売上げを維持すること。しかしジェイのジェイたる所以《ゆえん》はそこで発揮した鋭い賭けの思考で、すなわち戦争から戻った復員兵らは再び労働者となって新たな購買力を得るゆえ、より多くの肉を欲するだろうと読んだのである。

読みは当たった。一九四七年最初の四半期に国の肉消費は二〇パーセント以上の伸びをみせ、実質増加量は一七億ポンド（約七七万トン）超に。需要爆発で値段も高騰し、ニューヨーク市長は議会に調査を依頼する。が、『ニューヨーク・タイムズ』紙は価格操作が値段を吊り上げているのでなく、供給不足が問題なのだと論じた。「アメリカ人は肉に飢えている」と記者は報じた。(原注4)「単に前代未聞の数の消費者が前代未聞の量の肉を平らげている、それだけのことだ」。値《ね》を抑えるため連邦政府は飼料作物のトウモロコシ、家畜の輸送燃料になる石油を対象に補助金を支給することにした。おかげでホーメルは国内向けの精肉業務から得られる利潤を高め、なおかつ戦争で疲弊したヨーロッパ向けに缶詰製品を輸出して記録的な利益を上げることができた。

このときジェイが、フリーモント精肉会社という、オマハのバーリントン、ユニオン・パシフィック両鉄道会社から西に三七マイル（約六〇キロメートル）行った所にあった小さな工場を買収したのは、上昇の止まらない需要に付いて行くためでありながら、同時にただの拡張以上の意図を含んでいた。国内最大手の食肉企業はこぞって都心部を離れ、小さな田舎町に経営拠点を移すべく、長年にわたる大移動を始めたところだったのである。家畜を直接購入する地方支部を設ければ、だだっ広い家畜市場で行なわれる競売に参加するよりも安い値で動物を仕入れられるとホーメルはにらんだ。一方、ちょうどフリーモントの工場が拡張し始めたこの時、オマハの大手処理場数社は家畜待機場《ストックヤード》労働者のストライキに直面していた。(原注5) 供給不足の可能性が現実味を帯びる中、処理場側――スウィフト、アーマー、ウィルソン等々――は賃金および勤務時間の改善をめぐり全米食肉処理場労働者組合との交渉を余儀なくされた。オマハの外に工場を開けば、ホーメルは畜産場や肥育場に近付き、組合幹部やその連帯仲間からは離れることができるのだった。

しかるに一九四七年時点でこうしたことを気にかけた人間はフリーモントにいない――それはホーメルが操業開始早々、生産ラインの人員を一〇〇人そこそこから六〇〇人近くに増やすと告げたのが大きかった。平均的な農場経営者の年収が二〇〇〇ドルを下回っていた時代、新規に五〇〇〇もの（しかも年収が平均三〇〇〇ドルにもなる）働き口ができたのは僥倖《ぎょうこう》という他ない。(原注6) 一夜にしてフリーモントの家庭の一五パーセント近くが収入を一・三倍に膨らませた。その増えた稼ぎは間もなく町の大通りに皆の繁栄をもたらす。

同じ頃、政府はブラセロ計画の延長を宣言。文字通りには「人夫」を意味する名のこの奨励計画は、元々メキシコとの短期協定という形で始まり、一九四二年、フランクリン・ルーズベルトの署名した大統領令九〇六六号によって強制収容所に日系移民が移された後、空いた農地にメキシコ出身の季節労働者を入れるという内容だった。戦争が終わると計画は延長され、働き手に困っていた地方の家族農家は、一方でメキシコ移民を安く雇って畑を続けつつ、また一方でヨーロッパや南太平洋の戦闘ラインから帰ってきた息子らを今度は工場ラインに送ることができた。

一番ありがたかったのは会社の幹部が「ホーメルの実験」なる給与体系を打ち出したことで、従来の労働者は肥育された動物が市場に出荷される夏と秋に長時間働き、冬から初春にかけては仕事がなくなるというように季節的なブレがあったが、これが取り払われた。ホーメルにとっては季節の始まるごとに研修を行なうコストがなくなり、人員の流動（と移動）も抑えられる。労働者にとっては柔軟性が損なわれるくらいは別段悪い条件でもない。フリーモントの工場が開かれた時、『ロサンゼルス・タイムズ』紙はこう報じた、「ホーメルの労働者は大半が自分の家を持ち、車に冷蔵庫、それに衣食と教育に恵まれた子供に囲まれている」(原注7)。何十年ものあいだ賃金は平均的な製造業の二割、三割上を維持して経済の動向にも左右されず、フリーモントに住む多くの市民は町の境界をわずか出たところに設けられたその工場を、地域をやしなう善き大会社とみるようになった。

そして一九七八年、全米食品商業労働組合のフリーモント支部、ローカル22が契約——と賃金削減——を受諾したが、それは新工場協定の一環としてオースティンの労働者に提案されたものと内容を同じくしていた。五年も経ない内に新たなCEOリチャード・ノールトンは悪名高い第二の賃下げに踏み切り、二三パーセントの時給カットで、九〇年以上にわたる経営史上初めて、ホーメルの賃金を業界平均以下に押し下げた。フリーモントにいる誰に聞いてもいい、みな口を揃えて語り出すのは、それまでの年月、食肉処理ラインで働く者は立派な家を持ち、敷地の私道にはボートを置いて、裏庭へ回ればプールがあった、と。不意にその繁栄と雇用安定の数世代は過ぎ去り、ホーメルに働く者の未来は霧に覆われたかのようだった。

ハロルド・ハーパーは元ベーコン薄切り担当、フリーモントの工場で夜シフトを務めていた折、ノールトンの第一の賃下げを聞かされた一人で、組合がどう反応したかはハッキリ覚えている。(原注8)「もちろん我々は言いましたよ、『クソッたれ奴《め》が』って」。ホーメルを辞めた時には、ライン業務に就いて三十三年以上の月日が経っていた。初めは一九六八年、幹部候補生として入社したが、当時はまだラインの方が稼ぎもよく、安全性も今よりは確保されていたので、何カ月もしない内に異動を請うた。現在も妻リンダとともに、息子二人を育てたフリーモント北部の家に暮らしている。サンルームに電気暖炉があったりするのは、多少の生活向上に貯金を充てられた頃の名残で、二月がくるとハワイで二週間の休暇を過ごすのは相変わらずだが、それ以外の点では、往年のホーメル労働者が満喫していた上流中産階級の暮らしを偲《しの》ばせるものはない。

ハーパーが振り返るに、ホーメルの組合は一九七八年、簡単にノールトンを信用して新契約を飲み込んだ。おかげでストライキ禁止規定とオースティンの工場で確立された生産基準とに縛られ、それでいてフリーモントに新工場ができても、また仕事が楽になるという約束があっても、恩恵に浴することはできなかった。ハーパーの見たところ、それは新社長に対する間違った信頼——経営陣と丁々発止《ちょうちょうはっし》したことのない組合長らに世代が移った結果だった。

弱り目に祟り目で、ちょうどこの頃、精肉労働者合同組合が影響力を強めるべく、国際小売店員組合と合わさって全米食品商業労働組合(UFCW)を形成する。目標は、サプライ・チェーン各段階の仕事に携わる労働者を組織し、拡大する食品産業の垂直統合(訳注1)に対抗することであった。ところが、幹部らは食肉処理

訳注1　サプライ・チェーンの各段階(生産・加工・流通など)を一社ないし一企業体が統制する仕組み。食肉産業では動物の繁殖から肉製品の販売に至る過程を大手企業が一括して行なう例などがこれに当たる。

作業員を募っただけではよしとせず、組合員を増やしAFL‐CIO（アメリカ労働総同盟・産業別組合会議）内での地位を高めようと、組合員枠を広げて理髪師や美容師を、続いて小売従業員、保険営業職員をも組織内に入れた。ハーパーの記憶では肉屋や食料雑貨商は初めから食肉処理場の職員が比較的良い給料を得ていると妬《ねた》んでいたらしく、理髪師や保険営業職員となると、もとより貰い過ぎと見ていた工場労働者の手取りを守ることなどは、尚更どうでもいい話だった。そこでノールトンが賃金を大幅削減すると口にした際には、ホーメルの労働者がオースティンとフリーモントとを問わず禁止期間が過ぎ次第ストライキを開始するつもりでいた一方、他の組合仲間は与《くみ》しようとしなかった。「合同組合は牙を失ったんです」とハーパーは語った。

フリーモントのUFCWローカル22が公式に賃金削減を拒否すると、ホーメルはあっさり工場閉鎖の予定を組合に告げた。解雇五十二週前の通知規約はまだ機能していたため、各労働者のもとには書留手紙が送られる。UFCW全国指導部は介入したがらない。やむなくフリーモントの支部は折れ、二重の賃金体系を受け入れた。妥協案のもと、新規職員はノールトンの提案どおり八・二五ドルの時給からスタート、経験の長い職員は時給九ドルでかつ一年以内に時給一〇ドルへ昇給するものと決まった（ノールトンは後に、この案は夢の中で浮かび「深夜の物憂《ものう》い眠りから」私をゆり起こした、と回想している）。

オースティンの労働者はしかし、これを撥《は》ねつけた。一九八五年八月十五日、ストライキ禁止期間の終了したこの日、早速に操業が止まり、ホーメルは一時工場を閉じて早いところ歩み寄りが成立することを期待した。けれども交渉は長引く――そして十月二十六日付の公示が、ストライキ中にも拘らず同社が過去最高の四半期業績を達成した旨、次いで経営陣が作業場の人員を補い一部生産を再開した旨を伝えると、緊張は新たな高みへ達した。一九八六年一月二十日、いまだ落とし所が見えてこないままノールトンは工場の完全再開を決定し、戻ってきたい組合労働者を受け入れるとともに足りない席はスト破り労働者（多くは農業不況に圧《お》され町に仕事を求めてやって来た若い農家たち）で補った。二十四時間の内に緊張と暴動の危機は抑えが効かなくなり、知事のルディ・パーピッチは州兵出動を要請した。

オースティンの処理場労働者ローカル９（Ｐ‐９）幹部は、ＵＦＣＷの許可なくホーメルに対する全面ストライキを断行、遊撃ピケ隊を派遣し工場の順次閉鎖を企てる。(原注9) まず訪れたのはアイオワ州オタムワで、デール・チャイドスターの働いていた工場のゲート前にＵＦＣＷローカル４３１ともどもピケを張った。オタムワの労働者はほぼ一人残らず賛意を示し、対してホーメルは組合員四七八名を解雇したうえ工場の門を閉ざした。翌日朝、フリーモントに到着したＰ‐９のメンバーは、この大規模解雇を知ったオースティンの組合幹部に呼び戻される。が、通知は皆の元には行き渡らず、小さなＰ‐９のピケが張られた。ローカル２２が、ストライキを継続する者はオタムワの参加者よろしく解雇されるおそれがあると警告を発すると、その組合員はハロルド・ハーパーをはじめほとんどが心ならずもピケ破りを決行することとなった。ピケを支持した労働者六五名中、五〇名前後は職を失う。最後はＵＦＣＷが割り込んでストライキを終わらせ、ホーメルの労働者全員の仕事を確保するにはこの方法しかないのだと説得した。

一年も経たない内にしかし、社の発表でオタムワの工場が完全閉鎖され、オースティンの工場は半分近くが閉鎖されると告げられる。梱包を行なう冷却室は操業を続けるが、屠殺解体業務はクオリティ豚肉加工社（ＱＰＰ）なる新しい会社が引き継ぎ、時給は九ドルになるという。一九八八年八月、ホーメルはフリーモントのＵＦＣＷローカル２２を前にして、事業が「薄利」(原注10)であるのを口実に、今ひとたび屠殺解体作業員三二四名――工場の全労働人員の四割以上――を解雇しなければならない、それを避けるには単位組合が更なる賃金削減に同意し、解体室に置かれる新規労働者の時給をＱＰＰの賃金体系に合わす必要がある、と述べる。満身創痍《そうい》、孤立無援の体で、言われた側はおとなしく賃下げに応じた。

この頃はハーパーの家族にとってもつらい時期だった。ハコルドは次にフリーモントの工場も閉鎖されるのだろうかと思ったのを覚えている。かたやリンダは、最初の賃下げがあった際には僅かなお金になればと隣の子供たちを看るベビーシッターを始めて、家を非公認の保育所に変え、第二の賃下げがあった際には常勤で働く必要に迫られて、最終的にバレーの道を進んだ所にある3M《スリーエム》〔電気・化学関連メーカー〕の工場に入ったと語る。またそうこうする間に次男のブレークが色々と正体の知れない病を患っていたので、オマハのボーイズ・タウン国立研究病院に連れていった。医師らは充分な抗生剤を処方し、それで感染症は治ったものの、重度の難聴が残ってしまった。

一方、ホーメルの企業収益は急上昇を続けていた。生産増により一九八三年から九三年にかけての十年で売上げは倍増。(原注11) しかしなお目を見張るのは儲けが三・五倍以上に膨らんだことで、この数値に自信を得た投資家の間で株価は一株四ドルから二四ドルにまで跳ね上がった。間もなく、ホーメルが更に収益を伸ばす手はただ一つ、安い労働力を見付けることに定まった。

「何も知らなかったです」ラウル・バスケスは一九九一年の門出《かどで》の日、メキシコはチチウアルコの山脈を出て起伏なだらかな中西部の草原へと到る、長い旅程の始まりの日を振り返りつつ私に語ってくれた。「母がその、いとこに電話して、それで出ました」。バスケスの父は既にシカゴに住まい、法的地位を得ようと働いていたところ、弁護士から助言があって、妻と二人の息子をアメリカに連れて来た方がいい、十六歳のラウルが成人になる前に、といわれた。成人になってからでは手続きが遥かに面倒になる。というわけで一家はシエラ・マドレの蛇行する山道をチルパンシンゴへ向かい、北行きバスでメキシコシティを目指した。首都で乗り換え、三十六時間かけてシウダー・ファアレスに到着する。ついにアメリカ国境が見えてきたところで、密入国斡旋業者《コヨーテ》が皆をせきたてて波打った金網フェンスの穴に通し、土手を進んでコンクリートの溝へと導いた。その先に見えるリオ・グランデ川がファアレスとテキサス州エル・パソの境界である。国境警備隊のシフト交代を見計らい、バスケスたち一行は一人ずつ、二本のロープが引く浮き輪に摑まり川を渡った。渡った先で市立公園へ行くよう指示があり、行くと偽造身分証と北行きのバス切符が用意されていた。

バスケス一家はアメリカ市民になりたい一心で骨折ってチルパンシンゴから来た人々の第一の集団に属する。ラウルが子供の頃は両親が季節労働者として、毎年収穫期にカリフォルニア州のレタス畑からワシントン州のサクランボ園へとゆっくり移動しながら働く習わしだったが、相次ぐ経済危機があって、一九八〇年代にペソが下落し、八六年にレーガン大統領が何百万という未登録移民の合法化を宣言すると、国境の北側に定住しようかとの考えが湧いた。但しバスケスのような移民家族が土地に根を下ろそうとするなら、もはや畑の季節労働に頼ることはできず、一年通して働ける職に就かねばならない。定収入を得る道として目に留まったのは、ネブラスカ州東部とカンザス州一帯に分布する食肉加工工場だった。

仕事は体にもこたえ危険でもあり、チチウアルコの中心産業、サッカーボール作りとは比べ物にならない。故郷の町ではそこかしこの中庭に人々が座り、隣近所の者と会話を弾ませながら手縫《てぬ》いでボールを仕上げる姿があるが、端金《はしたがね》の出来高払いであるため、週の稼ぎが四〇ドルを超えることは滅多にない。そうであってみれば冒険的な合衆国への旅も危険な処理工場の重労働も（バスケスはシカゴで働いている時に右手人差し指を失ったが）微々たる犠牲に思われる道理で、給料は週五〇〇ドルにも――年収にすれば二万五〇〇〇ドルにもなるからである。稼ぎの半分を実家に送るとしても、二年も働けばチチウアルコに十五年分の貯金額を持って帰れる。ラウルのように留まると決めた者は、貯蓄に励んで家を購入することも、あるいは小企業を買収することさえ可能になる。

一九九〇年代後半までに未登録移民労働者を惹き付けていたのは、独りネブラスカ州のホーメルばかりでなく、すぐ隣のフリーモント・ビーフ、同州ウェストポイントのウィマーズ、スカイラーとコロンバスに立つカーギル所有の工場、マディソンとノーフォークのタイソンの工場も同様だった。毎月チチウアルコからチルパンシンゴへ向かう小型バスが列をなし、メキシコシティからモンテレイを通ってピエドラス・ネグラスへ北上すると、国境のすぐ向こうはテキサス州のイーグルパスである。『ビジネス・メキシコ』誌は二〇〇三年に報じた。「休憩をとって、自分たちの物資が揃ったら、あとはテキサス南部の高地砂漠を走ること数時間にして、安全な隠れ家のモーテルに着く——団体はそこで別れ、ネブラスカ州のフリーモントないしスカイラーに行くか、カンザス州のリベラルないしドッジシティに赴く[原注12]」。

『ヘラルド・メキシコ』紙の取材に応えてチチウアルコ知事レオポルド・カブレラは二〇〇五年、毎月アメリカのネブラスカおよびカンザスの両州から町に二五万ドル近くが流れ込んでいるとの推計を明らかにした[原注13]。バスケスが言うには、それを元手に故郷には外部に通じる公道が敷かれ、狭い本通りは広げられて並木道に変わり、トタン屋根を葺《ふ》いた日干し煉瓦造りの古小屋に混じりつつ新しい家々が建てられていった。町の守護聖人聖《サン》ミゲルを讃える年一回の祭は、いまや「移民の日」を祝う行事となっている。山岳地方の伝統舞踊家トラコロレロスの一団はスカイラーとコロンブスで催される労働祭のパレードで現金を集め、実家に送付してロデオの料金に充てるなり楽隊を雇うなり、地域の子供らにサッカーボールを贈るなりする。「その日は何でもタダです」とバスケスは語った。

皮肉にも、チチウアルコに繁栄がもたらされると若い世代は北を目指そうとしなくなった——旅の報いが延々つづく苛酷な労働となれば尚更である。公道が改まってチルパンシンゴとの通商は便利になり、農機具の輸送や作物の出荷は遥かにやりやすくなった、が、それはまた一方で麻薬カルテルをも引きつけ、大麻や芥子《けし》を育てようとする業者によってトウモロコシ栽培農家が畑を追い出される事態を招いた。ネブラスカ州民の多く――と、アメリカ麻薬取締局の現地事務所――は、長らく使われてきた密入国ルートが、麻薬に武器、中西部の支配を目論むギャングらに道を開くことになるのではないかと危惧を募らせた（中西部はまだ比較的そうした組織の少ない土地で、覚醒剤や弱いマリファナなど地元産の薬物が闇取引の中心をなす）。二〇一二年までにシナロア・カルテルとセタスの抗争によってメキシコのゲレーロ州の山地を追われた人々は一五〇〇人を超す。またエル・カルテル・デ・ラ・シエラなる新しい組織も誕生した。

この麻薬テロ組織の新参者は独特のおぞましい習いに則り、暗殺した者を適当な大きさに切り分け血みどろのまま公共の場に置いて行く。捨てるではなしに見せしめを意図した、その巧みな捌《さば》きを窺うに、鋭い刃と熟練の技を要することが知られる。丁寧に切断された死体がチルパンシンゴの小学校入口や市の歩道に曝されているのを見れば、バラシ屋の腕が鍛えられたのはネブラスカ州東部の畜殺室ではなかったかと、疑わずにいる方が難しい――労働者たちから搾り出された人間性が、来る日も来る日も、より多く、一層多くの死体を切り分けていく彼等の魂を硬化させ、この身の毛のよだつ所業をもなさしめたのではないか、と。「あれは豚の屠殺場じゃありません」フリーモントにティエンダ・メキシカーナ・ゲレーロを営むアルフレード・ベレスは、ホーメルについてそう述べる、「人の屠殺場です」。

フリーモント、スカイラーに住む白人の中には、そうした暴力が平穏な町に持ち込まれる不安を口にする者もいるが、移民を拒む言論はむしろ、どれほど多くの金が地域から流出しているか、メキシコ人がアメリカ人の仕事を奪うのではないか、といった点を問題にする。けれどもラウル・バスケスに言わせれば、ホーメルも他の食肉会社もほぼ常に空席を抱えている。「大きく書かれていますよ、『お友達、ご家族にも声をかけましょう』って」。ただ白人の労働者が減額された賃金では働きたくないといい、一方で農務省のＨＩ

MP認可がラインの加速を許したために、フリーモントの工場に勤める労働人員はヒスパニックが四分の三以上を占めることになった。「経営者もヒスパニックの方がよく働くと知りましたから」。別のヒスパニック労働者は、自分の勤務中にシフト当たりの処理数が五〇〇〇頭から九〇〇〇頭に増えたのを目の当たりにした――それも大量の移民が雇われていった結果である。「みんな休憩は欲しがりません。昇給も欲しがりません」とラウルは語る、「ただひたすら熱心に働く、必要なんですから、働くのが」。

しかし二〇〇八年五月になると、フリーモント市議会議員のボブ・ワーナーが反移民法を通した他の町の事例に触発され、不法移民の労働、賃貸を市から排する狙いの地方条例案を提出した。バスケスの家族はみな市民権を得ていたが、毎月の住宅ローン返済のために住まわしていた賃借人は違った。ホーメルで働く労働者の間に条例案の噂が広まると、既に二カ月分の家賃を滞納していた住人らは一言もなく、支払いもせずに姿を消してしまう。ラウルは必死に次の借り手を探しにかかるも、まるで皆が逃げ去ろうとしているかのようだった。二カ月の内に今度は自分の方が債務不履行に陥った。スカイラーでティエンダ・チチウアルコを経営するミゲラのいとこが当の酒販店を売りに出す話を打ち明けたので、ラウルたちの方も荷をまとめて町を去った。「こんなつもりじゃなかったんです。フリーモントに暮らすつもりでした」。それがここに至って再び、彼は集団大移動の先頭に立った。

条例案の起草者は満足だった。「フリーモントが不法移民にとっての避難所じゃないと分かれば」と、同じ頃ワーナーは言った、「奴等は消えます(原注14)」。

第5章　ゴミクズみたく捨てられて

ミネソタ州保健局がクオリティ豚肉加工（ＱＰＰ）を訪れ脳マシンが即時撤去された、その四カ月後の二〇〇八年三月、進行性炎症性神経障害（ＰＩＮ）の名で知られるようになった疾患の最も重篤な患者はなお回復途上にあって、短期障害手当でどうにか暮らしを立てながら、労災補償が舞い込むのを待っていた。ところがその後、一人また一人と、各人のもとに一行文の手紙が届き始め、差出人をみればアメリカン・インターナショナル・グループ（ＡＩＧ）傘下の「アメリカンホーム保険会社」、すなわちＱＰＰの保険会社で、文面には情報不足で労災補償の申請が却下されたとある――とくにＰＩＮの原因が職場にあると認める根拠が依然不充分であるとの主旨だった。作業員たちは凍りつく。ＱＰＰ自体が申請手続きを促し書類を提出したのではないか。連邦政府の疾病管理予防センターが作成した仮報告書によれば、罹患《りかん》者ないし罹患したと疑われる者を計一〇人調べた結果、研究者らは「粒子状になった豚の神経蛋白に曝露された労働者は自己免疫を介した末梢神経障害を発症する」[原注1]との仮説を打ち立てたという。

作業員らはＱＰＰに、自分たちに代わってＡＩＧと話し合うよう求めた。知らなかったのは、社の顧問弁護士が既に労災補償の長期負担をめぐりＡＩＧと長い議論を行なっていたことである。労災給付については規定があり、このような場合は医療費請求を中心に数百万ドルにもなり得たものの、控除条項に曖昧な表現があって、ＱＰＰは保険契約者として「各災害、各罹患者」につき最大六〇万ドルの支払い義務を負うものとする、と書かれている(原注2)。ＱＰＰはこのたびの疾病発生が全体で一つの「災害」に該当すると主張した。ＡＩＧはそれに対し、ＰＩＮは一件一件を独立したものとして扱うべきであるから、ＱＰＰは各人に六〇万ドルを支払わねばならないとした。この時点までに一三件の請求がなされたのに加え、メイヨー・クリニックと保健局が他一二名の症例をも加えようとしていたとあって、ＱＰＰは一五〇〇万ドルからそれ以上の支給義務を負う可能性に直面した。何より困ったのは、労災請求がうまく通れば被害者は賃金損失・医療・リハビリの各手当を受給でき、就労資格や滞在資格は問われないことだった。労働者が正式な書類なしに勤めていると判っても、会社は応募者を審査した上で雇ったのだから支払いの責任は免れない。そこでＱＰＰは、申請がそもそも有効なのかと言いだした。ケリー・ワディングが大見得《おおみえ》を切って脳マシンを取り外し保健局調査班に見せたのが六カ月前、それが今度はＡＩＧに対し、ＰＩＮが工場に由来する決定的根拠はまだ存在しないと主張したのである。

スーザン・クルーゼは「マッコイ、ピーターソン&ジョースタッド事務所」のレイ・ピーターソン弁護士を雇い、双子都市（ミネアポリス－セントポール）で働く神経科の専門医に独自の医学評価をしてもらうことにした(原注3)。医師は粒子と化した脳組織への曝露が「障害の発生悪化に寄与する大きな要因(原注4)」であると結論する。この知見はクルーゼの主張を裏付け、また同時に苛立ちの種ともなった。ＱＰＰ従業員の間に広がる謎の神経障害はもはや国中の話題となっている。工場の看護師キャロル・バウアーは『ニューヨーク・タイムズ』紙の中で、発生のパターンを最初に知って医師に警告したのは医務管理部だと語った。二〇〇七年の秋には「脚が重い」と訴える三人の労働者を看る。四人目が来て「何かが狂っている(原注5)」と認識したらしい。この一連の話はオースティン医療センターやメイヨー・クリニックの医師らがする説明と食い違い、クルーゼはなぜ自分の症例が少しもバウアーの注意を惹かなかったのか不思議に思わざるを得なかった、短期障害手当を得るため半年のあいだ毎週、看護室に通っていたというのに。「他の頭部処理台の人たちが同じ症状で体調を崩しているなんて、一度も看護師から聞かされませんでした」[原注6]。会社は時間稼ぎをして、職員が互いの病気に気付く前に治るなり辞めるなりするのを期待しているのだろうと、そんな風に思われてきた。四月初め、クルーゼはＱＰＰを訴える。

ケリー・ワディングは公式発表で、労災保険適用拒否の理由はメイヨー・クリニック、ミネソタ州保健局、疾病管理予防センター（ＣＤＣ）の三者が医学情報を充分に共有できていないことにあると言い、次いで数名の労働者がまだ診察を受けておらず、したがって医学調査も途中段階で結論には至っていないと述べた。「勤務の際に病気に罹ったとハッキリ証明されれば、労災補償を受ける資格は得られます」と彼は『オースティン・デイリー・ヘラルド』紙の取材に応えている[原注7]。この証言は全国報道向けのコメントとは真反対で、後者においては常にＱＰＰの医療スタッフと経営幹部が労働者に代わり、しかも保健局の最終知見をも待たずして奮闘しているかのごとく語られる。その同じ語り手が今になって「これは新しい病気ですから」と語り直している、「確かめるべき事柄が沢山あるのです」。

クルーゼが訴訟を起こしたのに続いて他一〇人の、ほとんどは未登録移民からなる労働者らが一致団結し、「メッシュベッシャー＆スペンス事務所」のポール・ダールバーグ弁護士を雇って告訴状準備を依頼した。「みなさま大変な不安を抱えていらっしゃいます」とダールバーグは当時口にした[原注8]。多くはそれまでに医療費で三万から一〇万ドル——頭部処理台で働く者の数年分の給料——を費やし、しかもなお体調は悪化しつつある様子だった。「職場復帰はするでしょう、けれども疲労が激しいのでその辺が限界です」。

五月、クルーゼの弁護士のもとにＡＩＧから連絡があり、訴えの有効性についてはこれ以上異議を挟まない、ついては労災補償申請書を再度提出してもらうため外部のソーシャル・ワーカー、ロクサン・タラントに従業員の指導を要請した、との報せがもたらされた。書類作成が始まった頃、QPPはダールバーグ弁護士の依頼主らに、和解金として各自におよそ二万ドルを支給するという話でどうかと持ちかける。その代わり医療手当および今後会社に損害賠償を請求する権利は手放さなければならない。ラチャンス医師は皆に、メイヨー・クリニックの研究者はまだPINによる神経損傷が一時的なものか長期に及ぶものか判断しかねていると説明した。最も症状が重い患者の中には、当初期待したような回復の兆がみられない例も何人かいた。果たして彼等がまた働ける体になることがあるのか、それとも一生涯働けないままなのかは判断できない。一同は揃ってQPPの提案を斥《しりぞ》けた。

それから数日経った月曜の朝、独立記念日の長い連休明けに、ミリアム・アンヘレスは人事部の所へ行くよう言われ、そこで身分証に問題があると告げられる。(原注9) フェリシタス・オリバスの仮名で働いていたアンヘレスはクビになるのを覚悟した。健康保険は継続できるのか。労災補償の受給資格は失われないのか。

「人事が『それはあなたの問題です』って」

私と向かったアンヘレスの声は、その日の記憶に飲まれつつ、か弱くなっていった。

「捨てられたんだと思います」と彼女は最後に言った。「ゴミクズか何かみたいに。それまで一生懸命、喜んでQPPのために働いてきたのに、病気になって仕事制限がついて、それで体が痛むのを言いに行ったら、ゴミクズみたく捨てられて終わりだったんです」。

ボブ・ワーナーは萎《しな》びた外見の八十代である。始終咳をしているが、人差し指をブンブン振りながらよく声を響かせるのは今もって変わらず、このおかげで彼は二十年間、フリーモント市議会の猛犬役を演じてきた。第四区代表の任期中はしかし、町の人種推移を前に力無さを感じる日々が続いた。見れば市長のスキップ・エドワーズは一九八八年の就任以来ホーメルに頭が上がらず、ホーメルの方は着々とヒスパニックの労働人員を増やしている。多くは不法移民に違いない――それはフリーモントに成人のスペイン語話者が溢れ返っているのをみても明らかなように思われた。「どうしたら二十一歳にもなる大人がコレッぽっちの英語も分からないなんてことがあるんですか」。ワーナーは私の前で反語的に問いかけ、手を振って打ち消した。「全くバカげてますよ(原注10)」。

二〇〇八年五月十三日、既にこの秋退任するとの考えを明かした彼はもう沢山という気分だった。犯罪の増加、英語を話さない学生に乗っ取られた小学校、病院を困らせる医療費の不払い、町西側のレンタルハウスにたむろする移民家族、それに銀行で並んで前の人間がメキシコに送金するのを待つのに始まり、ATMで英語を選択するのに「1」を押さなければならない煩わしさまで、ありとあらゆる問題にうんざりしていた。一日前の十二日には合衆国移民税関捜査局がアイオワ州ポストビルにあるアグリプロセッサーズ社の工場を訪れ、計四〇〇人近くの未登録移民就労者を摘発した――これは町の全人口の二割以上にあたる。こんな風に一度の迅速な措置で不法移民がみな消え去ったとしたら、フリーモントはどんな変貌を遂げることだろう、と想像せずにいられなかった。そこで市議会月例会の終わりに先立ち、ワーナーは市法律顧問のディーン・スコカンに依頼して「一切の市内居住者ないし企業による不法移民の隠匿《いんとく》、雇用、輸送」を禁じる地方条例を起草してもらおうではないか、と提案して皆を驚かせた。スコカンは賛意を示しながらも、同様の条例はアメリカ自由人権協会（ACLU）から憲法上問題があるとして激しい抗議を受けており、その対処にお金も掛かっていると忠告した。「できないとはいいません」、しかし「非常に難しかろうと思います」（原注11）。

こうした懸念があったにも拘わらず、条例草案の最初の読会《どっかい》は七月八日と決まった（原注12）。さて当日の四時前、ワーナーのもとに情報が入り、ホーメルの第二シフトが全員病欠したとのことだったが、その実、一行は車に相乗りしてフリーモント市営ビルを目指したのだった。本人の話によると、ワーナーが会議室に着いた時にはもう部屋中がほとんどホーメルの労働者だけで埋まっていた——そして警察が配備され秩序を維持している。もっと多くの人が入れるようバルコニーの開放を指示したものの、会議が始まった頃にはもはや満席で、部屋の外にまで人が漏れ出た。

スコカンは草稿について、まだ粗《あら》削りなものではあるが骨子は移民改革法研究所（反移民を掲げる法律事務所）の作成した類似の法案に倣《なら》っていると述べた。彼の読み上げが終わると議員は聴衆に向かい、決定を下す前にあと二回会議を開き、このたびの分も含め有権者からの意見を承《うけたまわ》ると説明した。まず抗議したのは借家の家主たちだった——フリーモントには四二四七軒の賃貸家屋があり、住人のおよそ四分の一から三分の一はヒスパニックである、全員の身分を確かめるのは現実的ではない。それに調べるとなると「ヒスパニックの狙い撃ち」になる、すなわち公正住宅法に違反するだろうと、ある家主は不満を述べた。

ネブラスカ・アップルシード公益法センターの所属弁護士ノーム・プフランツは同じ懸念を表明する。ワーナーは怒って反論した。「不法は不法です、差別とは何の関係もありません」。しかしながら会場に居合わせた人々によれば、その言葉に勢いを得た条例支持者の何人かが部屋の中で人を指さしながら弾劾を始めたという、「ここに不法移民がいる……。ここにいる……。ここにいる……」。ワーナーは市長スキップ・エドワーズの方に身を寄せて言った、「スキップ、君が面倒を呼び込んでいるんだ」。彼の考えでは、プフランツその他、市の外に暮らす人間には発言権を与えるべきではない。私が取材した折には「フリーモントの住民でない者が、市民から証言の機会を奪ってはなりません」と語った。「市の問題です、これは。郡の話でも、州の話でも、国の話でもありません」。その夜、場内の空気はピンと張りつめ、休憩時間中にプフランツやヒスパニックの証言者一行が扉に向かいだした時には警官が間に入る始末だった。プフランツは「車までお付き添い致したいと思います」と言われたらしい。会議が持ち越されようとしたところで、ワーナーとスコカンは改訂版の読会を七月二十九日と定めた。

労災補償の件でQPP従業員を手伝うことになったソーシャル・ワーカー、ロクサン・タラントの初訪問時、パブロ・ルイスはオースティン東のすさんだ借家で、居間の凭《もた》れ椅子にぐったりしていた。(原注13)台所は体の向きを変えるのも難しい狭さで、石膏《せっこう》ボードの壁はクレヨンの殴り書きに覆われている。本人はぼーっと座ったまま周りで行なわれるあれやこれやの仕事を眺めているが、そのどんよりした無関心の表情は大量の痛み止めを服用した結果であるらしかった。タラントに向き合うと、数カ月のあいだ脚に焼けるような痛みがあった上、ひどい頭痛で眠れなかったと説明する。か細い甲高い声のせいで一言一言が痙攣しながら絞り出されるようにも聞かれ、閉じた瞼《まぶた》はこめかみの脈動に合わせて頻りにピクピクしている。痛みは相当のものに思われたのでタラントは即座にラチャンス医師を呼んだ。

ルイスが神経科医のラチャンスに出会ったのは二〇〇八年一月、メイヨー・クリニックのセント・メアリーズ病院に入院した時だった。十一月にQPPで倒れた後、回復は順調に進んでいるように思われた。オースティン医療センターの医師は痛み止めを処方して松葉杖を試すことにした。数週間、QPPの事務室で机仕事をこなした。そして新年を迎えて間もなくのある日、目を覚ますと凄まじい痛みで立つこともできなかった。叫んで妻を呼び、病院に連れて行ってくれと頼む。頭が割れそうなほどに痛い。

精密検査一式を行なった——脊椎穿刺《せきついせんし》、筋電図測定、頭部と脊椎のMRI、血液検査。一週間して退院するも、再診で訪れると悪化の徴《しるし》が見て取れた。腰神経は炎症を起こし、PIN患者に勧めるステロイド治療が2型糖尿病を招いていた。抗鬱薬《こううつやく》も服用していた。そこでタラントがロチェスターのラチャンス医師に連絡をとってみたところ、新しいMRI結果からルイスが脳に炎症を来していることが判ったと知らされた。加えて電話口で睡眠薬と精神安定剤パキシルが処方され、すぐ本人にステロイド治療を再開させるようにと頼まれた。

ステロイドの力も空しく、ルイスの体調は悪くなる一方だった。ラチャンスは一種の髄膜炎に罹《かか》っている可能性を心配し、タラントはタラントで、双子都市から往復四時間圏内の所にスペイン語の話せる心理士を見付けられず、鬱《うつ》のカウンセリングにかからせることができないでいた。相談役で出張していたメイヨー・クリニックの精神科医が鬱を理由に再度の入院を勧めると、保険会社AIGは不服を唱えた。ルイスの不安は家族の問題（母の衰弱や金銭的ストレス）が原因であり、そう捉えられる以上、鬱はQPP労災保険の適用外なのだという。

かたやルイスの血糖値は三〇〇を超え、重度の炎症が全身に広がっていた——メイヨー・クリニックの医師がいうには、体が自ら感度を鈍らせようとする、つまり「脱感作《だつかんさ》」を試みているとのことだった。慢性痛の診療所を紹介されたが、それと分かる変化はない。臨床検査の結果をみるに、ステロイド治療もさして役立ってはいない。汗試験を経て、腕と脚の神経障害が進行していると判明する。手の痺れは今や肘《ひじ》にまで達し、腕は弱り切って髪梳《す》きも歯磨きもできなくなっていた。

八月初め、QPPから六カ月の医療給付が終了したとの報せが届く。それより前にルイスの右足は激痛を来し、医師が骨のスキャンを受けさせたほどだった。「脚が一番心配です」とルイスは訴えた、「爆発するか何かみたいな感覚です」[原注14]。しかしＡＩＧはテスト代の支払いを拒む。秋には歩行器の助けなくしては歩けなくなり、汗試験では毎回異常な結果が出た。費用が嵩《かさ》んでいく中、ＱＰＰはルイスの弁護士に再度接触を図り、以前の買収額二万ドルに二〇〇〇ドルを追加すると掛け合った。但し以前の提案に変わらず、ルイスは即刻退職して再就職は無し、更にＱＰＰに対し以後一切の請求をしない、との条件である。二万二〇〇〇ドルでは巨額の医療費を埋め合わせることもできず、一方当人のなかでは不治の病を抱えてしまったのではという恐怖も生じていた。弁護士の助言に従い、ルイスは取引を断った。

　フリーモントは今にも暴力が爆発しそうな危うさだった。ボブ・ワーナーが反移民条例案を提出して数週間の内に、新顔の条例反対団体「ひとつのフリーモント、ひとつの未来」[原注15]は数十件の差別的脅迫行為を記録した――匿名の訪問者がヒスパニックの経営する店に火を放つと脅した事件もあれば、道行く車から窓に石が投げ込まれる事件もあった。マギー・サラテが自宅玄関でセールスマンを追い返したところ、男は罵《のの》りの言葉を並べた挙句、庭で遊ぶ子供たちに向かい「メキシコに帰れ！」と叫びだしたという[原注16]（サラテの子供はアメリカ育ちの四代目である）。反移民を標榜するネブラスカ州民諮問《しもん》グループの地元統率者アンディ・シュナッツは市長と市議会議員にＥメールを送った。「まさに今、我々は国境を越えてくる不法入国者との戦いのさなかにあります」と手紙は述べる、「祖先が国づくりに血を流したのと同様、我々は国を取り戻すため再び血を流さねばならないのです」[原注17]。

　共和党指導層は、どちらもフリーモント出身の州知事デイヴ・ハイネマンから州上院議員候補チャーリー・ジャンセンまで異口同音に、話の焦点を人種から法律の方へ移すため専門家の法的助言を請うよう条例支持者らに促した。「それで彼等はクリス・コバックのもとへ行きました」とワーナーは振り返る。そのときコバックはアメリカ移民改革連盟（ＦＡＩＲ）の法務科である移民改革法研究所の顧問を務め、他の地方条例の件で強《したた》かな立ち回りを演じたことから、保守派の間ではちょっとした有名人になっていた。コバックがワーナーの条例案を書き改め、カンザスやペンシルベニア、テキサスの法廷で通用した地方条例の形に似せてくれるのなら、市法律顧問スコカンは、当の条例案が議会で可決された後に合憲的と認められるような計画を立てられると思った――そしてうまくすれば、市全体でハチ切れんばかりに膨らんでいる怒りもそれによって鎮められるかも知れない、と。

　しかし何日も経たないある朝のこと、繁華街でティエンダ・メキシカーナ・ゲレーロを営むアルフレード・ベレスが店に着いてみると、駐車場にパトカーが停まり、店先の窓は割られ、割られたガラスが店内に散らばっていた。（原注18）私が本人に聞いたところでは、発砲は道路側からの仕業と見え、恐らくは車で走りながら撃ったのだろうという話だった。ベレスにとって、事件は単なる破壊行為というに留まらず、侮辱、すなわち自分たち一家と一家が努力し追い求めてきた全てに対する攻撃であった。ここの多くの住人と同じく彼もチチウアルコの傍で育ったことには変わらないが、生まれは裕福なモルモン教徒の家庭で、高い木々が点在する広い山の私有地に沢山の牛を飼って暮らしていた。土地が家族のものになったのは、祖父がスペイン王からこれを譲り受けた一八六〇年代のことであり、ベレス自身、白い鬢《びん》の毛並みといい落ち着きのある物腰といい、どこか王者を思わせる気品がある。その彼がまだ若かった時分の一九七〇年代、メキシコ政府が家族の土地を没収して豆とトウモロコシのプランテーションに変えてしまった。そこで正式な手続きを経てアメリカに入国し、一九八五年には市民権を得た。生活を支えるため地元の食肉処理場で働き、貯金も毎月怠らなかった。一九九八年にはＤ通り沿いの土地を買って小さな食料品店を商えるようになり、最初は収入を補うためホーメルの畜殺室で働いた。四人の子供は、決して自分のように食肉処理ラインで働かせたりはするまいと、大学へ行かせた。

窓が割られた後、ベレスはフリーモントを出たい気にもなって、オマハの娘なりリンカーンの長男なりとともに暮らそうか、あるいはいっそ故郷のチチウアルコに帰ってしまおうかと思案をめぐらせた。とはいえ人々に奴は不法移民だったんだと思われるのは癪であるし、脅迫に負けて逃げたと思われるのも気に入らない。ならば自分の方から発言しよう、と心を決めた――その矢先、二度目の条例案の読会が予定されていた夜になって匿名の手紙が届く。(原注19)「あなたの店は不法移民の中継地と疑われる」の一文から、「これは連邦移民法違反に該当しよう。更に顧客の身元も確認せず小切手の換金、例えばホーメルの発行した給料小切手の換金、それなども行なっているとか。これもまた連邦移民法違反に該当し得る。不法入国者はこの町の全合法的市民に巨額の負担を強い、フリーモントを破壊している。構えてこれを阻止し、彼等を匿《かくま》う者に責任を課すのは、アメリカ国民全ての義務である」。ベレスはカウンターの奥に控えて店を守り、読み上げはラジオで聞くことにした。

改訂版の読会には一〇〇〇人以上が詰め寄せた――あまりに人数が多くなったので十一時に会場は高等学校の講堂に移される。五〇人ほどの警官に一頭の爆弾探知犬が群集を見張る中、フリーモント市民と市を囲む地域の住民と合わせて七〇人超が演台に上がることを許され、証言は四時間半以上に及んだ。内国歳入庁の元役員ジェリー・ハートは条例案がいまだ通過せず、実行に移されていない現状に憤った。近郊ユータンで五年生の数学教師を務めるジョン・ワイガートは市議会に向かい、学校の負担を減らすためにもフリーモントにはこの条例が必要だと訴えた。「人種差別はこの条例案と何の関係もありません」と息巻いて、「これは何が合法で何が違法かに関する取り決めです。連邦政府が我々のために目を光らせないというのであれば、我々は自分たち自身のために目を光らせなければならないのです」(原注20)。

意見聴取が終わると、議会は投票によって例外措置を決定、その場で最後の読み上げを行ない投票まで済ませてしまうことにした。後の説明では決定まであと三週間待たされるのが心配だったとの話だが、いざ法案について投票を行なうと四対四で是非が割れ、市長エドワーズの票次第となった。

エドワーズは明らかにこの可能性を見越していたらしい。夜半近くに達した頃、彼は用意された声明文を取り出した。「本件は私にとって大変な重圧でした」と口を開き、それから紙面に目を落とす。「不法入国は連邦政府の問題です。私はまた法律にも縛られています」[原注21]。彼に言わせれば、条例案は市の管轄権を越えている。ネブラスカ州の司法長官ジョン・ブルーニング、それに他州の弁護士二人とも相談した。口を揃えて言われたのは、移民問題は連邦政府に任せるべき事柄であり、条例案を通してしまうと既に経済で苦労しているフリーモントがなお大金を要する長い戦いに巻き込まれ、しかも最終的には敗北を喫する結果になるだろうということだった。

「反対《ノー》に一票」とエドワーズは締め括った――場内は湧き返る、が、誰もが喜んでいたわけではなかった。

第6章　ここはお前たちの土地じゃない

フリーモントで市議会の投票が行なわれた二週間後、オースティンのオーク・パーク・モールに一五〇人近くの人々が集まり反移民集会を催した。「移民改革を求めるミネソタ市民の会」、略してミンサー（MinnSIR）の創設者兼代表であるルーシー・ヘンドリックスは、聴衆に向かってホーメルの主張に耳を貸さないこと、すなわち、会社は未登録移民就労者に頼らざるを得ない、ヒスパニックの移民は現在のアメリカ市民がしたがらない仕事に従事しているだけなのだ、という言い分を信じないようにと呼び掛けた。「誰がかつてその仕事を行なっていたでしょう（原注1）」と厳しい語調で問い質《ただ》す。群集は賞賛に湧き返り、方々で高らかな歓声が上がった。

ルーシーが夫スコットとともにミンサーを立ち上げたのはミネソタ州ハンスカの自宅である。（原注2）二〇〇六年初頭に、知事ティム・ポーレンティーの事務所が州内に八万五〇〇〇人の未登録移民が居住するとの推計を明らかにしたのが切っ掛けだった。腹立たしかったのはワージントンのスウィフト&カンパニーとオースティンのホーメルとがミネソタ州南部に大量のラテン系労働者を呼び込んだことで、余った人数は家からそう遠くないスリーピー・アイのタイソンの工場、セント・ジェームスのアーマー＝エックリッチの工場にまで流れていた。知事の報告書によればこの新しい移民集団は教育と保健医療とで納税者に年一億八八〇〇万ドルの負担を強いている。歯科衛生士だったルーシーには診察に来る移民患者が増えていくのが分かったし、彼等が自身や子の歯を清掃するのに医療保険で代金を払うのも見てきた。ミネソタ州民から仕事を奪う者の保健医療に自分の税金が費やされる、それが彼女には納得できなかった。

組織を立ち上げるとアメリカ移民改革連盟（ＦＡＩＲ）やミニットマン・プロジェクト、「新たな運命共同体」、ジョン・バーチ協会その他、反移民団体の幹部に手紙を送り、ミンサーの公認を求めたのに加え、双子都市ミネアポリス‐セントポールから順にミネソタ南部の都市を回る一連の集会で演説をしてほしいと依頼した。それから数カ月が経った頃に移民税関捜査局（ＩＣＥ）が大々的な摘発捜査を実施、対象はスウィフトの所有する中西部一帯の六つの工場で、一つはワージントンのそれだった。何百人もの労働者が手錠姿で連れ出され、最終的には追放となった。これはミンサーが地域に光を当てた成果だ、とルーシーは確信し、同様の行動をオースティンのホーメルおよびＱＰＰに対しても起こすよう呼び掛ける――そしてＦＡＩＲの中西部担当局長スーザン・タリーから二〇〇八年夏のフリーモントの出来事について聞かされると好機の到来と確信し、オースティンで集会を開くなら今がいい、それで似たような条例案を市民が支持するか確かめられる、と考えた。

少なからぬ数のオースティン住民は、農業危機とストライキで荒廃したこの町が移民の流入なくしてレーガン時代を耐え抜くことはできなかったろうと言い、またメキシコ風のレストランやパン屋が見られるのはヒスパニックの影響が幾分か受け入れられている証拠だと指摘した。が、より多くの意見はルーシーと同じく、移民は労働組合の仕事を奪い、税も払わず政府サービスにすがっているとの見方である。移民の方はこれに反論して、自分たちは社会保障などまず絶対受けられないのに給与から税金が差し引かれると応じた。それにもし勤務中に負傷するなどしても、解雇が怖くしかも白人の労働組合には助けてもらえないおそれがある彼等であってみれば、労災補償の申請も考えにくい。

この一点においてルーシーは親移民派と意見を等しくするようだった。大量の不法移民は会社にとって理想的な働き手になる。給料に文句を言わず、厳しい労働環境に耐える覚悟もあり、労働組合の結成はおろか苦情の申告すらしそうにないのだから。そこでオースティン市警とモーア郡保安官事務所に掛け合い、州知事ポーレンティーの発した新たな行政命令の規定にもとづく取締りを強化するよう要請した（この行政命令は知事が大統領選出馬の準備段階として発令したもので、地方公務員に連邦政府の移民法を代理執行させる上で効果があった）。けれどもこれではまだ不充分、とこぼすルーシー、連邦政府に対しても何か事を起こす必要があった。

なぜホーメルはスウィフトやアグリプロセッサーズに対して行なわれたような強制捜査を免れているのか、と聴衆の一人が問うた時、ルーシーは更に大きな陰謀の存在をほのめかした。「捜査は三度計画されましたが、そのたびにワシントンＤＣから指令が届いて取り消されたのです（原注3）」。続けて、これはモーア郡保安官テレーゼ・アマズィから直接得た情報だと付け足した。アマズィはこの点について正式に認めようとはしなかったものの、後にこう語っている、「私たちは移民税関捜査局（ＩＣＥ）と膝を交えまして、そこで聞かされたのが『強制捜査はしません。以上』の一言です（原注4）」。別の記者には「事情が事情ですから差し当たり新しい刑務所を建てる必要があります（原注5）」と語った。この発言からすると、集会主催者らの内には暗に伝えたい本音があるらしく思われる。口ではホーメルなどの会社が的の中心だと唱えるが、ルーシーが繰り返したのは、今にオースティンで犯罪が増える、避けるには何か過激な手段が必要だ——つまりは「不法入国者」を追い払うしかない、という警告だった。

全ての話者が話し終えて午後の部の終わりに差し掛かった頃、取材に来ていた地方新聞記者が一人の参加者を捉まえ、もしICEが率先して動かなければ本当にこれは地方の取締機関が介入すべき場面と思うか、と尋ねた。訊かれた男はアルバート・リーのバス運転手で、話を「あまりややこしく」するのは危険だと応える。

「私たちがあの人たちを敵視しているみたいになりますから（原注6）」と彼は言った。

明らかにデール・チャイドスターの言う通り、移民に向けられた鬱憤《うつぷん》は過去から持ち越された憎しみに相違なく、その因縁は一九八〇年代のストライキよりも暗い影を落とす。労働組合の文献でも、あるいはスパム博物館の示す美化された会社の歴史でも、いずれを問わず、通常のP‐9創世神話で見落とされているのは、数十年先まで明かされなかったホーメルの失敗にまつわる重大な物語で、すなわち社は大恐慌初期の年月、アフリカ系アメリカ人を雇い入れていくことにより、白人のみからなる労働人員の弱体化を試みたのであった。

当時、オースティンは差別化された町だった――但し人を分けるのは人種でなしに階級であって、貧しい食肉処理場労働者はシダー川東岸の工場近くに住まい、裕福な家庭は、のどかな広小路に店々の繁盛する対岸に暮らした。大恐慌の到来はちょうどジェイ・C・ホーメルが家業を継いだ時期に重なり、この頃、差別の溝も深まった。ジェイは後々「人を大切にした会社所有者」と理想化されるようになるが、同時代の労働者たちはこのプリンストンで教育を受けた御曹司《おんぞうし》を、食肉処理についてはド素人のただの後継ぎと見ていた――そしてその心根の強さを是非とも確かめてみたいと考える。一九三一年、缶詰商品の売れ行き不振から、三十年の歴史で初めて会社が赤字を出し、ジェイが事前通知なしに全従業員一律の賃金カットを実行すると、不安は更に高まった。

収入が減って多くの労働者家族は家を失った。その後は工場へ向かう線路の両脇に用地の地役権を主張して掘立《ほったて》小屋を設ける者もあれば、近くの煉瓦工場の廃屋に居座る者もあった。「タール紙に覆われた小屋に人が住まいまして」ホーメルの職員マリー・ケイシーは後年、そう回顧している、『スカンクの穴倉』なんて言われる所にはテントが張られました(原注7)」。恐慌が起こる前、カスパー・ウィンケルスは早くもホーメルの労働者について書き残しており、それによれば彼等は「部屋代と食事代を払い、何着かの服を買い、よくすれば幾らか残して土曜の夜に出かけたり、ちょっとした楽しみに耽《ふけ》ったりできるだけの収入」を得ていたという。それが今や望めることといったら、家を温める多少の燃料と食料を買い求めるのが関の山。カスパーとその兄弟ジョンが正式な労働組合をつくるべくフランク・エリスと話し合いを始めたのは、およそこの頃からであった。組織づくりが始まった一方、「ホーメルは四〇人の黒肌《ニグロ》を入れました」とジョンは後に振り返る、「で、そいつらを全部一気に工場に入れたんです(原注8)」。

本人らの話によると、ウィンケルス兄弟はこの手口を以前にも目にしたらしい。一九二二年の鉄道大ストライキがオースティンの町を直撃した際、ユニオン・パシフィック鉄道は円形機関車庫の人員を補おうと、貨物車両の丸ごと一台に黒人労働者を載せて運び入れた。鉄道労働組合のいくつかは南部の人間を刺激しないようアフリカ系アメリカ人の加入を拒否していたので、ここに至ってこの排斥された労働者たちは喜んで北部に出向き欠員を埋め、結果、組合の指導層にストライキを続けたければ全ての労働者を守らなければならないのだと知らしめることになった。が、ウィンケルス兄弟は当時にあってもなお、そうは見なかったようである。

ジョン・ウィンケルスがオースティンの繁華街でダンスパーティーを愉しんでいた折、いとこの一人がやって来て群衆が集まっていると伝えた。「黒人どもを追い出すんだ」と言う。いとこがジョンに先を切ったスコップの柄《え》を渡し、二人は件《くだん》の鉄道駅へと向かった。その夏は暴徒がスト破り労働者を攻撃殺害するなど国中で暴力騒動が起き、ユニオン・パシフィックはアフリカ系アメリカ人を機関車庫に匿《かくま》う対応を取った。「俺らは中へ入って黒い連中を放り出しました」とジョンは追想する。「頭ブッ叩いて、あれです、失せろぉッて浴びせかけましたよ。アルバート・リーの支流があって、何人かがそれに沿って走ってくもんだから、後に付いて追っ駆けてって、で一人がドボンです。それで上がってきたのを『もうどうか、また立ち直れることがあっても、二度とこの町には来ないから！』とか言わせたんです」。それから一年もしない内に二万人の目が見守る中、オースティン郊外の開かれた土地でクー・クラックス・クラン(訳注1)の集会が催され、四〇〇人が新たに入団した。

ジョン・ウィンケルスが労働史家のロジャー・ホロウィッツにこの話をしたのは、事件から七十五年以上も後のことで、そこにはおよそ十年後の一九三一年、「ホーメルが四〇人を雇った」際に自身が何をしたかをほのめかす含みもあった。兄弟は群衆を率い、「ジャングル」と地元民の呼ぶ町の境の森へと導いた。先の話に比べれば今度は生彩を欠いて大雑把な内容ではあったものの、ジョンは自分たちのしたこと、した理由を隠そうとはしなかった。「食事を摂ったら棍棒持って殴り込みでね、奴等を追い出しましたよ」と振り返る、「そしたら二度と戻ってきませんでしたね」。

統一のとれた白人だけが現場に残ったおかげで、ジョンは全ホーメル従業員を労働組合にまとめられたばかりか、一九三三年にはストライキを起こし、市内における労働者と経営者のバランスを抜本的に改めることができた。しかし両陣営が讃えた——そして後には過ぎ去ったのが悔やまれた——五十年間の友好関係は、ある共通の理解の上に成り立っていた。すなわち、ホーメルがよそからスト破り（大抵は少数民族）の労働者を入れない限りは、組合も交渉に乗ろうというのである。これはオースティン市民のあいだで暗黙の黄金律をなした――〝白人でない労働者は組合を破壊する〟。

してみるとカスパーの息子ピート・ウィンケルスは、一九八〇年代のストライキに参加した廉《かど》でホーメルからお払い箱にされた時、果たして何を思ったろう。労働組合の闘争史を聞かされながら育ち、二十年近く工場で働いた後、組合の業務代行職を得た。全米組合が地方支部を裏切ってオースティンの指導層をクビにした時、ホーメルに復職を願い出たが、もう席はないと告げられた。訴訟を起こすも裁判はのらりくらりで組合幹部の助けも無く、手間取っている間に目の前ではホーメルからクオリティ豚肉加工が分かれ、仲間の組合員労働者は呼び戻されぬまま、屠殺解体施設はメキシコ出身の新人労働者によって着々と埋められていくのだった。

フリーモントの市議会投票から間もなくの頃、ジョン・ワイガートは退役軍人クラブを経営するワンダ・コタスから電話をもらった。二人は高等学校の講堂で条例支持の考えを熱く語った同志の仲で、議会が投票を早く済ませるため例外措置をとり、市長が用意済みの声明をもとに決定票を投じたのには腹を立てていた――用意済みの声明とは決定が前もって下されていた証拠、ならば集会の段取りは全て茶番だったことにな

訳注1　ＫＫＫ。白人至上主義者の暴力組織。白装束に白いトンガリ帽子のような頭巾をまとった加盟員らの異様な風貌が特徴。南北戦争後にテネシー州で元奴隷商人のネイサン・ベッドフォード・フォレストにより結成され、差別意識の根強い合衆国南部で勢力を伸ばしていく。一九三〇年代以降、規模は大幅に縮小したものの、現在でもＫＫＫを名乗る大小の人種差別団体が存し、イギリスなどにも分派が現われている。

るではないか。

「どう思われます」コタスが聞いた。

「腹の虫が治まりませんな」(原注9)

「まあ、まだ終わりじゃないかも知れませんよ」といってコタスが語り出すには、ジョン・コペンハーバーなるオマハの反移民活動家から連絡があった。下院の共和党員に却下された、かの二〇〇六年包括的移民改革法(訳注2)を「アメリカ破壊の青写真」と呼んでいた人物で、自分は彼から条例を市民投票にかけるため請願書を作成したらいいと教わった。ただそれには三人の発起人と三〇〇〇人の署名が要る。それであなたが二番目の請願者として署名してくれるか確認したかったのだ、と伝えると、ワイガートは即座に承諾した上、会議で発言していた内国歳入庁の元監査役ジェリー・ハートに三人目を引き受けてもらおうと提案した。

それから程なく、ワイガートはハートの姿をウォルマートの駐車場で目にするが、彼の方は折しもスキップ・エドワーズに対抗する条例賛成派の市長候補を推そうと署名活動にいそしんでいるところだった。クラクションを鳴らし、手を振ってトラックの方に振り向かせる。「君、私が分からんかね」と切り出した後で一度自己紹介をして請願書の仕組みを説明した。

「協力してくれるか」ワイガートが尋ねると、

「喜んで」とハートは応えた。

かくして請願書が印刷され、署名集めが始まった。三人は退役軍人クラブの外、高校フットボール場の向かいに立って、駐車待ちの観戦客をねらい車の窓越しにクリップボードを手渡した。イーグルス・クラブとも会談した。町を格子に分けて一件一件訪ね回った。さらに、条例案に賛成票を入れた市議会議員の一人、先ごろ州議会議員に当選したチャーリー・ジャンセンから投票人登録名簿を渡されると電話勧誘も開始し、署名したいという人が見付かると係を送って玄関口まで請願書を届けた。ボブ・ワーナーに頼んで昼の間に選挙区民を集めてもらい、夜に出向いて話し合いを持った。学校がクリスマス休暇に入るとワイガートは一日をこの仕事に費やすようになる。朝は毎日電話を掛けて署名希望者を募り、昼は寒い雪の中、住所一覧を頼りに各戸を回った。

請願受付期間の締め切りが近付いた頃、ハートとワイガートは三〇〇〇人といわず、そのいくつかが没になった時のため余分に数百の署名を集められそうだと思った。ハートは『フリーモント・トリビューン』紙に論説を載せ、投票に掛ける条例案の目的を説くとともに応援を呼び掛けた。「町を見渡す、紙面を読む、人と話す、そのたびにフリーモントの変貌が実感されて、不快感が高まる。この町はホーメルやフリーモント・ビーフ、あるいはその同類の貪欲のせいで壊されつつあるのだと思うと、うんざりもすれば腹立たしくもなる」（原注10）と彼は書いた。二週間後、ハート、コタス、ワイガートは請願書を提出する——署名は全部で三三〇〇人になった。

ところが次の市議会で議員は投票を行なって、ドッジ郡地方裁判所の確認判決を仰ぐ方針で一致し、条例案の合憲性について裁決を求めることとなった。市の法律顧問スコカンがいうには、当の案は連邦法に触れて無効になるものと予想される、憲法が定めた財産権を守れる保証も充分とはいえない、それにおそらく公正住宅法にも触れるだろうとのことだった。ジョン・コペンハーバーはクリス・コバックに接触し、三人の請願者の代理を務めてくれるかを打診する。コバックはカンザスを発ってワシントンのＦＡＩＲ代表一行

訳注2　メキシコおよび中南米諸国の貧困や合衆国での労働人員需要を背景につくられた移民改革法案。国境警備の強化とともに、在米歴の長い未登録移民の市民権獲得支援、特別ビザによる外国人労働者の受け入れ枠拡大などの内容を盛り込んだ結果、反移民勢力の反発を受け廃案となった。

ともどもフリーモントに車を走らせ、ワイガートの家の近所にあるビッグ・レッド・キーノ・クラブでワイガートとハートの二人に会った。そしてハンバーガーとフライの並んだテーブル越しに、無料で代理を引き受ける。(原注11)

後にその時のことを振り返りながら、コバックは自分があぁ言ったのもフリーモントで目にした光景に胸打たれたからだと語った。「あれはすがすがしいヴィニェットでしたよ」と言いだしピタリと止まる。「いや、舶来語はいけない——すがすがしい一齣《ひとこま》、と申しましょうか、市民がこの問題に頭を悩ませ、専門家の助けを得ようと頑張っている、それで私が力添えをしたいというと、本当に嬉しそうな顔をしてくれたんです」。料金は要らない代わりに一点、請願者はこれが長い戦いになるのをよくよく承知したうえで全力を尽くしてほしい、と条件を出した。

「お手伝い致します」とコバックは言った。「ただし途中で投げ出さないと約束してください——おそらく何年もかかりますから」

ワイガートは心配いらないと応えた。「私はやり始めたら、やり通す人間です」

二〇〇八年十一月の末、およそ二〇人のピケ隊がホーメル大通りのクオリティ豚肉加工（ＱＰＰ）前に集結した。手に持つプラカードを読めば「ホーメル、ＱＰＰは病気の元凶」「科学は私たちを癒せない」。セントロ・カンペシーノはヒスパニックの文化センターとしてＰＩＮに苦しむ移民の支援をしていたが、ＱＰＰとホーメルを弾劾する声明を出し、両社は病気職員の不安を無視している、就労制限にも違反している、ことの次第によっては働けなくなった労働者を単純に解雇して済ませていると告発した。ＱＰＰには補償として、解雇した労働者の再雇用、および「罹患した被雇用者すべてが労災補償給付を受けられるよう、適切な手続き」の履行を求めた。

ロベルト・オルメード・エルナンデス——三子を育てる三十代後半の父親にして、三月まで内臓摘出場の腹部切開、排液を担当していた作業員——は風に吹かれながら蹲《うずくま》り、暗い面持ちに怒りを浮かべる。記者に話すには、QPPの洗濯室に配属を移されて仕事は軽作業になったものの、いまだ「ひどいしんどさと頭の痛み、足の痛み」に悩まされる。メイヨー・クリニックとオースティン医療センターの医師は色々な試験をしたけれども対処の術は見当たらなかった——一方、症状は悪化している。かつて彼はラチャンス医師がホーメルの手先だと言って口論したこともあった。「みんな恐がっています」と記者に向かい、「私は今のところ自分のことは気にしていません、でも子供と妻が。子供に訊かれるんです、お父さんは死んじゃうの、って」(原注12)。

オースティンの地方新聞にこの件で意見を求められると、QPPの最高経営責任者ケリー・ワディングは否定的な報道に動揺を隠せないようだった。世間はこれまで肯定的な見方でほぼ一致していた。さては以前セントロ・カンペシーノから話があったから、と思い当たると、彼等の懸念には最善を尽くし対処したと応えた。「あちらは色々言ってきましたが個人名や詳細は一切明かさなかったのです」(原注13)。監督が就労制限を認めなかったとか、病気の者が労災補償を受けられなかったとか、そういったことは何一つ聞いていない。なるほど幾人かの労働者をクビにはした、法定の就労資格書類を提出できなかった場合には。しかし会社に補償を求めたせいで「解雇された人間は一人も」知らない、と一点張りだった。

ところがこの小さな抗議運動があった翌週、労災補償を請求していた他の数名の職員が人事部長デール・ウィックスのもとに呼ばれ、滞在資格に関する質問に答えるよう言われた。一人はパブロ・ルイスだった。ミリアム・アンヘレスをはじめ、その時点で複数名に達していた他の職員たち同様、やはり彼の滞在資格について移民税関捜査局（ＩＣＥ）から問い合わせがあったのだという。嘘の書類で仕事に応募し、不法就労をしているのではないか、会社にはそう考える根拠がある、とウィックスは続けた。

ルイスは絶句する。自分はリオ・グランデ川を望むメキシコの地で育ったには違いないが、十歳の時に両親ともども川を渡り、仕事のあるテキサス南部の畑を目指した――正式な臨時農業労働者のビザを手に。「私はまだ小さかったんで親父御袋《おふくろ》が弁護士の所に行って、立会人も何人か、で、その農家の人が書類にサインしたんです」とルイスは私を前に語った。一九九六年、十八歳を迎えた彼に完全な市民権を申請し、認められた。

ここで、もう大分昔のことになるがＱＰＰとの面談を振り返ってみると、主な質問は滞在資格を判定するための巧妙な方法だったらしい。「最後にメキシコにいたのはいつか」がその一つ。他に「両親は今もメキシコ暮らしか、とか。まあ巧《うま》いもんです（原注14）」。今思えば、おそらくＱＰＰは彼が九年間、正式な書類を持たずに働いていたと見たのだろう――そして一たび疾病の具合を知るや、送還の恐怖で逃げ出す運びに話を持って行こうとしたのに違いない。ルイスは毅然《きぜん》とした態度でウィックスに向かい、私にも教えてくれたこの言葉で切り返した、「私は一九九六年以来アメリカ市民です、その点については何の不正もありません」。

ウィックスは誤りを詫び、行っていいと告げた――が、パブロ・ルイスの問題はまだ始まったばかりだった。

第三部

第7章　栽培から解体まで

二〇〇八年九月十五日、留守電ボタンを押したリン・ベッカーは養豚業者なら誰もが恐れる報せを耳にした。(原注1)

何カ月ものあいだ中西部の養豚業者は豚一頭あたりの記録的な低単価に悩まされる日々を送ったが、ベッカーは市場の縮小から自身の家族経営農場を守る予防策を講じていた。ホーメルフーズはおそらく不況に強い豚肉仕入れ業者であるということで、ここと生産者協定を結んだのが一つ、それと自家のトウモロコシを充分に植えて翌年の豚の餌とし、高騰する飼料価格のあおりを避けた。さて問題の当日はミネソタ州にもう冬の風が吹きつける頃、これが最後と収穫前の畑を見て回った。「家に戻って留守電を確認したら」と私を前に振り返るベッカー、「マット・プレスコットとPETAからの伝言だったんです」。穏やかに話しながらも神経が逆立っている。そのピリピリした様子に仕事で鍛えた体つき、ブロンドの髪を見ると、実年齢の四十歳よりも遥かに若く見える。しかし本人の感想では、PETAこと「動物の倫理的扱いを求める人々の会」から一報を受け取って以来の四年間に、自分は十年以上も老けたという。「『動かぬ証拠』がありました」と切れ切れに、「秘密調査。動物虐待の。我々の養豚場で」。

ベッカーはミネソタ州フェアモントの郊外、オースティンから高速道路九〇号線に乗って真西に一時間と少し行った所にある自身の養豚場を「古き良きアメリカの家族農場」と形容した――実際、まず受けるのはそんな印象かも知れない。古風な農場風景の何から何までがその年代を匂わせて、赤レンガ色をした腰折れ屋根の納屋は今なお風雨に荒れた面《おもて》に「ＬＢポーク」の銘を残し、質素な農宅〔農場内の屋敷〕はベッカーの祖父が建てた一九四〇年代のたたずまい――今日でも大きな決定は全てここで、日曜夜の食卓を囲みながら下すという。けれども実のところ、ベッカーは既に大手供給業者であり、毎年ホーメルに五万頭の豚を出荷するばかりか、その数を倍にすべくサプライ・チェーンの全体を、栽培から解体まで、自身の管轄下に置こうと努力しているところだった。所有する優良農地は一五〇〇エーカー、ここで育てたトウモロコシと大豆は大きな穀物貯蔵タンクに移して飼料工場で粉に挽き、それからミネソタ、アイオワ両州の十数箇所に送って、彼の繁殖豚舎にいる数千の妊娠豚と、そことは別の仕上げ施設(訳注1)にいる離乳後の数万の子豚に与える。会社は大きくなって複雑化し、常勤とパートで数十人を雇い、拡大の勢いはやむことを知らない。それでも事業の一部始終は常に直々《じきじき》に監視していた、とベッカーは強く言う。そして動物虐待を訴える電話メッセージが頭に入りだすや、信じられないと狼狽《うろた》えていた気持ちは怒りへと変わった。

「ちょっと待て」と思ったのを覚えている、「どこであれ俺の養豚場《ところ》じゃない」。

と、そこでハタと思い当った。槍玉に挙がったのはＬＢポークではなく、ウェルカムの町から一〇マイル〔約一六キロメートル〕ほど離れた繁殖施設のキャマロットでもない。ＰＥＴＡが調査した養豚場というのは、雌豚およそ六〇〇〇頭と産まれたての子豚数万頭を収容するアイオワ州の巨大飼養施設で、購入からまだ一カ月も経たず見回りもまだ数回しかしていない、元ナチュラル・ポーク・プロダクションⅡの、今は名

訳注1　家畜を食用に適した体重まで肥育して出荷する施設。

をモウマー・ファームズと改めた、そこのことではないか。ベッカーは世話になっているアイオワ州アルゴナの資産運用会社スイダエ・ヘルス&プロダクションに電話を掛け、プレスコットに接してかの「動かぬ証拠」を得られないか確認してほしいと依頼した――恐らくPETAが持っているというビデオはいずれも施設購入前に撮られたものだろう。

一方、周囲にも働きかけた。自身はミネソタ州豚肉委員会の代表であり、妻のジュリーは二〇〇七年度の最優秀豚肉後援者である。その妻が折も折、キャピトル・ヒルの議事堂で豚肉委員会のロビー部門、ミネソタ州豚肉生産者協会と同席し、議員らと会議をしていたから、電話で事情を伝え、協会のロビイストらに注意が行くよう図らった。それから今度はアイオワ州デモインの全米豚肉委員会広報次長シンディ・カニンガムにも電話した。

すぐにPETAから返事があって、一対一の対談がしたい、しかる後に合同で記者会見を行ないたいとの申し出を受けた。皆は断れと勧める。断る代わりにベッカーは双子都市の広報会社ヒムリ・ホーナーの助力を得て声明文を発表することに決め、カニンガムはアグリビジネス関連組織を動員して報道取材に対応する援《たす》けとした。しかし何をしようと、世間の非難囂々《ごうごう》に備えることはできなかったに違いない。翌日AP通信がオンライン動画とその内容を伝える配信記事を公開すると、話はほとんど瞬く間に世界中に広まった。(原注2)ブレのひどい低画質の映像で、音声は潜入調査官の帽子つば下に隠されたマイクで拾ったものだったが、編集によって全体は短い痛ましい五分間にまとめられた。

ある場面では監督が容赦なく豚の背を叩く姿が映し出されている。別の場面では職員らが足の不自由になった豚を電気棒で打ち、妊娠している豚の腹を何度も蹴りつける。大写しの場面には弱り切った豚の横たわる姿が映されるが、顔が青に染まっているのはプリマ・テック製のペイント剤を鼻孔めがけて噴霧されたせいらしく、犯人の職員は「ハイな気分にしてやろう」としたのだと述べた。最悪の場面の一つは職員が体重不足の子豚の安楽殺処分を実演するところで、後脚を掴んでその頭をコンクリートの床に叩き付ける。同僚は歓声や笑い声を上げながらピクピク動く血みどろの子豚を大容器に放る。AP通信によるとPETAは既にアイオワ州グリーン郡の保安官トム・ヒーターに会い、ヒーターは強制捜査の開始に合意したとのことだった。

その夜、ベッカーはPETAの動画(訳注2)を何度も何度もiパッド《アイ》で再生した。メールの受信箱が一〇〇〇件を超える怒りの手紙に満たされたのを見た時には茫然自失の思いだったという。ここに来て動画の公開がどれほどの痛手になるかが分かってきた。が、それよりも恐れたのは、ホーメルが生産者協定を打ち切るかも知れないという可能性だった――アイオワの繁殖施設、ミネソタの家族経営農場を担保に組んだ一〇〇万ドル以上のローンが返済できているのも、この契約あればこそ。もしホーメルに見限られれば、ベッカーとその家族は一切を失うことになりかねない。

第二次世界大戦以前には、アメリカの食肉生産、なかでも中西部のそれは季節的な仕事だった。牛、豚、鶏は小さな混育農場〔多様な動植物を育てる農場〕の構成員として年中そこに暮らしながら、農家が彼等を肥らせ市場に出荷するのはおおよそ収穫の後の、飼料が安く沢山得られる時期に限られていた。そのため北部の食肉処理業者は夏の終わりから秋にかけては労働者に長時間の仕事を課し、冬から初春の間は休業とした。しかし大戦に伴い工業化が進むと、ホーメルのような大手食肉生産業者は産出（と収益）を増大させるべく

訳注2　問題の動画は以下を参照。https://www.youtube.com/watch?v=CvYS5yGI9H4

食肉処理を年間通しての仕事に変えたいと望むようになる。それを可能とするため企業は農家をうながし、混育型の季節農業をやめて商用動物を一年中生産できるよう施設の改良、特殊化に着手することを勧めた。

一九五〇年代をみると、この勤務体制を取り入れた中西部の畜産業者は、冬の寒さにも耐えられるということで牛を育てるか、気温が急激に落ち込んでも容易に小屋に入れられる鶏を育てるのが普通だった。一方、冷たい吹きさらしの平原地帯では養豚は難しい。平年より冬が暖かくなっても頻繁な死亡に悩まされるのは変わらず、厳しい天候が続けば繁殖力も弱まるので、つまりは年一回しか子をもうけることができない。ところが一九六〇年代に入ると、一部の先駆的な業者が冬のあいだ数百あるいはことによると数千もの豚を収容できる巨大な監禁畜舎を建て始める。閉じ込め方式は悪天候による死亡を克服したばかりか、最低限の暖房装置を入れただけで年二回の出産をうながすことができた。

一九六〇年代の終わりが近づいた頃、家族農家は監禁畜舎がきわめて効果的なので、巨大資本と化した食肉処理業者がこの革新をバネに独自の施設を建て、安い耕作地を買い上げて独占を狙うことになりはすまいか、それによって小規模業者があっさり市場を追われる事態に陥りはすまいかと不安を募らせた。一九七二年から一九八二年にかけては様々な家族農家保護法案が、ノースダコタ、サウスダコタ、ネブラスカ、カンザス、オクラホマ、それにミネソタ、ウィスコンシン、アイオワ、ミズーリの各州で通過する。いずれも雛型《ひながた》は同趣旨の書き出しに始まり、法の目的は小規模農場経営者を大規模食肉業者から守ることにあった。しかし、こうした措置が可決されたのとほぼ時を同じくして、早くも大企業は抜け道を探し始める。

商売の観点からみればサプライ・チェーンを統括しようとしたのはよくよく理解できる行動だったといっていい。市場は天候や疾病、飼料、燃料価格、それに変化するアメリカ人の食欲に振り回される、そんな中にあってホーメルほか大半の大手食肉会社は、投入費用を抑制調整するにはどうすればと、日夜その方途を模索した。充分な広さのトウモロコシ畑を買い占め飼料価格を操作できれば、あるいは相当数の養豚場に投資して豚肉の市場価格を落とせたら、その時は小規模農家が放逐された分だけ大手一同が潤《うるお》うことになろう。というわけで、中西部の地区が垂直統合を取り締まるや、数では一握りの国内最大級を誇る豚肉企業が、あのアプトン・シンクレアとセオドア・ルーズベルトによる食肉トラスト解体の試み〔第2章参照〕に抗した時以来見せなかった意気投合ぶりで、規制のない南部州に建築資金を大量投入し始める。ここでは州の役人による邪魔立ても気にせず、何千頭もの豚を収容できる桁外れに大きな畜舎を設けられた。

建設ブームの中心地はノースカロライナ州になる。（原注3）一九九〇年代に豚の数は三倍の八〇〇〇万頭以上に膨れ上がり、そこにスミスフィールド・フーズが世界最大の食肉加工施設を構えた。しかしながら野放しの成長の結果、巨大な肥溜め池、いわゆるラグーンには、小さな豚舎に入れられた数万の豚が出す糞尿が湛えられ、その環境面での安全性をめぐっては激しい論争が巻き起こった。一九九九年、オーシャン・ビュー農場の肥溜め池堤防が決壊して二五〇〇万ガロン（約九五〇〇万リットル）の汚水がニュー川に流れ込み、川が汚染されて大量の魚が死滅すると、市民の不安は憤激へと変わる。数カ月後にはハリケーン・アイリーンによる洪水で州内の肥溜め池がことごとく氾濫した。『ニューヨーク・タイムズ』紙の報じるごとく、「糞尿は地を覆い河川に流れ込んだ」（原注4）。人々の反発に圧《お》される形で南部の政治家は多くがより厳しい規制を支持する方針へと転じたが、一方で中西部の知事や議員らは、共和党が勢力を振るう州を中心に、農場はいまだレーガン時代の不況から完全には立ち直れておらず、工業的食肉生産は彼等を復活させる手段になると論じた。但しそのためにはまず、垂直統合禁止法を反故にしなければならない。

二〇〇二年、スミスフィールド社は養豚部門の子会社マーフィー・ブラウン農場およびプレステージ・シュテッカー農場とともに、アイオワ州を相手取って連邦裁判所に訴えを起こし、同州の垂直統合禁止法は州外部の企業に対し差別を設けるものであり、憲法上の通商条項が定める企業の権利を損なうものと主張した。(原注5) 実際には当の禁止法は州内の加工業者にも適用される法律であったにも拘らず――家族農家保護法が田舎農家の協同組合を例外としていたため――連邦地方裁はこれを無効とする。控訴裁判所は控訴審の開廷を認めたが、二〇〇五年九月、予定されていた裁判が行なわれる前に州の司法長官トム・ミラーは悪魔の取引を交わし、スミスフィールド社を特別対象として禁止法の適用除外とする命令に合意した。当然、州外の他の食肉会社もすぐに各自の訴訟を起こす。

二〇〇六年四月までにアイオワ州ではホーメルとカーギルが同法の適用対象から除外された(原注6)――両社はさらに既存の監禁畜舎を買い上げ、新たな大施設の建造に融資をし始める。建前上《たてまえじょう》はまだ禁止法が有効とされていたので、農地を所有し豚を飼養できるのはスミスフィールド、カーギル、ないしホーメルの契約養豚業者のみに限られた。飼料から市場までを統括するこうした独占企業との競争を強いられる恐れが現実味を増す中、多くの農家は豚と養豚場を売り払う。より多数の農家は全てを失う覚悟で数百万ドル規模にもなる大畜産場の三十年ローンを負い、短期契約に甘んじ、往々にして家族の土地を返済保証の担保にあてた。こうして食肉処理業者は意のままに工業的な家畜管理技術を使える立場となり、農家に命じて遺伝子操作された豚を育てさせ、人工授精を行なわせ、身ごもった豚を妊娠豚用檻(訳注3)に入れさせ、産まれたての子豚に高濃度の予防用抗生物質を射ち込ませ、乳離れした子豚を速く脂肪の少ない成体にするよう飼料にしかるべき添加物を混ぜ込ませる次第となった。

アイオワ州の垂直統合禁止法から免除されたホーメルに対し、唯一の制限として、司法長官は同社と州の契約期間を十年と定め、期限が来たらこれら特定企業の免除について評価を行ない市場の独占が生じていないか確かめることとした。しかしながらこの規定はホーメルやカーギル、スミスフィールド――および後に免除枠に入ったタイソン、クリステンセン・ファミリー・ファームズ、その他少数の生産業者――を慎重な経営へと導くことはなく、むしろ州内に可能な限り大きな畜産場を、可能な限り速く建て、可能な限りの市場占有を目指す動きを後押ししたのが実状だった。

ホーメルは分けても養豚生産の飛躍的拡大を成し遂げたかった。南部の競争企業は一九九〇年代の間に劇的な生産増を達成するが、中西部に拠点を置くホーメルの施設は肥育できる豚の数が限られているせいで足止めを喰らっていた。アイオワ州との契約が発効すれば、ついに二〇〇二年のあの取引、食肉加工ラインの速度を国内の他の処理工場よりも速めてよいとする、農務省との蜜月も真価を発揮する。それはスミスフィールドの向こうを張るチャンスでもあった。そこで契約発効前に早々と養豚業者への資金貸付けを始め、北はオースティン市クオリティ豚肉加工工場のすぐ南に位置する各郡に、西はネブラスカ州フリーモントの工場からトラックで通える距離の地に、数百万ドルの大規模監禁畜産場を建てるよう促した。免除契約が公《おおやけ》にされたその同日、ホーメルは報道発表でフリーモントの工場の生産増を告知し、一日九〇〇〇頭だった処理数は一万五〇〇〇頭以上へと引き上げられた。(原注7)

一九四六年、ホーメルはオースティン初の全国去勢豚品評会《バローショー》を主催した。一三の州から来た養豚業者がトラック一杯に自慢の去勢雄豚を積んで工場に集い、解体、測定、審査が行なわれる。肉の得点は重量だけ

訳注3　妊娠中の豚を一頭ずつ隔離する檻。分娩房と同様、収容された豚は体の向きも変えられず、ストレスによって例外なく異常行動を来す。雌は子豚の早期離乳が済むとすぐに人工授精させられるので、事実上、妊娠豚用檻と分娩房を往復する生活となる。妊娠豚用檻は動物虐待であるとの理由から、欧州や合衆国の一部州では使用が禁じられているが、日本では約九割の養豚場がこれを用いている。妊娠ストール、あるいは単にストールとも。

でなく、赤身と脂身の比にも左右される。最高点を出したのは赤身四九・七パーセント、脂肪二一・三パーセントの豚で、最低点の豚は赤身四四パーセント、脂肪二三・六パーセントだった。(原注8) 違いは痩《や》せ具合――しかも生きている時には分かりそうもない程の差――であったが、ホーメルは早くもこの段階で、養豚業者への支払い額を生体重量でなく屠体の重量と等級に従って決めることにすれば生産も標準化できるし利鞘も大幅に増やせるとの考えに至る。それで赤身と脂身の割合が平均点以上の豚については、一ポンド当たり実に二・五ドルもの割増し金が付加される特典を設けた。毎年恒例の品評会が大きくなったところで、今度は繁殖用の豚を野外会場でも披露する決まりができた――そして最終日、豚たちは競りにかけられる。雄豚や未経産雌豚を購入するのはほとんどがホーメルと取引する畜産業者なので、自然、社の所有する豚は赤身の多いタイプになっていく。間もなくホーメルはアイオワ州立大学農業拡張局との協同でフォート・ドッジ商用豚品評会を始め、アイオワに抱える社の種豚の改良にも乗り出した。

一九五七年、ホーメルはミネソタ州議会を説き伏せ、更なる一歩を踏み出した――オースティンに州内で最初の雌豚評価所を設置する許可を得たのである。州の融資を受けた科学者が全品種の体の大きさ、赤身・脂身の割合、特定の部分肉の産出量を確かめる。しかる後ホーメルが州から年一ドルで借りる豚舎で、ミネソタ州豚育種化協会が各品種の中の最も好ましい豚を繁殖させ、行く行くは交配させ、より脂肪分の少ない痩せた商用豚をつくり出そうという算段だった。しかしその研究はいずれも重大な制約を抱える点で共通していた――たとえ注文どおりの育種で豚全体の品質が向上したとしても、会社が個々の養豚業者に飼料と世話の指示を出すことはできず、特に一九七〇年代に垂直統合禁止法が出来て以降はこの縛りが厳しくなった。評価所に来た豚を調べてみればなお個々の差が甚だしく、産出に関する予測は立てられなかった。

禁止法が取り下げられると状況は一転し、豚肉生産者はホーメルを筆頭に、畜産場単位で飼養技術を管理できるようになれば食肉科学者に完璧な豚をつくらせることも可能、と期待を膨らませた。一頭一頭すべての豚を屠殺が行なわれる加工工場の勝手に合わせて最適化・標準化していけるのであれば、解体作業は自動化を進めて速められる上、小売業者には今までになく安定した商品を届け市場シェアの拡大につなげられる。一例が二〇〇〇年代初頭のことで、ホーメルが大手小売業者に包装肉の取引を持ちかけたところ、ウォルマートは重量も厳密に揃った均一の骨つきロース（肩肉）、ロイン（腰部肉）、ロースト肉を求めた。一〇ポンド（約四・五キログラム）の骨つきロースをパックにするとして、それをあらかじめ同じ形に整形し、かつ脂身はウォルマートの指定通り八分の一インチ（約三ミリメートル）に留めるとなると、豚はすべて同じ量の背筋、同じ量の脂肪を持つ体に統一しなければならない。どころか欲をいえば、ハムもベーコンもロインもロースト肉も、その他どの部位も揃っているのが望ましい。

もはや計量室に品種も年齢も違う色々な豚を入れて大きさと痩せ具合で仕分けをするというやり方は望ましくなくなった。代わりに社のシステム工学者らが望んだのは、毎朝トラックが積み降ろし地点まで来て何千頭もの可能な限りそっくりな豚を届けてくれるという形だった。かくして現代の監禁豚舎は壮大な分解工学の実験を行なうラボと化す。

ホーメルは屠体重量と脂身の割合を比較表にまとめ、最適範囲を赤枠で囲って[原注9]その数値を達成した契約肥育業者には相当額の割増し金を支払い、その捻出のため、逆に基準枠から著しく逸脱した豚を育てた業者からは罰金を取ることに決めた。平均すると、この赤枠に入る、つまり温屠体重量[訳注4]が一七四〜二二二ポンド（約七九〜一〇一キログラム）、背脂肪が一・一インチ（約三センチメートル）[原注10]未満となる豚には基本価格に五パ

訳注4　屠殺した動物の頭部、内臓を除去した後、冷却室へ移す前に測る屠体重量。冷却中には屠体の水分が失われるため、冷屠体重量（冷却後に測る重量）は温屠体重量よりも軽くなる。

ーセントが上乗せされ、(原注11) 枠外の豚には市場価格の八八パーセントしか支払われない。契約肥育業者にとっては一頭につき実に二五ドルもの差になる。赤枠の数値を達成すれば一度の出荷で四〇〇〇ドル以上余分に儲かり、巨大施設一つは年におよそ六〇回の出荷を行なうのが普通であるから、積もり積もればこれは好決算と大損失ほどの違いにまで広がる。それゆえ肥育業者は常に新手法(抗生物質、生長促進剤、代謝を変えるβアドレナリン受容体刺戟《しげき》薬、酸性化剤、酵素、その他の飼料添加物)を取り入れて成果を求め続けるが、利鞘を引き上げようと努力するなかで経費もまた着実に嵩《かさ》んでいく。

厳正な規格化はしかし、ホーメルの得より以上のものにはならない。高度なネットワークの末端では同社とつながった肥育業者の各々が適齢の豚を適正な数だけ育て、おかげで屠殺場では均質な屠体がずらり畜殺室からチェーンに流れ捌かれる、その日々の安定は崩れない。豚が不足して投入費用が押し上げられることもなく、余剰が生じて加工場作業員に多額の残業代を支払わねばならなくなることもシステム上、決してない。

純粋に商業的な視点からみるなら、養豚の工業化という試みは未曾有《みぞう》の成功を収めたといえる――物流合理化の奇跡だったといってもいい。平日は毎日およそ一七五台のトラックが、それぞれ一七〇頭の豚を載せ、あるいはアイオワ州の、あるいはネブラスカ州東部の、あるいはミネソタ州南部の様々な地域から、一時間間隔でフリーモントとオースティンにある一〇の積み降ろし地点のいずれかに集まり、屠殺にかける豚を約三万頭、降ろしていく。仕事日二六〇日の毎日、それを毎年繰り返す――年に七七〇万頭を小さな整列路へと駆り立て、屠殺し、解体し、付加価値商品加工に回すのは、このたった二つの工場の仕事。システムが機能するには、四カ月の肥育サイクルで適切な時期に適正体重の豚が育つ必要がある。この精度が何百という肥育施設で達成され、人工授精から屠殺に至る全ての過程が、年に三回、キッチリ反復されなければならない。

業界は「工場式畜産場」という呼称を嫌うが、現実をみれば現代の養豚は工場モデルに沿って組み立てられたものであり、工場の厳密性をもって運営され、構築の際に配慮されるのもサプライ・チェーンの先に連なる他の工場の要求、すなわち食肉処理場、包装工場、配送倉庫のそれである。各段階は同じ工場もしくはほぼ同じような工場で、その近隣住民が許す限りほとんど場所を問わず、何度でも同じ形で繰り返せる。

垂直統合禁止法がアイオワ州で非公式に取り下げられてからの数年間に、工場モデルを目の当たりにした事業開発者は、多くが物流管理については広汎な知識を有していても農業については無知な人間だったため、養豚は他種の工場を経営するのと何ら変わらないと理解した。監禁豚舎の建設は好い商売になる。何といっても、大手食肉企業が今後一定の取引を保証して気前よく何百万ドルというローンの連帯保証人になってくれるのだ。これなら安心、と思われた――システム全体が、制御を失った自らの成功に堪え切れなくなって、崩壊の危機を迎えるまでは。

アイオワ州ベイヤードから北に二、三マイル、二本の広い砂利道が十字を結ぶその場所に、巨大な三つの豚舎が並んでいるのが、リン・ベッカーのモウマー・ファームズである。今はフェア・クリークの名で操業するが、知る者はいないだろう、会社の看板もなく、中で何が行なわれているかを示す何らの標識もないのだから。豚舎は日の下に白く冴え、外からはどう窺っても、換気が行き届き、水も外付けの大きなタンクからしっかり補給され、全体の構えも、建物四隅の角《かど》から、堅く鋲《びょう》留めされたアルミの羽目板まで、よく整っているように見える。開発者のゲイリー・ワイズは施設が衛生的で人目に付かず、悪臭を発しないよう計った。グリーン郡の行政委員会とは議論したり対立したりで許可推薦状を得るまでに二年も要したので、一度できたら一切苦情が来ないようにしたいと考えたのである。

　ペプシ、プロクター&ギャンブル、モンサント等の大企業で運営管理をしてきたワイズは[原注12]、故郷アイオワ州に帰る決心をした。考えていたのは、ハーラン郊外の父の養豚場で培った経験と、ハーバード・ビジネススクールで経営学修士を取得するために研究したトウモロコシ価格と養豚生産量の三十年統計分析を組み合わせること。「価格を全て統一するのです」と、ワイズは『ナショナル・ホッグ・ファーマー』誌で語った。「それで一頭当たりからちょっとの儲けを出して収益は量が決めることにする」[原注13]。ナチュラル・ポーク・プロダクションⅡ（ＮＰＰⅡ）の名で投資者を募り、立ち上げ資金が用意できると、およそ年に一つの割合で建設を進めていった。三舎からなるベイヤードの畜産場は五番目にできた――分娩から離乳までを行なう雌豚六〇〇〇頭の施設で、一年に離乳後の豚を約一三万頭、一頭三六ドルで仕上げ施設に売って投資収益を生む。合計するとＮＰＰⅡの施設は一五軒ほどの養豚業者に八〇万頭近くの離乳した豚を供給し、年間収益は二九〇〇万ドルにも届く勢いだった――がしかし、他方では例えば一施設当たり五〇〇万ドル前後という建設費用や収容する繁殖用雌豚に投資する数百万ドルなど、見返りの不確かな経費もかかっていた。

　野心的な計画を実現するため、ワイズはオーデュボン‐マニング獣医クリニック（ＡＭＶＣ）の代表兼最高経営者ダリル・オルセンに建築と業務の監督を依頼する。ＡＭＶＣは、名前だけ聞くと倹《つま》しい動物病院という印象を受けるが、その実その正体は合衆国の豚肉生産者トップ10に数えられ、二〇〇〇年代中頃にはタイソン、ホーメルを凌駕する雌豚飼養数を誇った上、ワイズの推定によれば一〇を超える仕上げ施設と確かな関係を築き上げていた。ワイズが施設の設立資金を集めれば、オルセンがただちに人員を補い安心できる取引先と繋いでくれる手筈だった。

　しかし二〇〇三年、ベイヤードに施設建造の提案が持ち込まれた時には、アイオワ州民の多くが工場式畜産に疑いの目を向けるようになっていた。グリーン郡に来た養豚事業者はワイズが初めてであったものの、州北部の地域には多数の会社が巨大畜舎を建てており、中でもノースカロライナ州から来たスミスフィールド傘下のプレステージ・ファームズは権勢を振るっていた。ベイヤードの住民はその弊害を見てきたので、ＮＰＰⅡが廃棄物による環境汚染をどう緩和するつもりなのか、また動物の福祉配慮はどうなっているのかを確認したい。ワイズはＮＰＰⅡが「一年に八〇万頭の豚を育て、汚染は父の頃より軽く」でき、豚は「王族のように世話されます」と請け合った。(原注14)『ミッドウェスト・アグ・ジャーナル』誌に施設の様子を紹介するに当たっては、それを豚の楽園であるかのごとく述べ立てた。「一頭一頭をケージに分けますので、自分の水、自分の餌が得られまして喧嘩は起こりません。こうすれば弱い豚でも生産的になります」(原注15)。まるで工場式畜産じゃないか、という批判が届くと、開き直って攻勢に出る。「まるで、じゃなくて工場なんですよ」と切り返し、「そこに問題はないでしょう。工場仕上がりじゃない車に乗りたいと思いますか。工場には品質管理があります。工場は人と動物を大切にします」。工場式畜産場の肉はホルモンと抗生物質のおかげで脂肪分が少なく、肉の量は多いからコストも下げられる、「だから消費者の方は安いロインを沢山食べられます、それも質の好いやつを」と彼は言った。「これこそアメリカ流儀だと思いますね」。

ところが二〇〇六年に全てが変わる。アイオワ州の垂直統合禁止法が撤回されて、にわかに養豚施設の建築ブームが巻き起こり、設立資金の流入を招いたのと同時に大勢の競争企業が惹き付けられた。二〇〇〇年には監禁畜舎でアイオワ州天然資源局の許可が必要になる程の大きなものは州全体でも申請件数にして三八件しかなかった。(原注16)スミスフィールドが禁止法から免除された二〇〇五年になると申請が二〇三件に跳ね上がる。翌年カーギルとホーメルが同じ免除を与えられ、数値は再び大跳躍して三一八件に。二年もしない内にアイオワ州は、企業が養豚に関わるのを法律で徹底禁止していたところから一転、監禁畜舎に収容される州内一七〇〇万の豚の半数以上が食肉処理大手三社の所有下ないし独占契約下に置かれる土地へと変貌した。

突然訪れたこの企業乱世の真っ最中、トウモロコシ価格が一ブッシェル（約三五リットル）当たり二ドルから上昇して三ドルを突破する。エタノール生産の奨励措置が需要を急増させた結果だった。更に二〇〇六年後期には農務省が収穫量の推計を見直し、気候によって二億ブッシェル（約五一〇万トン）の減少があるとした。こうした要因に加え、貯蔵量もまたクリントン時代の旱魃期からこのかた最低値を示していたとあって、商品作物への投機が活発化し、価格は十年以上ものあいだ見たこともなかった高みへ達し、一九七〇年代初頭から続く下落傾向を覆《くつがえ》した。『ニューヨーク・タイムズ』紙は、トウモロコシ栽培を営むか、その栽培飼料に頼る畜産業を営むかによって「この大台五ドルの嬉し悲しが分かれるだろう」(原注17)と書いた。

「トウモロコシが二ドルから四ドルに値上がりしだした時にはもうハッキリしていました、これではお金にならないと」とワイズは私に語った。やむなくNPPⅡの物権は手放し、他の事業開発に移ったという。その間、飼料価格はエネルギー費用の上がるに連れてなおも高騰し、ついには一ブッシェル八ドルにまで到達、ワイズが投資家たちに逃すことのできないビジネス・チャンスといって売り込んだ事業は、たちまちにして市場の変化に全く堪えられない代物と判明した。投資家は手を引き始める――そして間もなくNPPⅡは、後援者を破滅から救わんがため、手早く施設を売却しなければならなくなった。「トウモロコシが八ドルでは実際破滅しかねませんよ」とワイズは続けたが、元の構想については弁護する構えだった、「四ドルという価格すら前提していなかったのです、まして八ドルなんて。残念ながら読み違えました。開発者ですからこれまでの動向は見ましたが、トウモロコシは三十年間二ドルから三ドルだったんです。こんなことになるなんて思いもよりませんでした。失敗です」。

二〇〇八年五月になると、豚舎で働く労働者の間にNPPⅡ破産の危機についての噂が飛び交っていた。

このころ施設を見学した少なくとも一人の証言によると「世話の質」は落ち始めていたそうで、また別の資料によると飼育環境は相当劣悪になって、ついには職員数人が養豚場管理者ジョーダン・アンダーソンに懸念を訴えたという。アンダーソンは最初、何の話か分からないと白《しら》を切ったが、次いで訴えを笑い飛ばし、「PETAが嗅ぎつけない内は[原注18]」何も心配いらないと応えた。同僚からデーブの呼称でのみ知られる一人の職員は話の末、直接AMVCのダリル・オルセンに問題を報告すると脅しをかけ、それがために解雇されてしまった。やがてPETAのもとにこの元職員から一通の手紙が届き、NPPⅡの内部状況が克明詳細に知らされる。竦《すく》んでいるのと未経験なのとで、職員は雌豚を一区画から別の場所へ移すだけの最中に頻繁に蹴りを入れたり追い立て用の板や棒で叩いたりしている。それどころか監視の行き届かない中、豚を欲求不満の捌け口にして嗜虐《しぎゃく》趣味を満足させる者もいる。

「これは動物虐待です」とデーブはPETAに訴えた、「あなた方に知っていただきたいと思いました[原注19]」。

第8章　傷めつけたっていいんだよ

ロバート・ルダーマンが二〇〇八年六月、仕事を求めてナチュラル・ポーク・プロダクションⅡ（NPPⅡ）の豚舎に姿を現した時には、施設の歴史についてはおろか、取引先すらも知らなかった。(原注1)彼の正体は秘密調査官、「動物の倫理的扱いを求める人々の会」（PETA）のもとで活動する一人だったが、持ち合わせの情報としてはただ、某内部告発者がこの粗末な畜舎を動物虐待の現場と言っている、ということの他になかった。偽の履歴も簡素で漠たる内容だった——ネット上で女の子と知り合って、一緒になりたくてアイオワに来た、けれど上手くいかなかった、云々と。質問はされず、すぐに雇われた。

初日の六月十日は朝を教習ビデオの視聴で過ごし、午後からはシェリー・モークという先輩に付いて回るよう指示された。その担当の分娩豚舎は部屋が一五、その一室一室に六八の檻《ストール》が備えられ、出産間近か出産直後の豚が収容されている。モークの説明では一日に大体一五頭が出産し、一度の出産で平均一一頭が生まれるという。その二割ほどは以下四つのいずれかに分類される——流産児、ミイラ、ちび、畸形児。流産児はちゃんと発育していながら死んで生まれた子豚を指す。ミイラは妊娠中に死んで胎嚢《たいのう》に包まれたまま出てきた子豚。こうした死産児は胎盤や臍《へそ》の緒《お》といった廃棄物もろとも終業前に屍骸部屋に捨てられ堆肥利用のため回収される。ちびは矮小児《わいしょうじ》、畸形児は股関節脱臼《だっきゅう》や腫瘍《しゅよう》を患う子豚で、こちらはもう少し手間が多い。

しなければならないのは「打ち付け」、というのは子豚殺しの隠語で、コンクリートの床に頭を叩き付けるのである。

残った四分の三の同腹子は尾を切られ——雄は同じ鉄ペンチで去勢もされ——感染防止のヨード液が吹きつけられる。ルダーマンの日誌によれば、この最中の子豚はとてつもない悲鳴をあげるのでスタッフは耳栓をつけるという。「養豚場にいる間これほど大きな声で子豚が泣き喚く場面は他にない」、生後二十日が過ぎて離乳がなされ、仕上げ施設に送られるべくトラックに載せられる時でさえこれほどでは、と日誌は続く。

それからの数週間にルダーマンは苦心しながら子豚の去勢を隠し撮りしたが、中には陰嚢《いんのう》ヘルニア、俗に「はみだし」といわれる症状を患いながらそれと気づかれない豚もいて、陰嚢の切除とともに腸が丸々飛び出てしまうこともあった。打ち付けられた血だらけの子豚は至近距離でも撮られている——頭は潰され、足は小刻みに宙を泳ぎ、息苦しそうに空気を求める姿、その上にはまた別の子豚たちが積み上げられ、大きな容器を満たしていく。ルダーマンはひそかにオーデュボン‐マニング獣医クリニック（AMVC）の記録を詳細な写しにまとめたが、そこには毎週数千匹の断尾と二〇〇〇匹の処分がなされるとある。しかしこれらは全て違法ではなく、疑問視すらされていない。業界の言い分では、尾や睾丸《こうがん》を取り除くのは同腹の仲間に噛み切られて感染が起こるのを防ぐためとされる。また打ち付け処分は合法であるばかりか業界で認められた「人道的安楽死」の方法とされてもいる。事実、子豚の法的保護として存在するのは、鈍器損傷による安楽死処置は一撃で済ませなければならないと定める法律でしかない。そしてルダーマンは何度も書き記している、「二回以上打ち付けられた子豚は一度も見なかった」と。

ところがその後の六月二十七日、ルダーマンが繁殖豚舎に戻す豚を分娩房(訳注1)から出した時のことだった。房を出た一頭が蔽《おお》いのついた廊下を隣の豚舎へと向かっていたところ、繁殖豚舎の管理人でシェリー・モークの父にあたるマービン・モークが怒りの形相で追い棒を振り立て、豚の背中を思い切り殴打した。驚いたルダーマン、その記録によればマービンは「テニスサーブをするように」棒を振り上げ、「斧のように」振り降ろしたという。豚は高い悲鳴を上げ、廊下を駆け去った。

しかしマービンの本当の怒りは研修生に向けられたもので、州法に違反して繁殖豚舎で喫煙していたのを管理者ジョーダン・アンダーソンに告げられたのが気に入らなかったらしい。食堂でその研修生に喰ってかかる一幕があった。告げ口はまっぴらだと怒鳴り、身体的脅迫もしたとルダーマンは語る。言われた側は「やってられるか！」と叫んで部屋を飛び出したきり、戻っては来なかった。翌日、職員らはマービンが停職を言い渡され、AMVCと保健局による取り調べが行なわれていると知る。それから程なくマービンは「職員に対する嫌がらせ及び脅迫行為」をした廉《かど》で解雇され、研修生は別の畜産場へ復帰するよう説得された。「これは動物たちのささやかな勝利だった」とルダーマンの日誌は述べる、「マービンは恐らくスタッフの中で一番ひどい虐待好きだったからだ」。

しかしルダーマンはそれまでに、繁殖豚舎から分娩豚舎に来る豚の多くが虐待の痕を留めていることに気付いていた——追い棒で叩かれた背の赤痣《あざ》もあれば、臀部を刳《えぐ》った説明の付かない血みどろ傷もある。マービンが去ってリチャード・ラルストンが臨時の指揮をとるようになっても、繁殖施設はさして改善されなかった。新任者は前任者のように非道ではなかったが、その同僚の一人は私に身も蓋もない感想を漏らした、「リチャードはバカでした」。新しい監督は五〇〇ポンド（約二三〇キログラム）の雌豚を前にうろたえ、中途半端な判断のせいで職員を危険にさらしたり豚を傷付けてしまったりすることも少なくなかった。

例えばある日、ルダーマンはラルストンが病気で弱り切った二頭の豚を家畜銃で安楽殺するところに立ち会った。日誌によれば「彼は家畜銃を取り出し小さな金属製の薬莢《やっきょう》を装填した。一撃目が眉間に当たったが豚は死ななかった。まだ全く死にそうな気配はなく、床上で頭と胴を動かし、手足をバタつかせる。撃たれた痛みにもがき苦しむようだった。喉を鳴らし、悲しげに泣く。二発目で更に弱って、およそ一分後に絶命した」。次の殺処理も全く同じ調子だった。

ＰＥＴＡは二人目の調査官を派遣する異例の決定を下し、ラルストンの監視を容易にするため繁殖豚舎に雇われることを期待した。が、急がねばならない。既にジョーダン・アンダーソンが会議を開き、噂のとおりナチュラル・ポーク・プロダクションⅡが売却処分されようとしている旨を明らかにした。将来の買い手が視察に来るということで、職員一同は打ち付けや尾切りの血を洗い落としておくよう指示された。また、所有者が変われば運営も変わるから、一同は仕事を失う可能性があることも分かっておかなくてはいけない。七月下旬、ルダーマンは買い手が見付かったと日誌に記す。その初めには「モメイヤー」の名があり、次いで「モマー」になり、最後に正しい名称が現れた——「モウマー・ファームズ」。

ミネソタ州にあるベッカー家の農場の歴史は、過去半世紀に養豚業全体が辿った変遷の縮図といえる。リン・ベッカーの祖父ウォルターはまだ六歳の時に両親に連れられ、同州ノースロップの西にある農場へと移った、それが一九二〇年(原注2)——以後そこを離れることなく、元の農宅から程近くに自分の家族が暮らす第二の家を建てた。家業を引き継いだ五〇年代には農場はまだ昔ながらの混育様式で、牛や豚や鶏、それに様々な作物も育てていた。しかし一九六六年、ウォルターは簀子《すのこ》床の下に糞尿の貯留槽を設けた、マーティン郡

訳注1　妊娠間近の豚を隔離し、出産から授乳までの期間を過ごさせる檻。母子は鉄格子によって隔てられ、子豚はその隙間から乳を吸う形となる一方、母豚は檻の中で体の向きを変えることもできない。こうしたことから、分娩房は動物福祉上の大きな問題となっている。

では恐らく初となる監禁豚舎の建造を思い立つ。
今日の目でみれば息子のラリーが一九八〇年代に継いだ農場はまだ至極小さなもので、雌豚の数は二〇〇頭に過ぎず、閉じ込め飼育は育児中に限られていた。(原注3)が、ラリーは施設をＬＢポークと名付け、息子のリンとロニーが一緒に働ける空間をつくろうと規模の拡大に手を付ける。雌豚を一生のあいだ、室内飼育できるよう妊娠豚舎を造り、二トンを処理できる製粉所を加え飼料を自家で挽けるようにもした。一九九五年、リンは自分と同じく営農学の学位を得た新しい妻を連れてミネソタ大学から戻り、家族に代わって日常業務を担いつつそこに最新の農業科学を持ち込んだ。
すぐに全システムが刷新された。家族はそれまで三つの「移行式」育児豚舎、すなわち空間を最大活用するため成長に合わせて豚を次の舎に移して行くという単純な方式を用いていた。ところが、一度は喰い止められた疾病、ミネソタの冬の冷気に当てられた豚たちを襲ったそのかつての疾病が、今度は室温の調整された閉じ込め豚舎に蔓延した。一九九六年から翌年の冬にメチシリン耐性黄色ブドウ球菌（ＭＲＳＡ）〔多剤耐性菌の一種〕が猛威を振るったのを切っ掛けに、リンは二段階工程への移行を決め、妊娠から離乳までを一単位の豚舎で、出荷前の仕上げ肥育を別単位の豚舎で行なうことにした。(原注4)
強気の拡張にも乗り出した。五年の内にＬＢポークは出産から出荷までを担う大施設と化し、二つの拠点に一五〇〇頭の雌豚を、一二の拠点に散った三七の仕上げ施設に三万二〇〇〇頭を超す離乳児を囲う。二二〇〇頭を収容する雌豚施設キャマロットの共同所有者にもなり、「早期離乳児」〔成豚の病気に曝露されるのを防ぐため投薬・早期離乳される子豚〕の仕入れ数は年間一万五〇〇〇頭を数えた。自社施設と自社の管理下にある契約生産者の施設とを合わせ、ＬＢポークは常時およそ二万四〇〇〇頭の豚を抱えるに至る。更にはブラジルのミナスジェライス州にも、やはり出産から出荷までを行なう五〇〇頭の雌豚施設、グランジャ・ベッカーを立ち上げた。これは劇的な拡張に思われるが、その背景には養豚業界を呑み込む、より大きな潮流があった――業者は小さな施設のまま僅かな収入に甘んじるか、自らも大きくなって産業化した農業の勢力と競合（ないし時には対決）するのに力を尽くすか、どちらかを選ばねばならなかった。

問題は昔も今も、大きくなろうとする農家は万事にわたり、より多くを手にしなければならない点にある――より多くの土地、より多くの飼料作物、より多くの動物、より多くの設備、より多くの借金、より多くの予算。いずれもより多くの仕事と利益を、のみならずより多くのリスクと固定費用とを、少数の生産者に絶えずもたらす。リン・ベッカーが家業に加わった一九九五年、ミネソタ州には一万を超す養豚場があったが、二〇〇七年には四七〇〇に減少する。(原注5)それでいて同じ期間に州全体の豚の飼養数は年五〇〇万頭未満から八〇〇万頭に届きそうなところまで達した。つまり半数の養豚場が倍近くの豚を育てる計算になる。一番大きくなったのがマーティン郡で、LBポークは地理的にも経済的にもその中心位置を占めた。いまや州内一の豚産地となった同郡の年間飼養数は、一九九〇年の二四万頭から二〇〇八年には七九万頭に膨張、(原注6)内一〇パーセントは丸々LBポークの産だった。

二〇〇〇年代以降に食肉処理大手が訴訟を起こして垂直統合の免除を得ると、これはベッカー家にとって二度とない好機になった。事業拡大を続けていたから、トウモロコシと大豆を育てる九〇〇エーカーの畑は一五〇〇エーカーに広がり、近年になって一五万ブッシェル（約五二五万リットル）の容量をもつ穀物貯蔵タンクも新設した。世界の景気後退によって飼料価格が上昇、食肉需要が減少、豚肉市場が前代未聞の低迷に陥る中、ベッカー家は痛手を被らずに済んだ。充分量のトウモロコシを栽培し、農場内に直接保管していたおかげだった。同じ頃、LBポークの得意先であるホーメルフーズは、スパムを筆頭に安い肉製品の需要が急増するさまを目の当たりにしていた。これによりリン・ベッカーは、安い飼料が手元にあって、しかも市場に出した分だけ豚を購入してくれる仕入業者ともつながっているという、人の羨《うらや》む地位に就く。

そして機は逃さなかった。ベッカーは施設新築の候補地探しをやめ、州内で困窮する会社を買収する方針へと舵を切る。「計算された事業拡大と施設の改良、これが安定した成長を保てた秘訣です」と彼は『プログレッシブ・ファーマー』誌に述べている、「チャンスが来たら飛び付けるよう、構えておくことが必要なのです」(原注7)。これと前後してオーデュボン‐マニング獣医クリニックCEO兼アメリカ養豚獣医師協会会長のダリル・オルセンは、等しく彼が獣医師として関わっていたリン・ベッカーとゲイリー・トーメイの両名を引き合わせる。トーメイはベッカーと同じく、ホーメル自身が「長期協定」を結んだ業者と認める相手だった。ホーメルの文書には、「この協定により」トーメイは仕上げ施設の建設に「必要な資本金」を得ることができた、とある(原注3)。

さて、トーメイとベッカーが次なる拡張の機会を狙っていた一方、オルセンは機会ばかりでなく至急の要件をも抱えていた。ナチュラル・ポーク・プロダクションⅡ（NPPⅡ）がアイオワ州ベイヤード近郊に設置した養豚場は、彼がCEOを務めるAMVCの管轄下にあったが、その本社がいまや倒産の危機にあり、一二の施設は早々と売りに出され、破格に安い値段が付いていた。ベッカーは五月に二つの施設を訪れ、私に話したところではそこで「難破船を見たような感じ」を覚えたという。けれどもそれは傾きかかっている会社の手抜きのせいだろうと考えた。「まあ言ってみれば、売ると分かっている車があるようなもんです」と彼は喩《たと》えた、「売る前に五〇マイル走るってだけで新しいタイヤを付けますか。ないでしょう、今付いてるヤツで最後まで走りますよ」。

というわけでベッカーとトーメイはNPPⅡと合意に達し、ベイヤード近郊の六〇〇〇頭を収容する養豚施設を購入してモウマー・ファームズと改称、八月十八日、正式な所有者となった。施設はまさにベッカーの会社が必要としていた代物に相違なかったが、ただ畜舎の管理がまずもって良くないと感じた。「動物への配慮はちょっと足りてませんでしたね」と私に感想を漏らす。「管理者は喫茶店なり何なりで適当な人間を見付けて仕事を任せたんじゃないかと」。ベッカーの資産運用会社スイダエ・ヘルス&プロダクションが改めて職員全員と面談したところ、多くの者が制限や解雇を嫌がり自主退職していったという。「あれは面白かった。新しい御目付け役が来たってのが分かったんでしょう」。

二〇〇八年七月二十三日、リン・ベッカーがベイヤードにある養豚場の購入手続きを終えたのとほぼ時を同じくして、PETAの二人目の調査官マイケル・スタインバーグがアイオワ州に着き、繁殖豚舎の空きポストに職を得た。(原注9) 初日は研修ビデオを見て、昼時にスイダエ・ヘルス&プロダクションの代表らと会い、新しい所有者は八月十八日付で施設を継ぐと聞かされた。それから現場研修を始めたが、付き添いのリチャード・ラルストンはこのとき臨時の管理者を務め、マービン・モークの代わりに監督を続けられる人物が見付かるまでのあいだ繁殖豚舎を受け持っているところだった。そのラルストンがこの日は機嫌を損ねていたというのは、朝、発情中の雌豚を選別しようと繁殖豚舎に雄豚を連れてきたところ、噛み付かれて長い切り傷をつくってしまったからだった。スタインバーグの前で彼は、倒されて血を流しながらも当の豚を「ブチのめして」やりたかったと語った。

わずか一週間後、スタインバーグはラルストンによる虐待の数々を動画に収めた――追い棒や電気棒を豚の肛門に突き通すなどの光景もある。「小便かけてきたり襲ってきたり、それかクソ豚が動かなかったりした時には」とビデオの中でラルストンは言う、「どれか棒持ってケツに突っ込んでやるんだ」

「追い棒をケツに?」とスタインバーグの声。

「ああ、クソ喰らえだよ」

問い詰められると、ラルストンは自分が咎められかねないことは分かっていると話した、「俺のやることの半分は誰もすんなってことになってっから」。しかしその翌日、隔離された未経産雌豚が怯《おび》えて動こうとしないのを、スタインバーグが繁殖豚舎へ連れ戻そうと難儀していたところ、ラルストンともう一人、ショーン・ライオンズという職員が割って入って来て、見ている前で蹴りを加え始めた。最後にラルストンはスタインバーグに向かい言い放つ、「ケツ穴に指突っ込んでやれ」。スタインバーグが断ると「なら前の穴にしろ。……イチモツ出して愉しみゃいい」と返した。その後、休憩室にてラルストンは、手にした棒で豚に「イッパツくれてやった」ことを自慢した。スタインバーグは初め、棒で叩いたのだろうと解したが、ラルストンは語を制して声を低めるよう言った。「秘部《アナ》にブッ込んだんだよ」。それが豚を動かすのに役立ったのかと尋ねると首を振る。「ヤッてやっただけだって」。数週間後、保安官代理がこの件についてラルストンを取り調べた際には、棒を豚に突き入れたといって自慢したのは認めながらも、あれは仕事仲間の前で男っぷりを披露したくてやっただけだったんだ、中でも係長のアラン・レティッグに、と証言した。

レティッグはラルストンの話ではいつも豚にイチモツ見せてやれと叫んでいる人物だった。年は六十、つまり二十七歳のラルストンや他の十代後半から三十代前半がほとんどを占める職員よりも遥かに年長ということになる。けれどもただ年齢が上なだけでなく、レティッグは自らヤバい奴の評判をつくりあげていた。周りに言いふらすには、かつてアイオワ・サンズ・オブ・サイレンス（麻薬、銃器の取引により二〇〇一年に解体された暴走族）に属していたとのことで、噂によると投獄された経験もあるという。何をするか分からない悪党《ワル》、と同僚から見られるのに気をよくしていたのは明らかで、じかに暴力を振るうのに加え、同僚をそそのかしたことも一度や二度ではない。

ある日、子豚の一群れを乳離れさせた後、スタインバーグとレティッグ、ライオンズの三人は母豚を繁殖豚舎に戻す作業に取り掛かった。するとレティッグは、ライオンズが一頭の豚を動かすのにいつまでかかっているのかと痺《しび》れを切らす。棒を奪って豚の背に叩き付けること二回、その音は豚舎中に響き渡る。「傷めつけたっていいんだよ！」と怒鳴り声が続いた。別の時にはラルストンにも声を張り上げ、「ブン殴れ！　お前《めえ》のイチモツ見せたれや！　竿だコラ！」。

雇われてまだ二週間の某日午後、スタインバーグはレティッグに付いて給餌に当たった。豚の体重をみるためレティッグはスタインバーグに木の棒を持たせ、立ち上がるまでそれで打たせようとした。期待したごとく強く叩かないのを見るといつも通りの言葉を並べた――ところが違う内容が加わる。「傷めつけろ」と言って、「ここにゃＰＥＴＡの回し者なんていねぇんだよ」。

隠しカメラの映像には緊迫した瞬間がある。というのもレティッグがスタインバーグに向かい尋ねたのだった、「ＰＥＴＡって知ってっか？」。

ぼそぼそと答えるスタインバーグ、バレたのではと動揺しているのは明らかである。が、相手は記憶を探るのに一生懸命で不審な口ごもりに気付かない。

「あれだ、何たらを守る会だよ……」とレティッグは語を継ぐ。何だったかと思い出しながら依然スタインバーグの反応が目に入らない。「動物の環境的扱いを守る会。目障りモンだよ。あのクソどもこそ傷めつけてやんなきゃダメなんだ！」この時点ではもはや妄想に我を忘れているらしく、棒を振り上げてガナリ立てる、「傷めつけろっつってんだろ！　オラ、オラ、オラ、オラぁ！　やんなきゃなんねぇ時ゃ傷めつけんだ！」。

スタインバーグは頭を軽くトンと叩いてやれば豚は立ち上がるというようなことを言うが、聞こえていない。

「不満をブッつけろ！」と更に言う。公開されなかったビデオの一部でレティッグはこう締め括った、「このクソどものどれかがメス豚顔負けのむんむん十七、八ヤリマン女を追っ払っちまったって思ってみろ。獲物ぉビビらして逃がしたんだ。ったらそいつをブチ殺すだろうが」。

この一件から間もなくして、職員に通達があり、新たな所有者リン・ベッカーが八月十八日に畜舎を訪れるとの情報が入る。いくらかの変更が予想されるのに加え、ベッカーはスタッフとの直接対談を望んでいた。職員は会議に出席するのを不安がったが、新事業主の穏やかな物腰にすぐ安堵させられた。ベッカーは自分と自分の商売仲間の息子、パット・トーメイを紹介する。続いてモウマー・ファームズになってからの大きな変更として、打ち付けにする矮小児を増やすと説明した。トウモロコシが一ブッシェル八ドルでは、効率的に体重を増さない発育不足の豚を育てるのは端的にいって金が掛かり過ぎる。「他は今まで通りに」、との話だった。

ＰＥＴＡの第一の調査官ロバート・ルダーマンが秘密録音した会議のテープ(原注10)には、ある女性が悩みかねたように、不適切な子豚をどう見分けるのかと口にする様子が収められている。朝、目の前でベッカーとトーメイが直々に二〇〇匹ほどの子豚を叩き殺すのを見た後だったらしい。

「あれは私に明日出荷してほしくないと思った豚を取り除いたんですか」と彼女が尋ねた。矮小児についてはどういった方針で行くのかを理解したいと訴える。

「あんたらは血に染まって働いてくれればいいから」とベッカーが答える。

部屋の後方からアラン・レティッグがホッとして大声を出した、「こりゃまた楽しくなるぜ！」。

振り返ってみると理解に苦しむのだが、どうしてホーメルの管轄下にあった各地養豚場の経営陣や現場職員らは、動物の権利活動家が潜入する可能性について、二〇〇八年時点でこうも無頓着だったのか。アラン・レティッグのごときがPETAという頭文字の意味を知らずとも、ホーメルの上層部は「動物の倫理的扱いを求める人々の会」のことはよく知っていた。それに全米人道協会（HSUS）のことも。事実、同社は積極的にそうした組織の秘密調査を骨抜きにすべく、工場式畜産場における動物虐待の収録を違法化するという、是非の問われそうな法案に人々の支持を集めようと立ち回っていた。理由は単純で、近年の潜入調査が大規模なリコールに結果し、会社に数十億ドルという損害をもたらす上、刑事告発にまで発展していたからである。

二〇〇七年の秋にはHSUSの調査官がカリフォルニア州チノにあるホールマーク／ウェストランド食肉会社の工場に潜入し、職員らが歩行困難《へたり》牛を立ち上がらせ屠殺場まで歩かせようと蹴ったり電気棒で感電させたりする光景を秘密撮影した。翌年二月、このビデオによって従業員二人が動物虐待の重罪に、係留場の監督は自力歩行のできない動物を移動させた違法の廉《かど》で三件の軽罪に問われた。農務省からの圧力でホールマーク／ウェストランドは一億四三〇〇万ポンド（約六万五〇〇〇トン）を超える牛肉を回収し、これはアメリカ史上最大の食肉リコールとなった。[原注11] 一年とわずかの後、会社は倒産し、業界から永久に姿を消した。

カリフォルニア州でHSUSの調査が進められていたのとちょうど同じ頃、あるPETAの調査官はスミスフィールド社の大手取引先、マーフィー・ファミリー・ベンチャーズの所有になる三五〇〇頭の雌豚繁殖施設に雇用されることに成功し、それから二カ月にわたって、ノースカロライナ州ガーランドの近くにある施設で五人の労働者を秘密裡に撮影した[原注12]――耳を掴んで引っ張る、鉄の棒で殴る、目を刳《えぐ》り出すなど、全ての虐待はただ、動こうとしない豚を妊娠豚用檻《ストール》から出産授乳を行なう分娩房まで移すという、それだけの作業の中で犯された。さらに、収録された職員の一人は豚舎の雄豚を虐《しいた》げた後、「鼻っ面めがけて追い棒をブッかましてやった」と得意そうに言い触らしていた。二〇〇八年六月、この男ともう一人のビデオに映っていた人物とが動物虐待に関する複数の軽罪で起訴された。

　これら最新のビデオが公開される以前から、ホーメルはＰＥＴＡやＨＳＵＳに狙われる可能性を意識し――そして危惧し――、工場式畜産システム全体が監視下に置かれることも充分あり得ると考えていた。詳しく吟味されれば、その犯罪は少数の非道な職員による所業ではなく、破綻したシステムの帰結とも捉えられかねない。政府が業界に規制を課せば、改装にかかる巨額の費用は大規模リコールの損失すらも小さく思えるものになるかも知れない。そこでホーメルは秘密調査を抑え込み、更には違法化する企てにまで率先して加わった。二〇〇六年、ＣＥＯのジェフリー・エッティンガーは低予算ドキュメンタリー映画『君のママが動物たちを殺す』の制作に巨額の支援を行なうが、これはＰＥＴＡやＨＳＵＳなどの動物の権利団体を国内テロ組織として糾弾すべしと説いた作品で、そう主張する典拠とされたのは当時議会に波紋を呼んでいた「動物関連企業テロリズム法」（ＡＥＴＡ）だった。

　さかのぼって二〇〇三年九月、アメリカ立法交流協議会（ＡＬＥＣ）は同法の初期版をモデル法案の一つとして発表しており、その時は動物保護・環境保護テロリズム法と称していた[原注13]。自由市場のシンクタンクが起草した他の多数の法案と等しく、ＡＥＴＡも修正は最小限でいいといわんばかりに完成品の形で議会に提出された。それによると「カメラ、ビデオ、その他の機器による撮影を目的として動物施設ないし研究施設に立ち入る」ことは重罪であり、また合衆国愛国者法[訳注3]が定められたこの時期の行き過ぎ気分に流されたとみえ、そうした収録によって有罪判決を告げられた者は以後生涯「テロリスト登録簿」に名を残すものとされた。

数年のあいだ保留にされた後、法案の全面改訂が行なわれる——禁止対象は「動物関連企業の業務を攪乱、妨害する」ビデオに改められ、テロリズムに関する記載がなくなり、罰則は抗議運動が個人の負傷や死亡を引き起こした際に懲役刑が科されるのみとなった。(原注14) この緩和版が動物関連企業テロリズム法と改称され、犯罪的干渉から医療研究を守る現行法に必要な手直しを加えた法案、という名目で議会上層の手に渡る。後になるまで知られないが、これはロビイストや国会議員らが、動物解放戦線などの急進派による活動とPETAやジャーナリストによる秘密調査とを一緒くたにする企ての第一歩だった。

議員を説得するため、「消費者の自由センター」と名乗る非営利組織、その実は食品産業のロビイスト元締めリチャード・バーマン(煙草産業、銃産業のため尽力した功績によりTV番組「60ミニッツ」から〝ドクター悪玉〟なる不朽の称号を与えられた男)(原注15) の隠れ蓑《みの》である組織が、先の映画『君のママが動物たちを殺す』の制作を思い立つ。非営利団体は後援者リストを示す義務がないので、普通なら誰がこの企画に資金を提供したのか知るすべはない。ところがバーマンはこの後、意に反して映画が中立的過ぎたといって制作者を訴え、そこで裁判所に提出された書類から映画の主要後援者としてホーメルの名が浮上する。(原注16) CEOジェフリー・エッティンガーの署名した五万ドルの支払済み小切手を突き付けられ、(原注17) 証言に立ったバーマンは同社が「後援者」だったことを認めた。

結論からすると、映画は要らなかった。法案は上院を全会一致で通過し、下院ではただ一人、オハイオ州出身のデニス・クシニッチ議員による反対を受けただけだった。クシニッチはこれが「憲法の定める抗議権の行使に甚大な影響を及ぼす」だろうと警告を言い残す(原注18)——そして議場を去り、法案を通過するに任せた。

訳注3　9・11の後、テロ容疑者を取り締まるとの名目で制定された法律。これにより、合衆国政府は国民に対して強力な盗聴・監視の権限を持った。

果たして間もなく、ＦＢＩは「国内最大のテロ脅威はエコテロリズムおよび動物の権利運動である」(原注19)との見解を公にし、訴訟事件ではＡＥＴＡの適用範囲が拡げられて憲法修正第一条の定める自由〔言論・報道・集会・請願などの自由〕が危うくなり始めた。何より注目すべきなのは、例の映画で特に焦点を当てられていたニュージャージー州の小さな活動団体が、動物実験施設ハンチンドン・ライフサイエンスに属する研究者の自宅住所を公開しようとした陰謀により有罪となった事件である。陪審は七人の団体メンバーに有罪判決を言い渡した(原注20)。

攻めの法的戦略を前に怖気づくかと思いきや、ＰＥＴＡをはじめとする国内組織は逆に全国で活動の勢いを増し、農畜産業施設、とくに大手食肉処理業者の所有するそれに一層目を光らせるようになった。ホーメルは例によって全工程の従業員に適切な豚の扱いに関する研修を受けるよう求める。がそもそも、同社やその姉妹会社が購入前の畜舎の様子を把握していない、あるいは社と正式な契約下に入った後にも畜舎の監督が行き届かないといった状況の内に、当時のアイオワ州で養豚産業がどんな急成長を遂げていたかが読み取れる。リン・ベッカーにしてからが、かのベイヤード近郊にある施設の内部状況をきちんと把握していたわけではなく、ホーメルにいたっては把握したいとも思わなかった――モウマー・ファームズとそれに類する何百という畜産場が今後もより多く、なお多くの豚を育て、載せられるだけトラックに載せて毎朝決まった時刻、オースティンとフリーモントに後は屠殺するだけの状態で送り届けてくれれば、それでよかったのである。

九月三日、資産運用会社スイダエ・ヘルスの生産管理者ジェフ・カイザーは昼会議を開き、モウマー従業員の手引を配布した(原注21)。基本指針を軽く浚《さら》ってから、まずは「動物の権利について」と題されたページを、続いて「動物の虐待について」と題されたページをめくるよう皆に言う。そして両方を読み上げた。後者には警告として、動物を虐待しているところを目撃された職員はその場で解雇される、またそれ以外の者も「他の職員による動物虐待を目撃しながら当日中にモウマー社に報告を入れなかった場合、同じく解雇の対象とされる」とある。カイザーは全員にその場で声明書に署名して退室時に提出するよう命じた。

後になって、レティッグは腸《はらわた》が煮えくり返った。自分だったら目の前で誰かが豚の内臓を引っ張り出したって気にしない、と息巻く。「何だかんだで誰彼チクるぐらいなら象の竿でもしゃぶってらぁ」。繁殖施設のもう一人であるグレッグ・ハックラーが相槌を打つ、「あのクソ豚どもを動かすんならやることやんなきゃダメだろっつんだよ」。レティッグが継いで、新しい持主らは豚に署名させて人の脛《すね》を蹴らないこと、人に突進してゲートに叩き付けないこと、人の足を踏まないこと、人の腕を砕こうとしないことを誓わせるべきだと言う。他のスタッフはこの変更の意味するところをよく考えているようだったが、レティッグはまるで相手にする気がなかったらしい。「クソ野郎のせいで散々だ」となおも毒づく、「しばいたろかあのクソが」。

二日後、ロバート・ルダーマンはこの新方針を試してみることにした。録音機を回してスイダエとモウマーの雇った新たな養豚場管理者、ジョーダン・アンダーソンの後釜にあたるランディ・ボーンのもとへ向かった。日誌の中でルダーマンは述べる、「畜産場で目にした以下の虐待を報告した――雌豚の殴打、繁殖施設に移された豚の切り傷、不適切な子豚打ち付け（打ち付けられてすぐはおろか、しばらくのあいだ子豚が死なないケース）、わが子を攻撃ないし殺傷した母豚の顔にペイント剤をスプレーする行為」。

ボーンは別段気にする様子もなく平然としていた。「あわてる程でもないだろ」と口を開く、「本っ当に虐待してんならマズいっていう、まぁそれだけだよ――ボコボコにするとか、餌やらない水やらないとか、そういうのね」。ルダーマンは背に切り傷や痣《あざ》があるのは殴打されている証拠ではないかと返した。「ムキになんなって」とボーンが宥《なだ》めすかす。そういう傷は鉄のゲートに体を擦っても付くだろう。では背面や後躯に堂々と付けられた傷はどうか。「そりゃあれだよ、何つったらいいかな、動かないんなら何かはしなきゃダメだって。とにかく動かさなきゃいけねぇんだから」。このやりとりがあった金曜の夜、ルダーマンは虐待の報告がいなされたのを憤りながら部屋を後にしたが、訴えを起こした結果なにかが起こるとはまるで予想していなかった。なので週改まって月曜日に、ボーンの事務室に呼ばれ、施設が縮小されると聞いた時には驚いた。自分は解雇されるという。

　マイケル・スタインバーグのいる繁殖豚舎でも周囲がゴタついてきた。アラン・レティッグは噂によると雌豚にゲートまで突き飛ばされて週末に負傷したらしく、何日も仕事に出ていない。グレッグ・ハックラーの姿も見当たらず、リチャード・ラルストンは何の説明もなかったが責任者ではなくなっている。組織の序列が乱れだし、大規模な人員再編によって労働者が散り散りになる可能性も出てきたということで、ＰＥＴＡは任務終了と情報公開を決断する。ルダーマン、スタインバーグの両名を東海岸に呼び戻し、リン・ベッカーに電話を掛ける用意を整えた。

第9章　猿轡

リン・ベッカーが留守電メッセージを受け取った時、ＰＥＴＡの虐待調査担当部長ダフナ・ナクミノビッチは既にデモイン行きの飛行機に乗っていた。目的地に降り立つと保安官トム・ヒーターのオフィスで代理官に会い、ビデオ記録のＣＤとともに黒バインダーに綴じた書類を提出、その表には「養豚場における家畜の虐待と放置」(原注1)のラベルが付されていた。ヒーターは保安官代理のラッセル・ホフマンに調査を任せ、資産運用会社スイダエ・ヘルス＆プロダクションのジェフ・カイザーと短い面談をした。編集済みの五分間映像は既にインターネット上に広まっており、カイザーはホフマンに一緒にモウマーまで来て欲しいと言いつつ、そこでアラン・レティッグとリチャード・ラルストンを即時解雇する考えを固めた。

正午、会議が終わるとカイザーはその足でモウマーまで出向き、ラルストンに解雇を告げる。告げられた方は業務用ピックアップ・トラックの中でホフマンの質問に答えることに同意した。ビデオを見せられたラルストンは頭を垂れて恥じ入った。代理官に向かい、自分が豚を叩いているのを見て「ヘドが出そう」な気分だと漏らす。「ただあそこにいると」と語を継ぐには、「善い悪いも分かんなくなるんす。やれるだけやれってことで働いてんで。自分だけです、何がどうなってるか知ってんのは。みんな周りで突っ立って見てるだけっすから」(原注2)。ホフマンは運転席で供述書を書くよう頼む。書くのは苦手だと拒まれると、代わりに書き留めるからそれをなぞるだけでいいと話を運んだ。

それからの数週間にホフマンは他の労働者を追跡し、ＰＥＴＡのリストが挙げた虐待について問い質《ただ》す作業に乗り出した。ショーン・ライオンズの話によると、アラン・レティッグは荷物をまとめ、罪に問われる前に町を出ようと企んでいるらしい。そこでスクラントン市のレティッグ宅へ赴き、路地に停めたトラックまで来るよう本人に求めた。レティッグは案の定、反省する気配がない。ホフマンに訴えるには、自分が施設に入ったのはついこのあいだの二〇〇七年三月だけれども、それ以前にも二つの繁殖畜舎で管理職を務めた経験――合計十八年も豚を扱った経験――があり、「豚を移動させながらお互い怪我をしないように必要なことは何だって」する気でいた。一切は自分の身を守るためにしたことで、ヤリマン女やイチモツ云々については「駄法螺《だぼら》ってた」だけだという。「みんな何《なん》も知らないっしょ、中が実際どんなかとか、こんなんしなきゃやってけないとか、体守んのも元気でいんのも仕事続けんのもさ」。

そこからは全て順調に進んだ。シェリー・モーク、彼女は怒った豚を鎮めるためペイント剤を噴き付けたことを認めつつも、それは管理者のジョーダン・アンダーソンに指導されたやり方だったと訴えた。グレッグ・ハックラーは豚を蹴り、洗濯バサミで思い切り突いて血を流させ、家畜銃で複数回、ある一頭などは六回も殴ったことを認めた。ジョーダン・アンダーソンはスプレー噴霧や洗濯バサミの使用を職員に教えたと認めた。

最後に、ほとんど付け足しのような形でホフマンはショーン・ライオンズにも聴取を行なった。ライオンズが自分のした事としてその場で保安官代理に――後に私にも――語ったのは、洗濯バサミを突き立てる、木の追い立て板で叩く、耳を持って引っ張るといった仕業だったが、私との対談ではそれらはただ、妊娠豚用檻《ストール》で百十四日間身動きできずにいた豚を立ち上がらせ、分娩房に移すため仕方なくやったのだと付け加え(原注3)た。

ホフマンとの会話を思い出しながら、神経質そうな面持ちで居間の凭《もた》れ椅子に背を委ねるライオンズ。その小さな荒れ果てた家は彼の生家にあたり、ベイヤードの大通りから二区画外にあって、今は妻と二人の子供がともに暮らす。自分の状況を伝えようとする内、うるんだ青い目は今にも泣きだしそうな様子になり、オドオドしたつぶやきは薄いあごひげを撫でるあいだに時々ぱったり消えてしまう。その言葉を聞けば、豚を傷付けるつもりはなかった、ただ「小さな囲いに入れられっぱなしの」怒った豚が「死ぬほど恐かった」、そしてあれが豚の扱い方として教えられた内容だった、と。「可哀そうってのはホント思うんす、動ける隙間も少なくって」、けれども檻を出た豚が恐がりだしたら「もう格闘なんすよ」。

十月二十二日、保安官代理ホフマンは動物虐待の罪で六人を告訴した——アラン・レティッグとリチャード・ラルストンにそれぞれ五件、グレッグ・ハックラーに二件、シェリー・モーク、ショーン・ライオンズ、ジョーダン・アンダーソンに一件ずつ（アンダーソンはそれに加え、虐待の幇助《ほうじょ》および教唆《きょうさ》の罪にも問われる）。

続いてホフマンは一人ずつ彼等を呼び出し、グリーン郡裁判所に出頭して罪状を認めるよう指導した。

グリーン郡保安局が調査を進める一方で、モウマーの表向き代表であるリン・ベッカーは被害対策の取り組みを牽引し、後ろ盾にはホーメルの広報担当ジュリー・ヘンダーソン・クレーブン、全米豚肉委員会広報次長シンディ・カニンガム、そしてホーメルの勧めでベッカーが雇った広報会社ヒムリ・ホーナーの共同創設者ジョン・ヒムリが付いていた。ヒムリが起案し、カニンガムの事務所が公にした九月十七日付の声明文(原注4)にはこうある、「PETAの代表団とモウマーの養豚場経営陣は本日朝、PETAの発見事項およびこの不幸な状況を正すために講じられている諸対策をめぐり、会議の場にて隠し立てのない開かれた議論を交わした」。その諸対策の一環としてベッカーが履行を誓ったのは、虐待現場を押さえられた職員全員の解雇、情状酌量なしの虐待処罰、そしてビデオ監視システム導入の検討だった。「あの会社を抱える養豚業者さんとはもう何年も前から知り合いです」とカニンガムは当時のインタビューに答えている、「あの人たちならあの施設を正しい方向へ持っていくのに可能なことは全部やります。今日も現場で後始末に勤しんでいるでしょうし、きっとあそこを全国でも最高水準の施設に変えてくれますよ」。

クレーブンの方はクレーブンの方で、モウマーは「動物福祉および人道的扱いの取り組みを我々と共同で行なっております(原注5)」と繰り返しながら、一方でAP通信には、自分の理解する限り「虐待は所有者の交代前に起こったことです」と説明した。PETAの担当部長ダフナ・ナクミノビッチはこれに反論し、新規管理者のランディ・ボーンはモウマーに雇われた人物だが、やはり虐待の罪があると指摘する。裏付けとしてPETAは第二の動画を公開したが、そこにはボーンが怪我を負った豚に電気鞭《ホットショット》を使っている光景が映し出されていた。撮影したマイケル・スタインバーグはその日の記録に書き留めている、「蹂躙《じゅうりん》されながらも彼女〔豚〕は立ち上がろうとしたが、両の脚があまりにひどい傷みようだった。思うに、骨盤か股関節か脚かが折れていたのではないか、誰もそんなことは話してくれなかったが。脚が二本とも左半身の下敷きになっていた。ランディは執拗にその傷んだ脚を踏みつけ蹴りつけ、しかもその間中、電気ショックを浴びせ続けた」。第二のビデオは新たな注目を呼んだ――このたびはより直接ホーメルに的を絞っている。「一カ月が経ちましたが、施設の豚は今もこの管理者に翻弄されている状況です」とナクミノビッチは十月二十一日発表の声明文に記した。「ホーメルはいまだ、何らかの手を講じ、この母豚たちとその子らをわずかなりとも苦痛から救おうとする姿勢を見せません(原注6)」。

クレーブンは居直って、「驚きを禁じ得ません、PETAの調査官たちは虐待の報告もせず不適切な動物の扱いを眺めていたばかりか、数カ月ものあいだ一切ビデオ記録を公開しなかったのです」と自身の声明に書き立てた。「本当に動物の福祉を思うのなら、情報を入手した時点で公開すべきです」(原注7)。しかしここでは無視されているが、PETAはロバート・ルダーマンがそれらの虐待の件を持ち込んだことでランディ・ボーンから明らかな意趣返しで解雇された時、ただちに全てのビデオをグリーン郡の保安官に渡し調査を依頼している。事件が世に知られた後には、同じ資料を送ろうかと五度もホーメルに打診したが、一度も返事は来なかった。

クレーブンはまた自分の考えとして、虐待の大半はモウマーが施設を所有する前のことであろうと繰り返し、更にそこがホーメルに豚を出荷する供給業者となったのは所有者の交代した後のことだと補った。ところがスキャンダル発覚の数カ月前に刊行されたホーメルの報告書には、交代前の管理会社AMVCが「提携者」として挙げられている。いわく、そのCEOであるダリル・オルセンがホーメルの代表者らと会見したのは「九年近く前［一九九八年］の業界会議であった。時を移さずAMVCはホーメルフーズと業務提携し、豚の出荷を開始した」(原注8)。続いてオルセンの言葉の引用がある、「我々は定期的に面と向かって［ホーメルが］より良い製品をつくれるようにする方途を論じ合い、その目標に向け共に歩んでいく所存です」。これより更に目を引くのが、報告書に載った唯一もう一人の「提携者」の名で——ゲイリー・トーメイ、すなわちオルセンの紹介でリン・ベッカーと知り合った、モウマーの共同所有者である。

二度目の大騒ぎのさなか——恐らくはそれを鎮めようと——保安官ヒーターは元職員、現職員、併せて六人を起訴したと発表する。PETAの特定した犯人ほぼ全員を告発したが、ランディ・ボーンだけは例外で、保安局の取り調べ資料によると彼は断固罪状を否認し通しただけで咎《とが》を免れてしまったらしい。なので甚だ皮肉なのは十月二十二日のこと、保安官代理のホフマンはこの日、ショーン・ライオンズとシェリー・

モークに連絡が取れなかった挙句モウマーに電話を入れ、ボーンに繋いだのだった。そして二人に二十四時間以内に郡庁舎へ来るよう伝えてくれと頼む。先方は伝言を引き受けたものの、まずはホーメルに指示を仰いだらしい。その日の終わり、休憩室に座った職員らが喋っていると、ボーンが入って来てモークとライオンズに向かい、御咎めがきたと告げた――のみならず、二人はクビになる、とも。ライオンズによれば、ボーンはこう続けたという、「うちの意志じゃないんだけど、これぱっかりはね、ホーメルが豚の仕入れをやめちゃうってことになるからさ」。

ショーン・ライオンズは妻のシェリに電話して出かける準備を整えるよう言った。(原注9) 解雇、重罪の告発、何もかもを、ジェファーソン郡フェアフィールドへ向かう車の中で説明しなければならなかった。着くと、ショーンが書類を記入し顔写真を撮られている間に、シェリは三番ロビーへ案内された。待つかたわら、携帯電話が何度も振動を伝える――ショーンの名は既に夜のニュースで言及されていた。ホフマンは弁護士を雇うよう指示して解放する。もしかしたら無罪判決を勝ち取れるかもしれない、監督がライオンズは非常に優秀な職員だと力説していたから。

「いや、もうクビなんで」とライオンズが応えた。

「クビになったのか」ホフマンが訊き返す。「それはあってほしくなかったんだが」。

「マジで終わってますね」後に、ライオンズは私の前で苦笑しながらそう言った、「で、どうなったと思います?」。

二〇〇八年九月上旬、ミネソタ州農業発展評議会はアグナイトを主催する――民間の祭典としては、これはその年セントポールで開かれた共和党全国大会のシーズン中、最大のものの一つとなった。評議会の表向きの使命は「ミネソタ州の多様な食料農業共同体にとって最も重要な利益を代弁すること」(原注10)であるが、その執行委員会や理事会は実のところ、ほぼ全員が州内最大のアグリビジネス企業重役――ホーメル、カーギル、ジェネラル・ミルズ、ランド・オーレイクス、シュワン・フード・カンパニー、シンジェンタ・シード等々の代表――か、個別のロビー団体、例えばミネソタ州トウモロコシ生産者協会やミネソタ州牛乳生産者協会などからなる。ホーメルの法律関係担当副社長ジョー・C・スウェドバーグはこのたび評議会の議長に選ばれた立場から催事の構成に当たり、皆の期待以上のものに仕立て上げた(原注11)。

五〇〇〇人を超える参加者の一群には共和党大会で選ばれた役員や代議士の姿もあり、ミネアポリスのホテル「ザ・デポ」に集まってドリンクを酌み交わし、農業製品の展示も見て回る、ライブの音楽演奏もあって深夜には古参ロックバンドのスティクスが一曲を奏でるという賑わいだった。参加者の一人、ジョン・ラスリング・ブロックはロナルド・レーガン政権の農務長官にして大統領候補ジョン・マケインの農場牧場委員会共同議長を務めた人物であり、この夜を称して、農薬に始まり遺伝子組み換えにいたる農業技術の進歩を慶《よろこ》ぶ祝典と称した。「我々は良質清浄な作物を育てます」とブロックは言った、「しかも実に効率的なやり方で」(原注12)。

イベントの宣伝にスウェドバーグはジョン・ヒムリの広報会社を雇った。ヒムリはミネソタ州下院の独立共和党員に選ばれた一九八一年にミネソタ州農業発展評議会の専務理事を務め、間もなくしてヒムリ・ホーナーを立ち上げた後も常に評議会とは安定した依頼関係を保ってきた。アグナイトはまだ党大会に次いで周知を行なう段階だったが、そんな折にヒムリ・ホーナーはリン・ベッカーの相談役を引き受けた。その辺りの事情をよく示すのが評議会の会報に載ったインタビューで、ジョン・ヒムリは自身の考える最大の「成功物語」を列挙しながら、「本年はアグナイトを成功に導くため広告媒体と戦略的助言を提供したこと」、そしていくらかの顧客が抱える「危機的問題」の対応に協力したことを数え上げ、そこに他でもない「PETA／家畜関連の問題」を含めていた。(原注13)

アグナイトから二週間後、PETAのビデオ公開から二十四時間も経たない内に、ジョー・スウェドバーグはセントポールの州会館へと舞い戻り、移民改革を論じる法律作業部会の会合に加わった。委員会の議長はスウェドバーグに任命されたミネソタ州下院少数党院内幹事ロッド・ハミルトンが務め、話は州内の移民問題に対処すべく「合理的移民を擁護する経済論」(原注14)を発展させるというところから、イリノイ州やアイオワ州の類似の作業部会と協力してその戦略を周知するとの取り決めにまで及んだ。目標は端的にいうと新政策を考え出して移民議論をめぐる人々の見方を改めることにあり、その方途はラテン系アメリカ人擁護コミュニティの人員と大企業の面々を集結結託させる案、しかして大企業の一つホーメルを代表するのはスウェドバーグとハミルトン自身で、後者はリン・ベッカーに先行する元ミネソタ州豚肉委員会代表だった上、この時は合衆国第三位の豚肉生産会社クリステンセン・ファミリー・ファームズの広報部長を務めていた。一方、その日の話し合いはミネソタ州、アイオワ州の動物施設を秘密調査から遠ざけようとする立法努力のはじまりであったかも知れない。

二年後、ハミルトンとダグ・マグナス、近年それぞれミネソタ州下院と上院の農業委員会議長に任ぜられた両名が、スウェドバーグの招待によりミネソタ州農業発展評議会の月例昼食会で方針説明の講演をすることになった。会報によると、聴衆はこれまでに幾度とない大人数の多彩な面子《めんつ》が集まったという。(原注15)それから十週間して二〇一一年の法案審議が行なわれている最中に、二人は同一の法案を提出したが、それは動物施設内部の「映像ないし音声を再生する記録の作成」、更にはそうした記録の「所持、配布」をも、まとめて犯罪指定するという内容だった。

「バカげています」と斬って捨てたのは「政府の説明責任プロジェクト」の一人、アマンダ・ヒット。(原注16)私を前に語るには、活動家のビデオは航空機に備わった録音機《ブラックボックス》のようなもの、調査官が悪事を解体摘発するための証拠物件である。いわゆる畜産猿轡《さるぐつわ》法は、内部職員による動物虐待の告発を妨げるばかりではない。「環境問題も告発できなくなるでしょう、労働者の人権侵害も告発できなくなるでしょう」。要するに「業界に完全な自己裁量権を与えるのです」。食品の出所が気になる消費者は「縮みあがる」とみて間違いあるまい。「消費者には知る権利があって、労働者には口を利く権利があります。どちらも必要です」。信じがたいのは、かくも立て続けに法律違反を記録されてきた業界が「この期に及んで図々しく、どこであれよくもまあ州の立法機関に出向いて言えたものです、『ちょっといいかな、我が社は犯罪現場を押さえられるのにうんざりしていてね。あれを君たちの力でひとつ犯罪指定してくれんか』」。

他方、時のミネソタ州農業発展評議会代表ダリン・マクベスは『ミネアポリス・スター・トリビューン』紙に向かい、かの法律は「不正入社した社員」のビデオ撮影に対抗する「道具箱に収められた重要な抑止の道具」になると述べた。(原注17)話の中で数カ月前にミネソタ州を震撼させたウィルマー家禽カンパニーの事件が言及されたが、これは一年に四五〇〇万羽を飼養する国内最大の七面鳥孵化場である同社の社員が、病気の鳥、負傷した鳥、余剰の鳥を、生きたまま肉挽き機に放り込んでいたというもので、撮影は全米人道協会の潜入調査官が行なった。

これはもう一つの戦慄すべき、しかし合法的な措置に人々の目を向けさせた。したがって家禽業界のロビイストらがただちにミネソタに続きフロリダ、アイオワでも同様の法案を審議させようとする方策に加担したのも驚くには当たらない。採卵業者で現在はフロリダ州上院議員を務めるウィルトン・シンプソンは法制定を推し進めた一人である。(原注18)アイオワ州では過去に卵生産の大物ジャック・デコスターが連邦政府の調査を受け、[原注19]その不衛生な施設環境がサルモネラ菌の大発生を促したと判明して全米規模の卵リコールを引き起こしたこともあったが、アイオワ州家禽協会は法案作成に尽力したと平気な顔で認めている。[原注20]提出したのは当時の州議会議員、元アイオワ州アンガス協会専務理事のアネット・スウィーニーで、台所用卓で書いたという件《くだん》の法案は、[原注21]ミネソタのハミルトン、マグヌスが導入したものとほぼ瓜二つの内容に仕上がった。

私がクリステンセン・ファミリー・ファームズの事務所に電話してハミルトンに法案の由来を尋ねたところ、彼はコンピュータで記録を探し始めた。「あれは下院法案一三六九でしたかね」と向こうから。[原注22]「もう一遍引き出してみましょう――というのは、あれ業者さん達が私のとこに持って来たんですよ、それを私が提出したんで」。その業者さんとはミネソタ州農業発展評議会のことかと訊いてみるが、無視された。「ああ出ました」とハミルトン、「で私の方は、ええいいですよと、署名するから話し合いましょうと言いましてね」。この同じ日、右のやりとりを終えた後でEメールが届き、畜産場への侵入、詐欺的な入社、秘密映像の撮影に関する事項は「様々な方から持ち込まれたものでして、一団体、一組織による提案ではございません」との説明訂正が入った。

マックロード郡農家連盟のサリー・ジョー・ソレンセンはこれを認めない。「ものすごい割合の消費者が自分たちの食品について知りたいと騒いでいる時に、農業発展評議会は政府執行の法律を立てて情報入手を禁じようとしたのだ」と批判する。「おそらくそれこそが二〇〇八年党大会に合わせて評議会が開いた、しかもマスコミも飛び付いた、あの大パーティーの全てだったのだろう」。[原注23]

この時、ベイヤードではショーン・ライオンズが弁護士を雇い、罪状に対する守りを固めていたが、証拠は動かない。モウマー・ファームズでの虐待はビデオに撮られている上、保安官代理に自白もしている。

「やられたな、坊や」と弁護士から、「罪を認めるかね」

この時の会話を思い出しながら、ライオンズは頭を振った。「そっすね」

弁護士は郡検事と会って司法取引を成立させた――六カ月の保護観察と罰金六二五ドル、それに訴訟費用。二〇〇九年一月十五日、ライオンズは治安判事のもとへ行き、一件の世話放棄を認めて自認書にサインした。「二〇〇八年八月二十七日ないしその前後、私は以下のことを行ないました：意図的な加害、もしくは通例の畜産慣行に即した家畜の世話の不履行(原注24)」。虐待の日付はモウマー・ファームズによる施設購入から十日後となっている。ジュリー・クレーブンがいくら否定しようと、最終的に彼その他の職員が受けた有罪判決は施設がホーメルと契約した後の行為に対するものに相違ない――しかるに報道陣は気付かぬ振りだった。そしてそれ以上の展開もなく、ショーン・ライオンズは家畜虐待の廉で有罪を言い渡された中西部初の人間となる――なお、ＰＥＴＡの話では、アメリカ食肉業界の歴史をみても、同じ罪に問われた者は先に僅か二人しかいない。

ライオンズがより鮮明に覚えているのは罰金支払いにかかった数カ月で、それというのもいまや我が身に職は無く、またどちらを向いてもベイヤードの人々からは冷たい視線を投げかけられるようになったからだった。町の社交場であるスパーキーズを訪れると、農家は決まって皆遠ざかり、汚い物を見る目になる。「完全に除《の》け者でしたよ」妻のシェリは私に語った。「それから六カ月はひどかったですね(原注25)」。そして二〇〇九年の六月も終わろうとする頃、リチャード・ラルストンとアラン・レティッグ、グレッグ・ハックラーは複数件の動物虐待を認め、罰金ならびに二年の執行猶予を言い渡された。ジョーダン・アンダーソンは虐待の幇《ほう》助《じょ》および教唆の罪を認め、こちらも罰金を科された（シェリー・モークの件だけはこの時なお「審議中」とされていた――そしてどうやら取り下げられたようである）。

まとめると、有罪が六件――PETAはしばしば地域の取締り機関に逮捕を要請するが、滅多に今回のような協力は得られないので、これは宣伝に値する大きな勝利となった。が、実のない勝利でもあった。「まともな神経の人なら息詰まるような屎尿《しにょう》だらけの豚舎で時給九ドルのために働きたいと思うでしょうか、文字通り他に選択肢がない場合を除いて」(原注26)。このたびの調査を支えたPETAの上級調査官ダン・ペイドンはそう問う。「それで、長いムシャクシャする一日の終わりに、［何カ月ものあいだ］檻の外へ出ていない豚を移動させようとする、そこですよ、虐待が起こるのは。そこで職員は愚劣でひどい違法行為を働くわけです」。PETAは検事に、労働者の司法取引で終わらず、畜産場所有者と後援企業の訴追に進んで、過労の未経験職員による犯罪の責任を負わすよう求めた。しかし保安官事務所は調査を打ち切り、ゲイリー・ワイズやリン・ベッカーその他、現場の外にいる管理者を訴える考えには一瞥《べつ》もくれなかったらしく、ましてホーメルの社員などは埒外に置かれた。

もっとも、一斉検挙にはもう少し大きな効果もあった。今日ではモウマー・ファームズからフェア・クリークと改称された当の養豚場の職員は週一回、休憩室の薄型テレビで教習ビデオを観て「生後一日」子豚ケアの基本を復習する。現在の子豚は加熱ランプの照らす温かい環境に置かれ、雌豚の移動は大幅に減った。「子豚はお母さんと一緒にいさせるよう努めています」(原注27)。ベッカーの衛生管理者は『ナショナル・ホッグ・ファーマー』誌の中でそう述べる。「必要以上に豚を移動させることはありません」。体制が変わって子豚の死亡率は劇的に減った上、職員の一人によると矮小児の安楽殺にはPETAの好む一酸化炭素による方法を用い、古い打ち付けの方法はやめたという。「私は会社が生後一日子豚ケアに着目した当初はまだ納得し切っていなかったんですよ」と新しい養豚場管理者は言った、「でも実際これで回りますから」。

こうした刷新はアイオワの施設に収容された豚の環境を改めたばかりでなく所有者の収益も増した。最終的に、世話の改善は皆の勝利であったと礼讃された。しかしこれは人々の厳しい追及なしに起こり得たことだろうか。私はベッカーに、透明性を増す方が機密性を強めるより業者にとって有益ではないかと問うた。フェア・クリークに取材者が立ち入れるようにして、モウマー・ファームズの頃とはもう違うということを証明してはどうか。と尋ねると、様々な理由――豚の健康、特許制度など――を挙げて、それは難しいとの返答だった。引き続き数カ月のあいだ要望を送ったが黙殺された。

ショーン・ライオンズは解雇の後、職を得られぬまま二年を過ごし、最後は警備会社に雇われた。それからは病院や老人施設や学校に二十四時間監視のビデオカメラを設置する仕事に従事している。私が荷をまとめて彼の小さな家を辞そうとすると、豚舎に防犯カメラを設置できるか検討するというベッカーの約束はどうなったかと訊かれた。「それが自分の今やってる仕事なんで」。

妻のシェリが加わる、「会社と関係ない人で委員会みたいなのを立ち上げて好きな時に立ち入り検査できるようにするとか、そういうことはできたでしょう。その方がいいやり方だと思いますけどね。そしたらみんな、ここにカメラがあるとか、いつでも入って来てチェックできる人たちがいるとか、しっかり意識するようになりますから。要は何ですよ、分別を持ちましょう、と」。

第四部

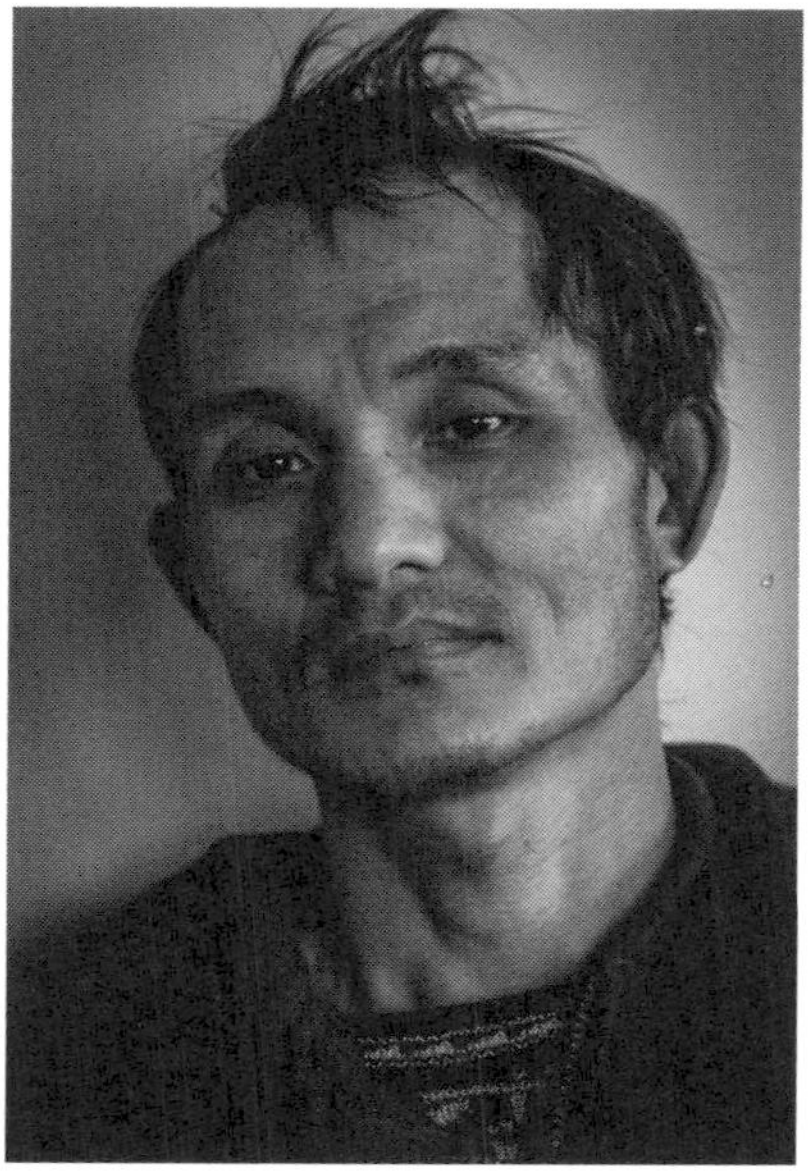

第10章　これはおかしいと思いましたね

二〇〇九年三月十九日、ソーシャル・ワーカーのロクサン・タラントは保険会社アメリカン・インターナショナル・グループ（ＡＩＧ）請求局から電話を受け、(原注1) パブロ・ルイスのＲ‐８リハビリ・プラン終了届を書かなければいけないと告げられた。ルイスがいまだ、一年以上も前に資料に記録したのと変わらない甚だしい片頭痛や焼けるような手と下腿の痛みに苦しんでいることは分かっている。それどころか具合はステロイド療法が原因の糖尿病によって以前より悪くなり、メイヨー・クリニックのラチャンス医師は一種の髄《ずい》膜炎《まくえん》に冒されているのではないかと不安を口にしてもいた。何故こうも不調の明らかな人物が補償期間終了などということになるのか、と尋ねると、ルイスの弁護士に訊くよう言われた。その弁護士、トーマス・パターソンはクオリティ豚肉加工（ＱＰＰ）のヒスパニック労働者による申請を扱っていた担当で、タラントに説明するには、ある日ＶＨＳテープが送られて来た、中身は短い秘密監視ビデオの映像だったが、その雑な編集の切り貼り動画にルイスが日常作業をする姿が映っている——ＡＩＧにいわせると、ラチャンス医師に申告する痛みが本当にあるならこれは出来ない筈だ。そこで、ルイスは痛みの程度を偽っている、補償は終了、という話になったらしい。

今日に至るも、ルイスが何を考えていたかはハッキリしない。ＱＰＰを訴えながら和解を狙ったのだろうとは察せられるにせよ、七年以上ものあいだ医療費の他に何かを求めたこともなく、また私に繰り返し述べたところでは、検査も処置も往々にして耐えがたかった——脊椎穿刺《せんし》に汗試験、骨スキャン、ＭＲＩと、こんな類《たぐい》の処方は誰も受けてみたいとは思うまい。それに第一、症状の多くはそれらの検査で調べられるものだった。補償終了の連絡が来る前の、最後の汗試験では多発神経根《しんけいこん》筋障害の影響がなお残っていることが示され、血液検査では2型糖尿病に由来する血糖値の高値《スパイク》が見て取れた。ラチャンス、ディックの両医師は臨床的鬱《うつ》病と慢性痛が回復を遅らせているとみてメイヨー・クリニックの疼痛《とうつう》処理プログラムに彼の件を「慈善対象」として照会することを提案、病院側も既にこれを承認していた。ルイスの保険ファイルには両医師の考えとして「ルイス様は直ちに鬱病と慢性痛の治療を受けることが必要」とあり、「これらの症状は二〇〇七年十一月二十日の負傷が原因」であろうと付記されている。

　しかるにビデオにはＡＩＧが主張するところの、ルイスが身体的に良好状態である確実な証拠を示す短いシーンが連なっていた。最初のコマは二〇〇八年十二月八日、すなわちデール・ウィックスに滞在資格のことで呼び出された次の日に撮られたもので、ルイスがメイヨー・クリニックのゴンダ・ビルから診察を済ませて出てくるところが映っている。妻が車から出てガソリンを入れていると、ルイスが慎重そうな足取りで六歳の息子と駐車場に入って来て支払いに向かう。「あの日は冬気《ふゆき》が凄くひどかったんでゆっくり歩きました」と本人は語る。（原注2）この診察時、ラチャンスはオキシコンチン四〇ミリグラムを処方したが、差し当たり痛みを抑えるだけならこの量は必要ない。「薬のおかげで少しの間だけ、ゆっくりなら外を歩けました。でもまだ頭痛はあったんです。頭痛はなくなりません。それに自分は歩けないなんて言ったことはありません。少しの距離なら歩けます。長いと疲れて息も切れてきて痛みも大きくなるんです」。

　次のコマは十二月十二日にロチェスターのオールド・カウンティ食堂で収録された場面。今度は糖尿病の相談を終えて出てきたところが撮られている。「血液検査とインシュリン注射して、何か食べなきゃって時でした」。誰かがルイスの盆を料理台からテーブルまで運んで来なければならないところだったが、ビデオでは本人が何とか自力でその距離を歩く。三番目は十二月十八日、バリュー・ストアでの撮影で、クリスマスプレゼントを買ったルイスが駐車場にいる。箱いくつかをカートから降ろして、車に積む役の妻に手渡す。

ルイスによると、弁護士はこのビデオを観て「眉間に皺を寄せ」だしたという。

「これはまずいです」と弁護士は言った、「ラチャンスさんがこのビデオを観てどう思ったと思います？何を言うでしょう。こう言いますよ、『なんだ、歩けてる。歩けてるじゃないか』」。

そして実際、私が特にルイスの事例に絞ってラチャンスに尋ねたところ、明らかにビデオに揺さぶられた様子だった。守秘義務の縛りがあって質問に沿った直接的な回答はできなかったものの、やがて徐々に、慎重に、解釈を語りだした。「苦情を訴え出した患者さんはほとんどそうなんですが、苦情の中に痛みという純主観的な現象が入ってくるんですね――本当には測りようのないものです」と説明する。(原注3)「一例を挙げますと、もう明らかに凄い痛みに悩まされている人がいるとしまして、七転八倒ですね、それが蓋を開けてみると、労災補償の調査官にこっそり調査されたり撮影されたりして、人の見ていないところで全く自然に振る舞っていたのが発覚する」。

私は、何カ月や何年も嘘を吐く理由としてはどういったことが考えられるのかと問うた。

「思うに労働災害に関係する芋蔓《いもづる》式の心理というのがあるのでしょう――職場で負傷したことへの反応、補償を貰える可能性、それから副収入、というように」

解るでしょう、と確かめるようにラチャンスは笑みを浮かべた。

「ああいったキビしい仕事をする人の身になってみるとどうです。なにか代わりの生活手段がないか模索したがるのが普通じゃないでしょうか」。

二〇〇九年六月十二日早朝、南西一一番通りに警察が着く。(原注4) 界隈はオースティンの水準からみても貧しい土地で、タートル川の濁った三日月湖まで通じる灯のない通りに沿って下見板張りの小さな家屋が群がる。そこへ警官らが派遣されたのは、パトリシア・ロドリゲス・サンチェスが九一一番通報で、夫に絞殺されそうになったと訴えたからだった。ドアまで来た彼女の顔には引っ掻き傷が走り、首には男の手が付けた真っ赤な痕が残っている。「生きていて幸運でしたよ」(原注5) と一人が話しかける。この警官が夫を捕らえ、若い妻には裁判所が開いたらすぐ保護命令を申請するよう言った。夫はクルーザーに載せられ刑務所へ。

拘置所で警察が見たのはサンチェスの夫が所持していた登録証カードという、メキシコ政府が国外暮らしの自国民に発行する一種の身分証明書で、名はデルフィノ・サンチェス・エルナンデスとなっていたが、また別の所持品にクオリティ豚肉加工（ＱＰＰ）の書類もあり、こちらは名がリチャード・モロネス・エルナンデスとなっている。自分はリチャード・エルナンデスで登録証カードは兄弟のものだと本人は説明する。結局誰を捕まえたのか分からず警察は捜査令状を取得、夫婦の家に赴き、何かこの人物が正式書類なしにアメリカに暮らしていたと判るような、また州法を犯して政府の身分証を得たと知れるような証拠を探す運びとなった。

翌朝、パトリシア・サンチェスは裁判所書記官の窓口で保護命令申請書を書き上げＱＰＰに出勤した。彼女がシフトを始めた頃、警察はサンチェスの家に到着して捜索に取り掛かる。寝室に二つの財布があった。一方に入っていたのはリサ・サラサールに宛てたＱＰＰの給与明細書、リサ・サラサールに宛てた内国歳入庁の手紙、リサ・サラサールがメキシコに送金した郵便為替の領収書、サラサールの五歳の息子に発行されたミネソタ州健康管理プログラムのカード。もう一方に入っていたのはパトリシア・サンチェスに宛てた内国歳入庁の手紙、パトリシア・サンチェスに宛てたモーア郡福祉局の手紙である。それから一人の警官が、居間の壁にQPPの月間優秀職員を讃える二〇〇六年製の記念の盾が飾ってあるのを見付けた。盾には写真が嵌め込まれ、昨日パトリシア・サンチェスと名乗った女性が白い作業着にヘルメットを着け姿勢をつくっているが、ネームプレートに彫られた名前は「リサ・M・サラサール」だった。

去ろうとした時、サンチェスがQPPから帰ってきた。通訳を介して警察は身元を明かすよう促し、盾の写真はあなたに見えるが、と指摘する。サンチェスはサラサールの名でQPPに勤めていることを認めた。後に、警察はミネソタ州の記録からリサ・サラサールの不正免許が発行されていることも突き止めた。そしてQPPも雇用の際に身分証明書類の一つとして件《くだん》の免許証を確認したと応えた。サンチェスは警察署に連れて行かれ、ミランダ警告(訳注1)を聞かされ、証拠物を突き付けられる。黙秘権は放棄し、改めてサラサールの名でQPPに勤めていると供述した。結果、二件の加重偽造罪で逮捕すると告げられた。

逮捕は法に則《のっと》るものだったが、部長刑事デビッド・マッキチャンは複雑な気持ちになった。(原注6)ミネソタ州南東部麻薬・ギャング取締り部隊の一員として、ワージントンの同僚からは現地のヒスパニック移民が強制送還を恐れ、食肉会社スウィフトの摘発から二年以上が過ぎた今もなお捜査への協力を拒んでいると聞く。移民の間に不安の空気が流れたのは、オースティンの警察捜査官がつい先ごろ、窃盗個人情報の異常な関連を突き止め、二二件の加重偽造罪摘発につながったのが原因だった。土地の報道はほぼ全てのケースがQPPないしセレクト・フーズと関わっている点に目を向け始め、かたや反移民活動家たちは以前に増す勢いでフリーモントの条例案に似た対策を地元政府に求めたばかりか、更に過激な動きも見せつつあった。

サンチェスの逮捕から僅か数日後、ネオナチ政党「国家社会主義運動」の一員であるサミュエル・ジョンソンは郡庁舎の前、モーア郡復員軍人記念碑広場で反移民連続集会の第一回を開催した。二時間にわたりジョンソンと仲間の党員ロバート・ヘスターが交代交代メガホンを取って声を張り上げ[原注7]、移民がアメリカ人の職を奪っている、オースティンの町にギャングを呼び込んでいる、と悪罵する中、支持者らは「移民を追放しろ」と書いたバナーをかざし、抗議反対者や通行人に叫びかけた。広場に集まったヒスパニックにジョンソンが息巻く、「アメリカがお前たちをタダで済ますと思うか、大間違いだぞ[原注8]」。別の参加者がこれも大声で「ヒトラーは死なず、我らの心に生きている[原注9]」。オースティン市警はこれらの催しに際して治安維持に務めながらも、気を揉んだのは移民のことで、警察に協力して却って己が身の加重偽造罪を疑われるとなれば、犯罪に巻き込まれても敢えて報告をしてこなくなるかも知れず、また捜査中の大きな犯罪についても肝心の情報を寄せてくれなくなるかも知れない、との不安があった。

マッキチャンはモーア郡検事補のジェレミー・クラインフェルターに、サンチェス程度の罪は咎めることもないように思う、と語った。聞いた方もうなずく。「道義上正しいとは思いません」と、後にその言葉は『ミネアポリス・スター・トリビューン』紙に載った、「我々は検察官ですから。ただそれ以上に、我々は公平と正義に仕える者です[原注10]」。しかし上層部に公式方針を受け入れさせるまでは、ＱＰＰの自主対応を俟《ま》つ他なかった。

訳注1　逮捕時に官憲から被疑者ないし犯人に告げることが義務付けられた警告。「あなたには黙秘権があります。一切の供述はあなたに不利な証拠として利用される可能性があります。あなたには弁護士の立ち会いを求める権利があります。弁護士を雇う金銭的余裕がない場合、希望すれば尋問に先立って一名をあなたに割り当てることができます」がその内容。

異例の対応といおうか、CEOのケリー・ワディングと人事部長デール・ウィックスは疑わしい求職者をはじいた方法について『オースティン・デイリー・ヘラルド』紙で説明することに決めた(原注11)――もっとも、動機は自社の雇用慣行を弁護するためでしかない。いわく、QPPは応募者全員にI‐9就労資格証明書(訳注2)の提出を求め、そこには氏名、住所、生年月日、社会保障番号、市民権宣誓文、そして身元と就労能力の確認事項が含まれる。人事部はこの情報を国土安全保障省の電子確認プログラムおよび同社の購入した社会保障データベースに通し、身分証明書の発行された場所と日時がI‐9に記された出生地と出生日時に一致するかを確かめる。この過程で何か引っ掛かる場合もある――出生証明書やパスポートが無効であったり、社会保障番号が応募者の出生日時以前に発行されたもの、ないし既にこの世を去った誰かのものであったり等である。しかし問題なしで返ってくる方がずっと多い。そんな時は、とワディングは言う、「雇うしかありません」。

但しQPPが意図して未登録移民を雇っているという話は断固否定した。「不法者を入れても我々には何の得もありません」。念押しに「何もです」。

PINと診断された後もなお、エミリアノ・バジェスタは頭部処理台からの異動を請うことはできなかった。担当は頭蓋の狭い窪みから筋張《すじば》った頬肉を取り除く作業(通称「鑿彫《のみほ》り」)で、これには工場内のほとんどの仕事よりも確かな技巧が求められる。作家アプトン・シンクレアが『ジャングル』を著わした時代は実際に鑿を使って顎《あご》をこじ開け関節を外し、頬と顳顬《こめかみ》の筋肉を切り取った。しかし今日では大抵、機械式の顎外しがこの荒々しい作業に用いられ、肉を刈るのは一人の熟練労働者が、鎖帷子《かたびら》の手袋に切れ味鋭い短刀を持ち、正確な捌きでこれを行なう。ラインに遅れずこなすには相応の手練と熟達が要されるゆえ、バジェスタの仕事はその評価といい、また、昇給で時給一三・一五ドルになったその給与といい、ＱＰＰでも屈指の地位を占めた。他で短刀を扱う若手労働者がバジェスタを捜して技を習おうとするのも珍しい光景ではなかった――研《と》ぎ棒で刃を擦る向きは、速さは、研ぎの入れ具合は、研ぎと研ぎの間に捌く数は、と。シダー川東岸のアパートで、キッチンに立ったバジェスタは私にその手技を見せてくれた。肉切りナイフを小手で返して裏表を確かめる。

「へこみがないのを確認します」息子の一人に通訳を任せ説明が入る。「それからスチール棒で磨きます」。なめらかな動作で刃を研ぎ棒の上に前後させるとナイフは小唄をさえずった。新しい工場ができたばかりの頃、勤務歴の長い作業員らがたびたび文句を言ったのは、各人の砥石研ぎ棒に取って代わった機械式の研磨機に対してだった。これでは良い切れ味が出ない、だから作業中に余計な力が入って手根管症候群（手首の損傷）になる、と。引き続き自分の道具を用いる者もいた。バジェスタに言わせても、研磨機の出番は無かったらしい。分厚い豚の頭皮を切り進んで肉を削《そ》ぐということは、刃に切れ味を戻すため、ベルトの輪にぶら下がる研ぎ棒で正確に数回みがきを入れる動作を、シフトの間中ほぼ一分毎に繰り返さなければならない。

「豚の皮膚は物凄く厚くて刃はすぐ切れなくなりますからね」とバジェスタは言った。「一日中ずっと磨いていましたよ」。

整った口ひげから影の差す顳顬《こめかみ》まで、彼には全体、堂々とした感がある。ある日、私が天使女帝カトリック教会のミサに集う会衆の中に見たのは、アイロンで綺麗に折り目のついた真っ赤なブラウスをまとった

訳注2　合衆国内での就労資格を確かめるため被雇用者に提出が義務付けられた身分証明書。

姿で、袖のボタンは留めていたから、左の前腕に弧を描くフィザード・ナイフの切り傷は見えなかった。その昔、事故にあってからというもの機械式ナイフが憎らしく、以後は意のままに操れる自前の短刀を使うことにしたという。ちなみにそんな怪我を負いながら、当日はオースティン医療センターで応急処置だけ済ませてQPPに戻り、シフトの残りを片付けたのだった。もはや目に見えない何か――「感染」と呼び習わしていた何か――のせいで、感覚と優れた運動機能が奪われ、狂いのない技が覚束ない危うさに変わったなどと認めるのは到底できない話だったに違いない。

診断後は就労制限が課され、代わりに任されたのは部分肉の計量と梱包、円《まる》ノコを使う鼻の切断作業。(原注12)更には自ら、それほど技量を要さないフィザード・ナイフの頭肉《かしらにく》切除作業に戻してくれとまで頼みんだ。が、二〇〇九年の三月を迎えた頃には、一時間に同一動作を四、五〇〇回も繰り返すこの唸《うな》りナイフの作業によって右手のヒリヒリはひどくなり、中指は何も感じなくなってしまった。「手根管症候群の可能性が極めて高いと思います」、ラチャンス医師はキャロル・バウアーにそう書き送った。バジェスタは軽作業の耳洗いに移され、それからとうとうラインを外され倉庫でマシュー・ガルシアと並んで働くことになる。これは堪え難かった。五月、鬢彫りへの復帰を希望するも、思うように付いて行けなかったのに加え、休憩を取らなければいけないという条件がこの配属に居留まることを難しくした。契約上、続けたければ達成基準を満たさねばならない――それに件の高給業務は他の作業員が代わりを務めていた。

バウアーはラチャンスにEメールを書き送った。「非常に難しい状況です」との出だしから、「バジェスタは鬢彫り業務に大きなやりがいを感じ、配属の変更は避けたいと考えています」。それどころか当人自身がフルタイムでの鬢彫りを希望したとメールにはある。しかしラチャンスはまだ二時間毎に十五分間の休憩が必要だろうと推し量る。バウアーにはいつまでもその融通が利くとは思えなかったものの、文面に綴るには、バジェスタは「大変品行方正な優秀な職員で、熱心に作業に取り組み、雇用主を満足させようという気概があります。しばらく様子を見るということでよろしいでしょうか」。

七月、バウアーはソーシャル・ワーカーのロクサン・タラントに接して、QPPはPIN罹患職員対応の業務一覧を見直しており、必要とされる便宜を図らうのが困難になってきた、ついてはバジェスタを休憩なしで鬢彫りに当たらせることはできまいか、と尋ねた。ここで初めてバジェスタは躊躇《ためら》った。応えて言うには、今も長く立っていると足の熱感がひどくなる、自分は休憩なしのフルタイムでやろうとしたが、それができなかったと。十月一日、ついにバジェスタは折れ、腸の切除洗浄作業への配属を請う――時給は二〇セント減。落ち込んだのは無論だったが、同僚に向かっては、長年のあいだ頭部処理台に勤めた挙句ようやく昇格して他の担当を任される、とおどけてみせた。その週土曜の十月三日はQPP勤務の十五周年記念に当たる。彼はこれをquinceañera《キンセアニエーラ》、成人式と呼んだ。

ところがその土曜当日、出勤したバジェスタは人事に呼ばれる。これがQPP勤務最後の日となった。

ケリー・ワディングは私と話したがらなかった。私は何十遍も電話を掛けメッセージを残した。長いEメールを綴って御社の側からみた話を伺いたいとも説明した。何カ月も沈黙が続いた後のある日、助手から電話が届く。ワディングは外出中とのことだったが場所は言わない。ただ仕事でホテルの部屋を借りていて少し時間がある、とのみで。電話番号を告げられ、話は手短にと釘を刺された。

初め、電話が繋がった時のワディングは強張《こわば》りながらも友好的な雰囲気で、QPPの歴史にPIN事件の展開、それが思わぬ形で移民問題に光を当てた顚末について話し合うことができた(原注13)。が、私が何気なく、PIN患者の大変多くが未登録移民就労者と発覚して驚いていると漏らしたところ、手の平を返して身構えた。

「弊社は書類提出の点では政府の要求する基準よりも上を行っています。なので応募書類についてはこれで充分だと思っています。それから、捏造《ねつぞう》の件ですか。これは問題です——大きな問題です。私自身と社のために申しますが、我々は移民改革に賛成でして、何か対策がなされることを期待しております。それで、そうは言いましてもですね、弊社としてはチェック体制を厳しく徹底して、提出された物が正式な書類か確認しているのです。もし応募者が——」

と、ここで息継ぎが入り、不意に頑とした態度に変わって、

「要するにお尋ねになりたいのはこれでしょう、ハッキリ申し上げます、勤務中にＰＩＮなり何なりの疾病や負傷に見舞われた者ですが、我々がその提出書類を後で確認し直すなどということは、絶、対、皆無です」。電話口から拳が何か硬い物を叩く音が聞こえた。絶、対、皆無。ベッド脇の小卓がゆがみ、抽斗《ひきだし》の中で聖書が弾むのが見えるようだった。バン、バン、バン。

私は応えて、別に何を言いたい訳でもない、ただ多くの元職員が訴えるには、デール・ウィックスが罹患職員を標的に移民情報の再確認をしているそうではないか、と返した。またより大きな事実関係についても理解する範囲で説明した。御社に勤める職員のあいだで病気が発生した。保健局を入れる前にワディング《あなた》は保有する株の全てを持株会社に移した。後には労働者の大部分を組合との契約がない新しい会社に移した。未登録移民の雇用禁止法を破っていると移民税関捜査局に咎められた時には名簿から労働者の名前を消し始めた。お訊きしたいのは一つ、ウィックスが最初の的にした——のみならず的を絞った——のは労災補償を申請する職員だった、という主張には幾分かの真実があるのか、と。

「それは違います」と強い返事が来た。譲らない語気。「書類を見直して従業員に法的資格を問うのは社会保障なり失業なりを扱う部署から連絡を受けた時だけです、州か連邦政府かの機関から連絡があって誰それ

の身元が怪しいと通知された時ですね。その時点ではじめて見直しということになって、記録のチェック、それから面談をするわけです。で、それは負傷がどうだの職場の地位がどうだのに関係ありません。とにかくやるんです。しかもこれはしょっちゅうです、口で言える以上にしょっちゅうで、日常的にあることです。それで、お察しの通り、中にはＰＩＮに罹った者もいます。社会保障機関から書類がおかしいと言われて面談したら不法移民なのが判って、しかるべき対応をしたこともあります。判った以上は法律に従って雇うのは無理です……けれども病気に罹ったからといって書類の再点検をすると、そんなことは一度だってしておりません」

再び息を吐く、今度は腹立ち紛れに。「結局ね、オタクらはその辺のことを分かってないんですよ」。

二〇一〇年四月、マシュー・ガルシアは話があるといって人事部のデール・ウィックスに呼ばれた。聞けばテキサス州で一人の男性が逮捕された、その名がマシュー・Ｊ・ガルシアだったという――しかも生年月日、社会保障番号も同じだった。君の書類は君自身のものか、とウィックスは詰め寄った。その頃になると職員たちは――毎週セントロ・カンペシーノで会合を開く協力団体を結成して――ミリアム・アンヘレスやエミリアノ・バジェスタのしたような白状は口にしなくなっていた。補償を申請した一四人のうち、六人が身分証の偽造ないし個人情報の窃盗を理由に解雇されている。

「言ってやりましたよ、ええ、自分のものです、って」とガルシアは語る、「自分のＩＤもあります、何でもあります、ってね」。

療養中、ガルシアはリバーランド・コミュニティ・カレッジに入ったので英語は通訳を必要としないまでに上達し、他の労働者のようには怯えずに済んだ。ウィックスは取締り機関が調査をしており、ガルシアの情報が使用された履歴を他五州で突き止めたと警告する。ガルシアは臆せず、そんな話は一切知らない、自分の情報を使った人間はそれをどうにかして盗んだのだろうと言い張った。

クビにはならなかった――しかしその六月、突然具合が悪化する。ラチャンスは改めてテスト一式を行なうが、ぶり返しの徴候は見られない。代わりにQPPに宛てた手紙ではこれを「慢性線維《せんい》筋痛症様《よう》の状態」とし、PINに罹患した他の「一部の患者」にも同様の症状が認められたという。試験結果で明らかになったのは神経の後遺障害で、これが歩行機能の妨げとなっている上、「腸および膀胱の機能に一定の恒久的障害を及ぼし」ている。いまやガルシアの疾病は慢性状態に移行したらしい。「回復は長引くと思われます」とラチャンスはバウアーに書き送り、ガルシアに軽作業を割り当てるようQPPに促した――もう英語もうまくなったから事務仕事だって務まるかも知れない。「うまくいけばいつか疼痛《とうつう》症候群も段々治まって体を動かす仕事にも耐えられるようになるかも知れませんが、目下のところ、特に業務関係の活動では、何かずっと続けられる担当を割り振るのが妥当でしょう」。

ロクサン・タラントは私を前に、QPPが罹患職員に当てる軽作業を中々見付けられず苦労しているのは分かると語った。「屠殺場ですから。現実には軽作業なんてありません」[原注14]。とはいえ同社がいうように、移民税関捜査局（ICE）がただの偶然で、医師に軽作業を勧められた職員ばかりをこんなにも多く調べ上げている、とは信じがたかった（実際、ICEがそれをしたかどうかについてはよく分かっていない）。「最初の解雇があった時は変わったこともあるなと思いました」とタラント、「二度目に続いて三度目があって、これはおかしいと思いましたね」。

最終的に、PIN陽性と出た二三名のうち一四名が労災補償を認められた。その中の六名は正式書類なしに働いていたとして、支払い請求を提出した二〇〇八年六月から二〇一〇年四月までの間に解雇されていった——ミリアム・アンヘレス、エミリアノ・バジェスタ、サンタ・サパタ、ホセ・ディアス、ルペ・トレビーニョ、ウンベルト・パス。サパタとバジェスタ、それに私がマシュー・ガルシアと呼ぶ若い男性は、いまや恒久的障害を負う患者となった。そしてパブロ・ルイスは先にラチャンスの疑いを買いながらも保険金の支払い停止は解消でき、メイヨー・クリニックの治療再開が認められたまでは良かったものの、定期の汗試験では恒久的な神経損傷が今なお確認されている。

一方、私がケリー・ワディングからQPPは特にPIN罹患者を解雇しようという試みはしていないと説き伏せられていたかたわら、会社の弁護士らは一〇人にもなる職員と和解交渉を進め、その最終段階に入っていた。弁護士費用を払った代わりに各人が得た額は一万二五〇〇ドル、給料半年分だった——独りルイスだけは和解を拒み、いまだQPPからの支払いを受けていない。ガルシアは症状が症状だったので一括で三万八六〇〇ドルを受け取った——代わりに、和解の条件に従ってQPPを自主退職した。「させられたと感じています」と私に打ち明けるには、「弁護士が言ったんですよ、『ここで従わなきゃ何も得られないぞ』って」。金の一部はコミュニティ・カレッジで他の授業を受けるのに使ったそうだが、最後に私と話した時には残りも急速に減っているようだった。私が頼まれたのは彼の実名を明かさないこと、採用の妨げになっては困るというのであった——今はマクドナルドに応募しているのだから、と。

第11章　お呼びじゃない

二〇一〇年三月初旬、風すさぶ寒空の日にオマハ営業所を出た移民税関捜査局（ＩＣＥ）派遣団が、サウス・プラット大通りを挟んでホーメルの工場を真向かいに望む、フリーモント・ビーフの加工工場に、始業早々入ってきた。同社の代表レス・リーチが聞かされた説明では、数千の国内企業が任意選択のもと連邦取引委員会の個人情報窃盗データベースに照合監査されている、フリーモント・ビーフもその一つだ、ということらしい。派遣団は名簿を示し、そこに挙げられた職員は会議室に呼ばれた。工場管理者らは呼んだ理由は言わず、ただ協力して全ての質問に答えよとのみ告げる。外の廊下ではＩＣＥの使者が――皆、私服の下に拳銃を潜ませ――調査ファイルを分けていた。それが済むと中に入って、名前を呼び始める。

デビッド・グランは移民帰化局からＩＣＥに移った勤務歴二十年近くの特別捜査官で、会議テーブルの後ろに腰を落ち着けるなりオルガ・アルゲジェスの名を呼んだ。一人の女性が立ち上がり脇に来て座った。捜査官手帳を見せて本名を問う。「ロサウラ・カリージョ・ベラスケス」(原注1)。グアテマラの生まれ、歳は三十二、スカイラーの移動式住宅キャンプ場に暮らしていたという。入国申請書類は持たず、不法入国したことを認めた。行政逮捕に則《のっと》り拘引の上、車《バン》でオマハの拘置所まで移送すると告げる。無いと困る薬はあるか、家に世話の必要な子供はいるか。どちらも否。グラン捜査官は彼女を廊下の向こうの待合室まで連れて行った。

結局この日、派遣団はフリーモント・ビーフの日勤スタッフの内、シフト人員のおよそ半分、一八人を摘発した。

ジェリー・ハートからみれば、この一斉検挙は自分たち請願者が言い続けてきたことの証明となった。「フリーモントが不法入国者の問題を抱えている証拠がほしいというなら、ここにそれがある。問題は大したものじゃないと、まだそう思う者は考え直すがいい」(原注2)と地方新聞の社説に書き立てる。「不法入国者の雇用、賃貸、滞在を禁じる条例が敷かれていれば、このたびの個人情報窃盗は起きなかったろう。市民が市と戦わねばならないとは驚くべきことである。時間と労力を注ぎ込んで請願の輪を広め、市に連邦法の執行を強制せねばならぬとは。かかる犯罪がフリーモントで発生したことに憤りを禁じ得ない。初めから不法入国者の市内滞在を禁じてさえいれば、これは防げていたであろうと思うと、なお怒りをおぼえる」。レス・リーチはこれに反論し、フリーモント・ビーフもすぐ隣のホーメルの工場も、ずっと以前から電子認証システムを利用しているが連邦取引委員会のデータベースは確認させてもらえず、自社の労働人員についてICEほどの情報を持ち合わせていないのだと応じた。「条例は郡の状況を何一つ変えないでしょう」と『ニューヨーク・タイムズ』紙面で語る、「電子認証システムが機能しないのですから」(原注3)。

しかし混乱は瞬く間に広まった。「フリーモント・ビーフの一件は耳に入りました」。ラウル・バスケスは私にそう言い、その間にも噂は流れる――「ホーメルにも来る」と。一通のEメールが広まり、スペイン語で書かれたその内容には、ICEがホーメルの強制捜査を予定しているので移民はウォルマートからも離れていること、ICEの派遣団はそちらにも出向くから、とあった。深夜のスカイラー市で逮捕騒動があったとの話も現われた。保安官事務所からホーメルに、爆弾が仕掛けられたかも知れないから調査に入ると声が掛かった(原注4)――そして果たして従業員ロッカーに装置が見付かったので、連邦政府のアルコール・タバコ・火器及び爆発物取締局とネブラスカ州の州警察はロボットを送り込んでそれと疑われる機械を回収し、西駐車場で爆破した。恐怖と不信がフリーモントの住民を冒《おか》し始めた。

さてその頃、移民改革法研究所の活発な若手弁護士クリス・コバックは、かの条例案とその使命を州レベルの議論に引き上げようと動いていた。元フリーモント市議会議員、この時には州上院議員になっていたチャーリー・ジャンセンに助言したのは、（原注5）ＬＢ１００１の起草についてで——この法案はネブラスカ州のドリーム法（州の高校を卒業した未登録移民に州内での大学進学を認める法律）を無効化するという内容だった。コバックはさらに個人でネブラスカ大学リンカーン校、ネブラスカ州大学システム、および州内のコミュニティ・カレッジを相手に訴訟を起こし、六人の正式な居住民——フェアベリーに暮らす自身の姻戚《いんせき》——に代わって、彼等の税金が連邦法に反し不法入国者の学費値下げ支援に費やされていると主張した。それともう一つ大きかったのは、州知事のデイヴ・ハイネマン、こちらもかつてはフリーモントの市議会議員だった人物が、新計画「安全な地域プログラム」の策定をめざしＩＣＥと協定を取り交わしたことだった。同施策のもとでは市町村ないし州の取締り機関が逮捕時に指紋を採取し、このデータを国土安全保障省と共有して移民データベースに照合することになった。

　立法行政の方面でこれら新たな戦いが生じる中、フリーモントの条例案に対しては、この部分かの部分の合法性を糺《ただ》す疑問——留保条項に違背するのではないか、州法と矛盾しないのか、等——が、ドッジ郡地方裁およびネブラスカ州最高裁で争われていた。コバックにとってこれは移民政策をめぐる大きな戦いの一前線に過ぎない。上司にあたる移民改革法研究所の主席弁護士マイケル・ヘスモンはこれらの地方条例案、州法案を「実地試験」と形容した（原注6）——ある種の同時進行戦略、すなわち細部を変えながら同時に方々の法廷で議論を繰り広げ、どこかで案に賛成の裁判官を見付けたら前例をつくってしまって、他も一遍に前へ進めようという発想である。最終的にはそれぞれを連邦最高裁にまで持って行き、ツギハギで少しずつ、広範囲に及ぶ新しい移民政策をつくりあげたい。二〇一〇年四月下旬はコバックに大勝利がもたらされ、自身の起草したSB1070がアリゾナ州知事ジャン・ブルワーの署名を貰《もら》い、入国者は不法か否かを問わず、連邦政府の要求する身分証明書類なしにアリゾナ州内にいれば軽罪を科され、また警察官は「法にもとづく車両停止命令、拘留、逮捕」を行なった際には常に移民情報を確認できるばかりか、しなければならないとされた(原注7)。識者からは「『お前の身分証明書を見せろ』法」だと批判されたが、コバックは単に州法を現行の連邦法規と調和させる措置に過ぎないと反論した。

カンザスの事務所へ私が訪れた時、コバックはそこの州務長官になっていて、ドッシリしたマホガニー製の机を前に、大きく椅子に凭《もた》れ掛かった。話してみると、先の法的術数がより大きな戦略の一部であることは認める――「強制執行による漸減《ぜんげん》」に向けた相補的な取り組みである、と。しかし批判者たちがこれは嫌がらせであるといい、超法規的な目標を達成するため、既に散々ひどい目に遭っている移民の生活をなおひどくするものだと唱えるのは気に入らない。「そういうことでは全くありません。計算を変えるというだけです」と考えを述べる。フリーモントの条例を例に、「施行前には職を見つけて不法就労できる確率が八〇パーセントだったとして、法が敷かれたらそれが例えば三〇パーセントになる。なので合理的な意志決定者でしたら計算が変わってきます。その人は多分『フリーモントには行くまい。そもそもアメリカに行くべきじゃないのかも知れない』と思うでしょう。ですからこれは全部、計算を変えるという話なんです。コストを引き上げてメリットを引き下げる、そうすれば法律に従うという合理的選択に至ります(原注8)」。

二〇一〇年の春までに相当数の移民が――合法的に入国した者もそうでない者も――フリーモントとホ

ーメルを後にしようと心を固め、会社はここぞ介入の時と腹を決める、但しするなら暗々裡《あんあんり》に。ところがホーメルがアメリカ自由人権協会、ネブラスカ・アップルシード公益法センター、フリーモント商工会議所との間に柄にもない同盟を結成できそうだったその矢先、ネブラスカ州最高裁が、条例文面は合憲との決定を下す。そして市民投票の日付は二〇一〇年六月二十一日に決まった。二年を超える喧々囂々《けんけんごうごう》の末が、わずか数週間後の投票一つにフリーモントの未来を委ねる形となった。

期日近しで両陣営ともキャンペーン準備の時間は少ない。クリスティン・オストロムは法学位と調停主任の資格を取得し、かつてはネブラスカ公正センターの専務理事を務めていたフリーモント住民で、このときは条例案に対抗すべく特別連盟組織を立ち上げようと決心する。(原注9) 市の移民対策委員会の一人ギャビー・アヤラに連絡をとり、設立に協力してほしいと交渉して遂に成ったその団体には「ひとつのフリーモント、ひとつの未来」の名を冠した。ところが話によると、最初の会議を開いた時にはもう一カ月ほどの準備期間しか残されていなかったという。

混乱に加え、市の境がどこになるのか、司法管轄区がどのくらいの隣接区域におよぶのか、誰も分かる者がいない様子だった。どうしたわけか条例に関わる議論の中で制定時の適用範囲について考えた者は一人としていなかった。例えばホーメルの工場は市の南の境界線より外に建てられたが、最近年の拡張では一角が線を超えた。とすると条例の効力は及ぶのか。整然とトレーラーハウスが列をなすリージェンシーⅡ移動式住宅キャンプ場は多くがヒスパニック系住民からなる共同体であり(中にはホーメルやフリーモント・ビーフの従業員も多い)、ここも市の境界に沿って、所々がはみ出たように広がっている。条例は一区画には適用されて、もう一方には適用されないのか。また、この隣区画の誰が投票権を持つのか。

「ひとつのフリーモント、ひとつの未来」の有志は同キャンプ場の一軒一軒を訪ね回って名簿を作成した。

が、噂はなおも巡り――投票所では警察官に身分を確かめられるらしいとの話もあれば（現にチャーリー・ジャンセンの推す投票者ID法案は審議中だった）、投票所の外には移民局の人間が控えるらしいとの話もあり――しかも自然発生した脅迫事件までもがこの区域を襲いだした。車で走りながら「メキシコに帰れ！」と叫ぶ者たち、あるいは撃ち抜かれた窓ガラス、そんな話題が次々に報じられた。線路のすぐ南に建設中だった二軒一組の家などは、庭にあった「ハビタット・フォー・ヒューマニティ（万人のための住まい）」（貧困者や被災者向けに住宅支援を行なう国際NGO）の標識を何者かに「ハビタット・フォー・メキシカンズ（メキシコ人のための住まい）」と書き換えられた。一連の事件が起こる中、スカイラーの公立学校は通学区域の基準を見直すと発表、市外の生徒を排斥しようとして、ついにはアメリカ自由人権協会（ACLU）が警告状を出した――なおACLUは、フリーモントの条例案が可決された暁には法廷でこれに戦いを挑むと宣言する。

「ひとつのフリーモント、ひとつの未来」は庭に看板を立てるでも車にステッカーを貼るでもなく、バッジを付けるでもない、ただいくつかの呼び掛け文を発送できただけだった。とそんな時、フリーモント商工会議所の専務理事ロン・ティレリーはフリーモント・ビーフ代表のレス・リーチ、それにホーメルの工場経営者ドン・テンパリーに接触を図る。全国紙がフリーモントに来ようとしているとの情報を得たからで、これは衝突を明るみに出して条例反対論を打ち立てる絶好の機会でありながら、破滅の原因にもなりかねなかった。失敗はことによると高くつく。六月十一日の会議でリーチがオースティンのホーメル本社へ出向く予定が決まり、会合を開いて恐らくは基本的な論点をまとめる、ということになった。一方ホーメルは広報部長ビル・マクレインをフリーモントに派遣し、取材の的になりそうな者すべてに受け応えの訓練を施す計画を立てる。(原注10) 企業が後ろ盾についた条例案反対委員会および地域の不動産業者に送ったEメールの中で、ティレリーが商工会議所の面々に請け合ったところでは、マクレインは「こういった状況に対処するプロ」であり、すぐ駆け付けて「種々の面を吟味する」だろう、とのことで、続く文面では、テンパリーが会社から一万ドルを出してもらい、条例反対テレビ宣伝作戦に役立てると約束した旨にも触れていた。

翌月曜朝、マクレインがフリーモントに到着、ホーメルの工場経営者テンパリーとともに商工会議所内のティレリーの事務室でクリスティン・オストロムと会う。オストロムによれば、マクレインは「お教えする」と申し出た。「報道陣にどう対処するか、どうすれば話の要点から逸れずにいられるか、と――けれどそのことについては一切他言無用だったんです」。

「御承諾されたのですか」と私は問うた。

「情報については、ええ」とオストロム、「ただ約束は何も」。

回想しながら体を強張らせる――ホーメルの助力申し出を受け入れたとは。見苦しいドタバタ劇の進行する中で窮地に立たされた市内の革新派《リベラル》は、気付いてみれば否応も無く、殺人的移民労働搾取を働く大手食肉企業と足並み揃える体《てい》たらく、かたやその革新派分子から条例の第一草案を却下するよう説き伏せられた市議会はといえば、いまや自分達が反対していた当の条例案の作成者、弁護士クリス・コバックが代表を務める。不条理の極みにオストロムは我慢ならなかった。が、それから少し気が和らいでくる。ホーメルの一行、特にビル・マクレインは「非常に仕事のしやすい方で、とても親切でした」。一旦皮肉な状況から離れて行動するための鋭い建設的な助言もあれば、ラジオ・インタビューのいくつかについても、投票者を動かすのに重要ということで、念入りの指導が入った。

ある朝、ティレリーとオストロムがフリーモントのKHUBラジオに共同インタビューで出演する準備をしていたところに、ビル・マクレインは長文のEメールを送り、オストロムが質疑をいくつかの論点に誘導する手助けをしようと企てた。「明日のラジオショーで議論の的になるであろう質問をまとめました」とある。「回答見本はこれから作成し、後程お渡し致します。質問事項をじかに確認されたい御意向がございましたら、どうぞお気兼ねなくお申し付けください」。その夜、各質問に対する回答が長く詳細な――全て合わせると二二〇〇語近くにもなる――見本の形で届いた。ホーメルについて問われたら「会社は商工会議所の立場を支持し、移民改革は州や市の次元でなく連邦政府が取り組むべき課題であると考えております」と答えればよかった。一方で「会社が電子認証システムを自発的に取り入れたのは、これが基本試験プログラムと称されていた一九九九年四月段階であった点を指摘」してほしい、またホーメルもフリーモント・ビーフも「市外にある」ことを強調しておくように、などの指図も入った。二人は忠実に原稿に従い、ショーの後にはマクレインから電話があって上首尾を褒められた。

　これだけ直接的な関与をしたにも拘らず、ホーメルは条例案に対する立場を公にはしていない。何故なのか、と私は電話で尋ねたが、日勤部長に変わったマクレインは一切の回答を拒んだ。(原注11)こちらが話しだそうとするたびに口を挟み、質問にかぶせて大声で、そういうことは広報部に訊けと言う。録音を切ってなら話せるか、と喰い下がると電話を切られた。しかし結局、用意された声明の中で会社は「弊社にも来始めていた報道取材への対応をサポートするため」マクレインがフリーモントへ向かったことを認めた。また続く説明によれば、「ホーメルフーズは条例案に反対する商工会議所の見解を支持」するかたわら「会議所を通して意思疎通を図り、建設的対話を構築するとともに、会議所加盟業者を代表して本件についての意見を表明することが何よりも重要」と考えていたそうである。投票前の週末、オストロムその他の条例反対派は最後のダメ押しに各戸を回った――二〇〇人の有志が、およそ九〇〇〇戸を訪問した。条例案を打倒するに充分な支援を集められたと期待は膨らんだ、が、全国紙が投票日当日にフリーモントへ来てみると、どちらに票を入れるか敢えて公言しようとする住人は僅かしかいなかった。リージェンシーⅡでさえもが、「反対《ノー》に票を」と書かれた簡単な白い標識を入口に立てたばかりで、他には何もなかった。

六月二十一日夜、「ひとつのフリーモント、ひとつの未来」の支持者たちが集まったのは軍人大通りの外れに昔から立つフリーモント退役軍人クラブ――最初に請願書の署名が集められた正にその場所――、ここで投票の結果を待った。接戦ではなかった。郡書記官はフリーモント住民が大差で条例案を認めたと伝えた――五七パーセント対四三パーセント。「今宵、この部屋では多くの涙が流されました」。オストロムは『ニューヨーク・タイムズ』紙にそう語った、「残念なことに住民は賛成したのです、大金がかかる条例案、しかも、ヒスパニックの人々に白人社会の声として、お呼びじゃない、と言い放った条例案に(原注12)」。

フリーモントで投票結果が承認された一カ月後、アメリカ自由人権協会（ＡＣＬＵ）ネブラスカ支部は、条例の合憲性に異議を申し立てるべく訴訟を起こす旨、その制定と執行に対する終局的差止め命令を求める旨を宣言する。ブレーク・ハーパーはホーメルに長く勤めたハロルド・ハーパーの息子にあたり、この時はペンシルベニア州に住んでいたが、フリーモントの条例合戦を戸惑うやら狼狽《うろた》えるやらしながら追っている内、段々恐ろしくなってきた。「フリーモントがそういう法案を提出したこと自体は驚きません、ですが通るとは思いませんでした(原注13)」。

ブレークは妻と二〇〇九年にペンシルベニア州ステートカレッジに越して来て、サブウェイ〔ファストフード店〕の委託で加盟店の用地選定、物件貸出しを行なっていた。しかしそれだけでなく、二〇〇六年に自身がフリーモントに立ち上げた不動産管理会社グラント・グループの賃貸物件五件が市内にまだ残っていた。新条例が執行されれば、正式な貸出しを行なう前にテナント各人に滞在資格を問わねばならない。この発想自体が憤慨すべきものだったので、ＡＣＬＵネブラスカ支部が市の賃貸人らに代わって提訴すると述べた声明書を見るや、ただちに支部のリンカーン事務所へ電話した。地主が原告に加わればより心強いだろうと持ちかける。「基本的には『この訴訟で自分が署名すべき書類を送ってください』というようなことを申しました」。また他にスティーブン・ダールという、もう一人の市内の地主もACLUに接触し、訴えに加わる。

ACLUネブラスカ支部の弁護士アラン・E・ピーターソンがハーパーに連絡し、準備書面に加えるべき申し立てを二人で急ぎ書き上げた。大部分は原告適格の確認と地主としての権利が侵害された点に関する議論とに費やされる。しかしハーパーはより私的な記述で文書を締め括りたく思った。「私は当移民条例がフリーモント市に及ぼすであろう弊害を大いに憂慮するものであり、私見ではこれを新たな『ジム・クロウ』法、特にヒスパニックの家系、血統、国家に生まれた者を標的とする人種隔離法であるとみなす。思うに、複雑な法的義務の根底には、少数人種を数の上でも市の近隣住民との連帯感の上でも極低水準に抑えておきたいという真の狙いがあるのではないか。私は何人《なんぴと》も一人間に、その滞在資格がどうあれ『不法』の烙印を押す権利はないと信じる。人に『合法』『不法』の別はなく、そのような分類は唾棄《だき》すべき、非倫理的な、忌まわしき行為である」（原注14）とハーパーは述べた。

私が訪ねた折、ハーパーは条例案の投票に素早く応じた際の心情については詳しく話したがらなかったが、ひとつ認めたのは、三年生のとき患った謎の病でひどい難聴と長く癒えない言語障害に陥って以来、弱者をみると反射的に親近感を抱くことだった。オマハのボーイズ・タウン国立研究病院で療養した後、復帰した姿は格好悪い補聴器を付けた無様《ぶざま》な痩せぎすの十歳少年だった。両親は教室で話が聞こえないといけないと考え、教師が首に掛けられるマイクを買い、若いブレークの補聴器に直接声が届くよう計らった。ところが秋に四年生に上がると、教師のマリリン・ワイガートはマイクを着けなかったという。

私は言葉を遮った。「マリリン、ワイガートですって?」

ハーパーは大きく息を吐く。「まあ何です」と語り出すには「誰でも暮らしの中で面倒はあるものでしょう、ただ私は自分のが他の人のそれよりひどかったとは思いません。あと、深読みなさっていないでしょうか——私がこれをしたのはこういうことがあったからだと。ただ、ええ、ジョン・ワイガートの母はクラーマー小学校で四年次の担任でした、大ッ嫌いでしたけど」

ハーパーの話はしかし、すぐにフリーモントが小さな町であることを思い起こさせてくれた。確かにワイガートには長く敵意を向けている。それに彼の母もジェリー・ハートの姉妹であるシンディ・ハートとともに3M《スリーエム》〔電気・化学関連メーカー〕で働き、反目し合ったせいでやがては部署の異動を請うた。けれども条例に反対したのを私怨なり田舎者の対立なりに帰してほしくない。それどころか、これは移民に対するあれこれの感情に根ざすものですらない。「介入したのは地主として、公正住宅法違反だと思ったからです」と私に説明する。「そしてこれは移民がどうのとは全く別の話です」。まさに申し立て書面で述べた通り、例の法律は法的正当性の仮面を被った差別的な不寛容であり、その真の意図はハーパーのみるところ、力ある者が無き者の心に恐怖を植え付けるのを容認することにある。その意味ではハート、ワイガートが条例支持の側に名を連ねたのも不思議はない、がしかし本当の闘いはフリーモントの未来を懸けたものの筈。人々は搾取される移民に怒りを向けるのをやめ、責めを受くべき本当の相手、ホーメルに狙いを定めねばならない。この町には決して自分たちの未来を自由に決められる日は来ない、線路の向こうに朧気《おぼろげ》にたたずむ、沈黙と謎に包まれた戦後の遺物に縛られている限りは。

「皆はホーメルが去れば町は終わりだというでしょう」とハーパーは語る、「なるほど、そうかも知れません——なら新しいものを創ればいいじゃないですか。ホーメルは変わりやしないんですから。ホーメルはマシンです、ロボットです、どこまでも、どこまでも、どこまでもあのまま行きますよ、豚をあすこに送る間は。でも製造業が独走するのをよそに、市が進歩的な集落になることはできる筈です、技術工芸の集落だとか、地域食の集落だとか。そうでなければ子供たちは私と同じに、市で育って、大学へ行って、それでおさらばですよ。で、ホーメルだけが残る——町は真っ二つです、ホーメルに勤めようとやって来るヒスパニックの人たちと、古い人間、私の父やその友人みたいな、もとホーメルに勤めていて喰い物にされた挙句、今はひどい生活を送っている人間とで。そこにどんな未来がありますか」。

第12章　兄さん、大丈夫？

ついに移民税関捜査局（ＩＣＥ）がクオリティ豚肉加工（ＱＰＰ）に鉄槌《てっつい》を下した時には、移民排斥派のミンサー代表ルーシー・ヘンドリックスや「国家社会主義運動」団員サミュエル・ジョンソンが期待したような劇的な強制捜査はなかった。二〇〇六年にはＩＣＥ派遣団がワージントンほか中西部五地点に散るスウィフト＆カンパニーの食肉工場に同時立ち入り捜査を行なったが、今回はあの一斉摘発とは違う。二〇〇八年にはアイオワ州ポストビルの、州境を跨ぐアグリプロセッサーズの工場が標的になり、二機の黒いヘリコプターが空から監視する中、「国土安全保障」の字が輝く白バスの列に未登録移民就労者たちが載せられていった（原注1）が、今回はそんな様子も見られない。これら過去の襲撃摘発は捜査局の評判を落とした。ミネソタ州上院議員アル・フランケンは抜き打ち戦略に対し公式に異を唱えた。「強制捜査によって一五〇〇人を超す非正規移民が逮捕されました。そして数百人の子供たちを――ほとんどは市民であり合法的居住者である彼等を――両親のいない、しかも両親に会うすべもない境遇に陥れたのです（原注2）」。

オバマ政権が発足すると、ＩＣＥはこうした大々的な現場捜査と未登録移民就労者の一斉検挙、国外追放の方針から転換を図りだした。新たな形式は職員名簿の監査、俗に「デスクトップ捜査」と呼ばれるものになり、局は従業員のＩ‐９就労資格証明書を社会保障データベースと比較して、矛盾する情報に行き当たったらその都度「該当なし」といって会社に通達する。法にもとづき雇用主は三十日の猶予を得て、問題が単なる書き間違いなら書類を修正する、そうでなければ社員を解雇する、ということになる。会社の対応が無い、もしくは期日を過ぎた場合は罰金が科される。新方式の目的は違法雇用の処罰対象を求職者である移民でなく、その低賃金労働に依存してきた会社の方に移すことにあった。が、移民問題についてどちらの側に立つ活動家もこれを批判し、罰金が軽過ぎるうえ違反者を保護している、これでは会社が人々の反発や工場閉鎖の大打撃を恐れず引き続き違反を犯し続けるのを事実上認可しているようなものだと指摘した。

ところが二〇〇九年にミネソタ州で実施したICEの静かな水面下の捜査が、ある一連の事件を誘発し、思いもよらずホーメルの一子会社は内部の勢力図を一転させた。全米食品商業労働組合（UFCW）の支部情報によると、QPPおよびその姉妹会社アルバート・リー・セレクト・フーズのI‐9監査が行なわれた結果、約六〇〇件の「該当なし」が社に通知されたという。ICEは監査を行なった理由を明かそうとはせず、そもそも監査を行なったこと自体を認めないが、組合指導者の話では犯罪事件の多発が以前にあり、犯人らを調べたところ身分を偽って勤務するQPP職員であったらしい。公式報告書には、二〇〇九年の三月から九月の間にオースティン市警がQPP職員ら三一名とセレクト・フーズ職員ら数名を加重偽造罪で逮捕したとある。アルバート・リーのローカル6代表パトリック・ニーロンによれば、(原注3)逮捕された中にセレクト・フーズの人事が雇った女性従業員がいた。噂ではこの従業員が送還を免れようと取引に応じ、セレクト・フーズとQPPに勤める労働者たちの移民情報について知る限りを明かすことに同意したという。

いまや内部情報を手にしたICEは、両社CEOのケリー・ワディングを絞り上げられる立場になった。そこでそれぞれの工場につき未登録移民就労者三〇〇人を削減するよう命じる。ニーロンによれば、特にセレクト・フーズの経営陣は勧告に従うよりなかった。言い返すには数が多過ぎ、知らなかったで済ますには目立ち過ぎる。「現実的に考えるなら、職員の大部分が正式な書類を持たないことは、知っていなくちゃいけなかったんです」とニーロンは言う。そしてこれだけの「該当なし」通知を無視しようものなら大規模な強制執行が下る。ある日の検挙で出口を塞がれ手錠姿の労働者たちが連れ出されれば、会社は手足を捥《も》がれたも同然。「工場を閉じざるを得なかったでしょう」とニーロンは続けた。「一遍に三百何人も失えば操業はできません」。工場閉鎖の上に悪評判が広まればセレクト・フーズが沈むには充分と思われた。

ワディングは条件を飲む。但し、生産に支障が生じるのと一度に沢山の新規労働者を入れてラインの負傷事故が起きるのを防ごうと、捜査官らはいささかの情けをかけ、人員の入れ替えはゆっくり六カ月を掛けて行なうよう言い、監査については表に出さないこととした。そしてもしその後もなお記録からQPPとセレクト・フーズが未登録移民の労働に頼っていることが判明したら、その時はCEOに重い罰金を科し、両工場に表立っての強制捜査を入れると通告、ワディングはこれを受け入れた。

ところでその同じ時期、ワディングの経営陣である某氏が別種の取引を交渉していた——相手はミネソタ州カレン人機構（KOM）という、セントポールに拠点を置く非営利団体で、ビルマとタイから来たカレン難民に家と仕事を探す使命を持つ。もし難民たちが政治亡命法のもと永住許可証《グリーンカード》を取得し、アメリカ国内での就業資格を与えられているのであれば、かつKOMがその証拠を提出できるのであれば、QPPとセレクト・フーズは彼等にオースティンの屠殺解体業務とアルバート・リーの包装業務を提供しようという。これは要するに、ヒスパニックの未登録移民就労者をカレン人の政治難民に置き換える一大再編計画なのであった。

アルバート・リーは食肉処理によって築かれた。(原注4) 地域が正式に市となる前から、東面通りには肉屋が一軒――それもさもありなんといおうか、新しい二人の移民が創業したものがあった。ブランディン兄弟アクセルとチャールズはスウェーデンからの新移民で、一八七〇年代にブランディン精肉店を始めた時はまだ十代の青年だった。世紀が変わる頃には町の人口が倍以上に膨らみ、生鮮肉を安定供給する必要もそれにつれて増したので、独自に処理場を設けた。本通りの片隅にあったその施設で屠殺加工をはじめ、しばらくにして、一九一二年に町東端を流れるシェル・ロック川の岸に大きな豚肉加工工場を建てた。このアルバート・リー食肉処理社は規模も近代性もオースティン近郊シダー川のほとりに立つジョージ・A・ホーメルの工場と肩を並べるものだったが、まもなくブランディン兄弟は厳しい時期を迎え、操業開始から僅か二年で工場を畳む。

しかし施設は何年も放置されたままではなかった。シュワルツシルト&サルズバージャーの事業部が一時再開した後、J・P・モルガンの跡継ぎらとジョン・D・ロックフェラー・シニアに買収された。新しい所有主たちはトーマス・E・ウィルソンを食肉事業の社長に据え、敬意を表してウィルソン&カンパニーを社名とする。当初からウィルソンはオースティンのホーメル一族とは真逆《まぎゃく》の人間だった。ジョージ・ホーメルと後に社を継ぐ息子のジェイは肉屋として人生を歩み、労働者と経営陣の和を保とうとしてきたが、ウィルソンはシカゴの貴族で金ぴか時代(訳注1)の産業資本家に先祖返りした男――上意下達の無情な管理者、良心なき組合破壊者だった。一九三五年には全米食肉処理場労働者組合ローカル6に対抗させようと会社運営の組合まで立ち上げた（全国労働関係法違反だということで、最終的には新たにできた全米労働関係委員会により解体される運びとはなったが）。

訳注1　南北戦争後のアメリカ高度経済成長とあいまって拝金主義が広まった時代（一八〇五～一八九〇年）。

後継者もウィルソンに劣らず悪辣だった。ジェームズ・E・クーニーはアイオワ出身の元連邦地方裁判所判事、一九二六年から社の顧問弁護士と労使関係担当副社長を兼ねてきた経歴を持ち、ウィルソン&カンパニーの職員をあの手この手で脅迫しては愉《たの》しそうな様子でいた。工場労働者の父を持つシェリ・レジスターが後年になって振り返るに、組合員のみるクーニーは「恐怖政治で町を覆う西部開拓時代の泥棒男爵」だった。組合が労働環境の改善を求めると、組合意識の薄い南部に工場を移動するぞと脅した。商工会議所に向かっては、ウィルソン&カンパニーがなければ町は荒廃してしまうだろうと主張した。頭を離れない恐怖を植え付け、クーニーは市と労働者からより多く、一層多くを吸い上げようとした。

とうとう一九五九年、ローカル6の組合員たちが会社の課す残業に業を煮やし、座り込みストライキを始めるやいなや、すぐに百九日間の全面ストライキへと突入した。対して会社がスト破り労働者を募り工場を再開しようとしたところピケ隊は怒り爆発、交替要員を見たら石礫《つぶて》を浴びせ車の窓ガラスを割る暴動になった。知事のオービル・フリーマンは工場を閉鎖し、ミネソタ州兵に戒厳令を敷くよう要請した。結局この行動は違憲と断ぜられるが、それまでにローカル6指導部は組合員の労働条件向上をめぐる交渉を済ませていた。労働者が勝ったのである。

いつもオースティンに引け目を感じていた町にとって、これは決定的瞬間だった。ついにかのフランク・エリス、ウィンケルス兄弟が一九三三年にとった強硬戦略にも劣らぬ勝利を手にしたとあって、ウィルソン&カンパニーの近代的な煉瓦建築は労働者の力を示すアルバート・リーの象徴になった。まさしく、工場はいまや共同体の生活に無くてはならない礎石であり、何ものもこの中心地を揺るがしはしないと思われた。一九八三年にウィルソン・フーズが破産を申請し、組合との契約を反故にして時給を一〇・六九ドルから六・五〇ドルに引き下げた、その時でさえ町は操業停止を回避したと誇った。ウィルソンが工場をファームステッドに売り、ファームステッドがシーボード・コーポレーションに、シーボード・コーポレーションがファームランド・インダストリーに売り渡した時も、工場はアルバート・リーがいかに艱難《かんなん》を耐え忍び、食肉処理の遺産を守り継いだかを語る記念碑としてあった。そして二〇〇一年、年経た工場の事業も充分に調子づいたとみたファームランドは、施設の改修と拡張を決める。

ところがこの時、考えられないことが起こった。(原注5) 七月八日、工事に来た業者はスプリンクラーの主電源を落とし、天井の配管を外して工場の増築部分で新しい管と繋ぐ作業を行なっていた。シフトが終わる頃、切断用トーチランプの火花が段ボール箱の山に飛び散って小さな火が付く。それに気付かなかった作業員はスプリンクラーを切ったまま帰り、無人の工場で炎は消し止められも気付かれもせず燃え広がった。やがて天井から立ち昇る煙を通行人が目撃するが、既に遅過ぎた。劫火は夜通し燃え続け、明くる日もなお燃え、人々が敬う工場を呑み、終に焼き尽くした。七月十日、瓦礫のなか消防士たちがまだ危険そうな箇所の消火に当たるかたわら、失業給付の申請をすべく五〇〇人の労働者がアルバート・リー組合センターの外に並んだ。

一年と経たない内にファームランドは連邦破産法第一一章による破産申請を行ない、残る養豚施設をスミスフィールド・フーズに売却した。かつては市の経済力の象徴でもあった古きウィルソン&カンパニーの工場は廃墟となり、取り壊され、町の心臓部に広大な空白を残した。以後、アルバート・リーは奮闘の年月を送る。時の市長ジーン・イートンにいわせても市にとって辛い時期だった――しかも挫折はこれだけではない。地域の当局者はフォード・モーターやプレミアム・ポーク、ウィネベーゴ・インダストリーに誘致の話を持ちかけたが、交渉はいずれも失敗に終わった。「大敗を喫した気分で」とイートンは振り返る、「アルバート・リーに住む大勢《おおぜい》にとってひどく暗い時代でした」。(原注6) しかし、ここでミネソタ州知事ティム・ポーレンティーが州税務局を介した振興計画として雇用機会建設地区（JOBZ）構想を発足させ、奮闘するアルバート・リーのような地域に事業が来てくれれば、十二年間は税を払わず操業してよいと定めた。

免税の条件に惹かれたのがホーメル、そしてQPPのケリー・ワディングだった。ワディングはすぐにホーメルの工場設置を予告して、五万平方フィート（約四六〇〇平方メートル）の豚肉除骨包装施設を、ノースエア工業団地の一一エーカーの土地に、恐らくは五〇〇万ドル以上をかけて建てるだろうと述べた。オースティンのQPPと同様、地所も工場もホーメルが所有権を握り、ホーメルが建造費も出せば原料もすべて届け、精肉もすべて独占的に買い取るが、事業は表向きワディングのものということになって、アルバート・リー・セレクト・フーズの名で営まれる。ワディングはこの計画を応援の印と謳《うた》い、なんとなれば自分はここで高校に通い、当時ファームステッドの所有していた処理工場でフロア作業という最初の仕事を得たのだから、と語った。「色々な所を回って、結果、アルバート・リーに決めたのです」と彼はミネソタ・パブリック・ラジオで話した。（原注7）

町に残る数百もの失業した精肉作業員の前に、ホーメルの到来は神の賜物と映った。セレクト・フーズの敷地にアルバート・リーを選んだのは、経験を積んだ地元作業員を活用するためだろう、と思われたのだが、真反対が正解だった。「働き手は地元にいました」とローカル6のパトリック・ニーロンは語る、「けれどもその中で会社が雇ったのは、極、極少数――極少数です。そしてそれには理由がありました」。

ケリー・ワディングは夜明け前に起き、毎朝六時にはQPPに着く。（原注8）毎日、前日の生産性と問題点をまとめた報告書に目を通し、それから運営担当副社長および工場管理者とともに工場を見て回る。済むとアル

バート・リーに車を走らせ、セレクト・フーズの工場管理者とともに同じことを繰り返す。最後に、午後になるとオースティンに引き返し、会議を開き、大きな問題があれば分析と解決に取り組む。四時前に帰ることは滅多にない。ローカル6のパトリック・ニーロンは私に、ワディングの職業倫理には敬意を覚えると言った、「奴も最初は作業場の仕事から始めました、我々残りの連中と同じに」。

ともにアルバート・リー高等学校を卒業した後、ニーロンは町に残ってファームステッドの工場に勤め、ワディングは、こちらも最初こそファームステッドの工場に勤めたが、その後はよそを回って経営術の訓練を積んだ。オクラホマ・シティのウィルソン・フーズ、サウス・セントポールのアイオワ・ポーク・インダストリー、サウスダコタ州スー・フォールズではジョン・モレル&カンパニーに入社した。一九九三年七月、数年前にQPPをつくったリチャード・ナイトに本部長として雇われる。ナイトが退任すると株を買い占めた。それから十年はおよそ入社当時と変わらぬ形で操業を続けたが、農務省が二〇〇二年になってHACCP《ハセップ》式検査モデル計画（HIMP）による食肉検査削減モデルの実施を認め、QPPにチェーン大加速の機を与えると、拡大革新の時が来たと見た。

豚は引き続きQPPで屠殺・解体する。けれども加速したラインに付いて行くため、いくつかの部位――ロイン、肩ロース、バラ肉――は州間高速九〇号線を走ってアルバート・リーに届け、ここで除骨と包装をしてホーメルの共同ブランド、フェーマス・デーブやロイド・バーベキューに提供する。ホーメルが業務の外部委託という形をとったのは、一つには多くの労働力が要るためもあったが、また別に、これらの部位をアルバート・リーに回せば食肉加工がオースティンのローカル9の手を逃れ、QPPもセレクト・フーズについて（経営陣が全く同じ面子でありながら）別会社だと言い張れる――そうすればホーメル、QPPを縛る労働協約は無関係になるからでもあった。

セレクト・フーズの職員は初めから僅か二〇マイル（約三二キロメートル）先の組合労働者よりも低い賃金しか貰えなかったので、工場に占める未登録移民就労者の割合はQPPよりもなお高くなった。そして大勢の未登録移民就労者が今度は組合結成と賃上げ請求の妨げになる。ニーロンは二〇〇六年に一度、二〇〇八年にもう一度、労働者を組織しようと試み、どちらも失敗に終わった。セレクト・フーズの重役は恐怖をもって人員を組合加盟の選択から遠のかせたという――〝正面切って口には出さないが、それとなく、何気なく匂わせてやろう、もし組合を組織しようものなら国外移送は必至だと〟。

二度目の組織化が失敗した後、ワディングはここの工場労働者が決して組合をつくらないと踏んだらしい。安い労働と州の言い出した非課税操業を活かすべく、ホーメルは更に多くの加工業務をセレクト・フーズに移行し、開業から三年しか経たない内に一五〇万ドルの投資で施設を拡大、新たな食堂、更衣室、事務室を設けた。人手も増える――二〇〇六年の七五人が、二〇〇八年には五〇〇人になんなんとした。が、それから二〇〇九年に加重偽造罪の多発騒動があり、地方紙の記事はそのほとんどすべてにQPPないしセレクト・フーズが絡んでいることを報じ始めた。

オースティンの刑事トラビス・ヒークリーは、ワディングが自分で言うほど清らかでもなければ困ってもいないとみた。地方紙に話すには、QPPは以前から移民税関捜査局（ICE）幹部に睨まれていた。「彼等は問題を解っています。関心も払っています」（原注9）。こう次々と市が逮捕に乗り出せる訳がない、「どこかの誰かが目を留めるのでなかったら」。ほどなくICEからワディングに連絡が行き、職員名簿中の未登録移民就労者を減らすか本格的な強制捜査を覚悟するかせよとの指導が下った。

カレン人は少数民族の一つでビルマとタイの東部国境山岳地帯に暮らす。アメリカ・バプテスト海外宣教協会が十九世紀の初め、最初にキリスト教へ改宗させたのがカレン人であったため、英緬《えいめん》戦争後の一八八六年にビルマがイギリス領インドの州になると表舞台に現われた。(訳注2) 第二次大戦が起こって日本がビルマを占領した時、他のビルマ民族との間で紛争を生じ、領土奪回を図るイギリスの活動に協力する。ところが戦争が終わるとイギリスはビルマの支配権を手放し、カレン人の主権国家確立を手助けするという戦時の約束を果たさなかった。新たにできたビルマ政府は一九四八年一月に正式な発足を果たし、ビルマの民族主義者を擁護する傍ら、カレン人を権力の座から追放する政策をとった。多くのカレン人がタイに逃れ、国境を挟む抵抗運動に加わり今なお戦っている。

二〇〇五年にはしかし、カレン民族解放軍の加盟員は推定四〇〇〇人を下るまでに減り、一方でタイのメラをはじめとする大規模難民キャンプには五万を超す人々が流れ込んだ。国連集団殺害《ジェノサイド》防止委員会が大虐殺と広汎な性暴力、少年兵の徴集、市民野営地への攻撃を訴える数々の証言を調べにかかった頃、合衆国政府はタイ国境に沿う九つのキャンプを対象に、登録された難民の移住を認め、再定住の大波をつくりだした。双子都市のミネソタ州教会難民支援協議会は、これまでにもベトナム戦争で土地を追われたモン人や長い内戦から逃れてきたソマリ人を再定住させる上で積極的に立ち回ってきたが、この時もカレン人をセントポールに呼ぶ努力を率先して行なった。同じ年、すでに同都に馴染んだカレン共同体の人々がベトナム人社会福祉事業団体（Vietnamese Social Services）とともに訓練を始め、これから入って来る一群のカレン移民のため、アメリカの政府官僚をうまく誘導して保健制度、公共住宅、雇用機会を勝ち得るにはどうしたらよいかを模

訳注2　英緬戦争は、植民地政策を進めるイギリスがビルマに対し仕掛けた侵略戦争。一八二四年、五二年、八五年の三度に分かれ、第三次英緬戦争が戦われていた一八八六年、ビルマ王がイギリスに降伏すると、ビルマはイギリス領インドに併合された。

索することとした。

ミネソタ州カレン人機構（ＫＯＭ）は二〇〇九年に公式に結成され(原注10)、そのわずか数カ月後に突如、ワディングが二つの工場の新しい人員を必要とした。ワディングはＫＯＭに魅力的な申し出をする――永住許可証を持つ証拠さえ提出してくれれば、ＱＰＰとセレクト・フーズは仕事を提供しよう。最終的にセレクト・フーズはこの度生じた三〇〇人の空きのうち二五〇近くをカレン移民で埋め合わせた。パトリック・ニーロンが言うには、ワディングは最高の代替人員を見付けたと思ったらしい。「奴の理解ではカレン人はちゃんと証書を与えられる、けれども英語は話せないし文化も分からないから組合をつくる可能性は低かろう、と」。

ここで語る顔がにんまりとした。

「いやね、私もケリーの同窓ですから。善い奴なのは本当だし頭もキレると思いますよ。でもこのときばかりは、読み違いましたね」。

新しく第三シフトに加わり、夜の十一時から朝七時までバラ肉の包装作業をする作業員の中に、タ・ワーという若い男性がいた。育ちはビルマ国境を越えたすぐ先の地、バプテスト宣教団が開くメラ難民キャンプの一角。大きくなって教会の寄付を受け、タイの大学に入り哲学の学位を得る。国連難民高等弁務官事務所がビルマの状況を人道的危機と正式に宣言した時、正しい移民手続きを経てメイン州の居住地を宛《あて》がわれた。しかし州はカレン人口に乏しく、孤立感と孤独感を感じずにはいられない、と思っていた矢先、友人の報せで大勢の同胞がミネソタ州に住みついたと知る。

私がはじめタ・ワーと会ったのは、ローカル６事務所のニーロンが手配してくれた面会を通してだったが、当日は外に雪が渦巻いた(原注11)。小柄で華奢《きゃしゃ》なタ・ワーは、一世紀前に食肉処理場が好んだ東欧からの移民とは著しく対照的に見える。が、雪の中を踏み分け入ってきたのを見れば、着るのは組合のトレーナー一枚だけで、毛編み帽を取ってふわりと静電気に髪を逆立てながら暖かい笑顔をつくってみせた。話から予想していたよりも英語ができる――ただ、話す時は、少なくとも英語で話す時は、常に控えめな調子でつぶやきのようになり、聞き取ろうとする私は前かがみに顔を近付けねばならなかった。「二〇〇九年の十二月十一日、カレン人機構の同伴でここに来て仕事に応募しました」と話す。「政府は会社が正式な書類を持つ人だけを雇わなければいけないと発表しました。それで他の労働者はほとんどスペイン語の人たちでしたが、不法だったので辞めさせられました。会社はカレン人を雇います、もっともっと」。

タ・ワーが任されたのはバラ肉ラインで、厚切り肉を取った後にバラ肉プレートを切り出す作業だった。「何人かの同僚から聞いたのは『ああ、バラ肉ラインは楽だよ』と」。思い出しながら笑みをつくる。楽ではなかった。ラインはあまりに速く、隣の作業区画とはすれすれだったので、バラ肉はときどき積み上がる上、作業員はプレートを後ろの容器に投げ入れるとき互いにぶつかり合う。「言いたくはありませんが人の扱いはよくないです」と漏らした、「会社はせかしますから」。与えられた包丁は大き過ぎ、自動研磨機は好い切れ味を出してくれない。なので自前のナイフを使うことにして、昔ながらの砥石の使い方を覚えた。それに慣れるとカレンの同僚に「機械でナイフを磨くやり方」と「自分の手でやるやり方」を教えたという。仕事がうまく回りだしたところでタ・ワーは工場経営部に向かい、他の区画で働くカレン人職員に仕事で何が必要か聞くべきではないか、ただ速く作業しろと発破をかけるのでなく、と詰め寄った。

やがて同僚はタ・ワーをリーダーとみるようになり、かたやパトリック・ニーロンがふと耳にしたのは、組合の説得で彼が第三の組織結成を企てるのであれば、新たな人員は付き従うだろう、という話で。会ってみると、タ・ワーはカレンの労働者がアメリカに家族を連れて来られるよう、今より良い収入を得られるようにしてやりたいと願う一方、組合組織者のために翻訳を務めるのに充分な英語力を備えてもいた。何よりありがたいことに、話を聞けばカレン人はもともと共同体意識が強いそうではないか。「民族は、みんな兄弟みたいなものです。カレン人の文化は、友達ならお互い面倒を見合う、信じる、身内のように接する。友人のことは『兄さん』『姉さん』と言います」。タ・ワーはまた、「スペイン語の兄弟」と力を合わせるべきことを同僚に説くとも請け合った。

二〇一〇年の間に更に多くのカレン人がセレクト・フーズの人員に加わり、タ・ワーは彼等の家に組合役員らを連れて訪れながら、かたやセントポールで集会を組み、ケー・ムーという、ワシントンDCの全米食品商業労働組合（UFCW）幹部が送ってきた翻訳者とともに、カレン語の組合小冊子や広告をつくった。

二〇一一年一月三十一日、ローカル6は全国労働関係委員会に、セレクト・フーズの組合結成投票を行なう旨を告げた。(原注12)

三月十一日の終日、三つのシフトの前後に、列なす労働者は工場の講堂へ入り各々票を投じていった。最後に十二日の午前六時、労働者全員に投票の機会が与えられ、朝のシフトが始まったのを確認して、オースティンのUFCWローカル9代表は集計に取りかかった。一票一票が読み上げられる中これを書き留めていく。賛成、反対で票は揺れ、接戦になることが判ってきた。途中、ケー・ムーは目を下にやり、組合代表の震える手を見た。「数を書き留めながら手が震えていたんです」と彼女は回想する。「声をかけました、『兄さん、大丈夫？』って」。(原注13)結果、二一五の組合賛成票が僅差で反対二〇六票を上回った。が、誰も声を上げない。ケー・ムーは困惑した。「勝ったの？」と念を押した。組合代表は「ああ」と言ったものの、聞き逃すほど小さな声だった。どんな喜びも束の間、と知っていたから。

一週間も過ぎない内にセレクト・フーズの弁護士団は訴訟を起こし、組合は衣服を配って英語を話せない人員を買収し、だまして賛成票を入れさせたと主張した。訴状に断定していわく、労働者の四割が今やカレン民族であるが「カレン語を話す職員のうち三分の一から二分の一は充分なカレン語の読み書き能力を欠く。英語の会話、文章を解するカレン人労働者はほぼ皆無に等しい」(原注14)。彼等が組合賛成票を入れたのは、UFCWが無料で与えたトレーナーや毛編み帽に釣られたからだ——と、タ・ワーが私と初めて会った時に着ていた物なども言及される。

この申し立てについてパトリック・ニーロンと話したら、一年以上が過ぎたにも拘らず、なお見るからに腹立たしい表情だった。「まるでカレンの人たちが脳足りんで考えることができないような口ぶりでしたよ」。大体、もし会社が職員の英語理解や全体的な読み書き能力の欠如を気にしているのなら、なぜ組合が工場でESL〔第二言語としての英語〕の授業を開こうとしたのを妨げたのか、なぜそうした労働者と閉じられた会議を行ない、組合に対して英語の報告書をよこしてきたのか。

ニーロンにとって一番頭に来たのは続く訴えの内容で、投票しなかった二八名は組合に脅されたのだといわれたことだった。「タ・ワーが来る前、ケー・ムーが来る前から、私はビルマの位置くらいは知っていましたが、どんな国かは知りませんでした」と私に話す。事務椅子から身を乗り出し、机に肘を立てた。声は柔らかく、みずから思うところを探るような風になった。「ちょっと歴史を調べだして、第二次大戦のあとに何があったか、どんないきさつで殺されたり投獄されたりしてタイに逃げなきゃいけなくなったか、なんかを知る。その奮闘の軌跡たるや私たちの想像を超えますよ」。そんな試練の数々を耐え、太平洋を渡ってまで新天地を目指し、食肉処理工場のきつい危険な仕事を引き受けた人間が、脅しに負けて投票の意志を曲げたとは、ばかばかしいを通り越して侮辱的ですらある。「まったく」とニーロンは言った。「自分の所《とこ》の人間だってのに、会社の想い描く職員像はどうしようもありません」。

訴訟が切っ掛けで数カ月にわたる法的な動きが続いたが、その実際は最後の粘りの、結果先延ばし戦略でしかなかった。全国労働関係委員会は結局、会社の訴えをすべて退ける。二〇一一年八月、セレクト・フーズは組合組織化に成功したホーメルの分家として、四半世紀を超えるなかで初の例になった――そして年末までに労働陣営は賃上げを求める新しい契約を取り付ける。給与は二・一五ドルの増額、契約期間は二〇一八年まで。加えて、セレクト・フーズ職員はいまや会社後援の保健プランに加入できるようになり、他方で特に契約文書の表現に検討を加え、工場労働者がＵＦＣＷローカル６と連携して全国的支援を受けられるようにした。

争いは長く、つらい時もあったが、それでもニーロンはワディングが敗北の結果をうまく処理したと高評価する。「最後の訴えが却下されて最後に我々が保証を手にしたら、会社は態度を改めました。私はケリーと子供の頃からの知り合いです。ずっと、ずっと、ずっと、ずっと、ずぅっと昔からの。ケリーはまぁ善い奴です。言ってみれば、一度約束したことは忘れる心配がない、と。契約を結ぶまでは手間取りましたが、会社は同意したらそれで一貫します。契約の署名、捺印《なついん》、交付が済んで全員こっち側に来たあとは、それはもう要領よくやってくれました。ケリーが常々言うことです、『組合と会社にとって、これは結婚だ。できちゃった婚だったにしても、結婚は結婚だ』とね」。

アルバート・リーの事務所を出た後、私はオースティンに戻った。何人かの元ＱＰＰ職員に電話を掛け

たところ、すべて番号が変わっていた。家を訪ねると知らない顔が出迎えた。夜が近づいてきたので、金曜夜のスペイン語ミサが始まった天使女帝教会に赴いた。以前ならエミリアノ・バジェスタやマシュー・ガルシアに連絡が取れない時、ここに来れば教会堂からごぞごぞ出てくるのをつかまえることができた。けれどもこの夜は礼拝を終えて去っていく人々に知る顔はなく、信徒席は最後に訪れた時よりも明らかにまばらになっている。あきらめようかと思ったその時、配車サービスで病気の職員を運んだ翻訳者、ウォルター・シュワルツが、扉のそばで私を見付けた。彼は私を脇に寄せ、その前を会衆が過ぎていく。

「何しに戻られたんです」と訊かれた。シュワルツは痩せて背が高く、あたたかい雰囲気がある。なにしろ仕事が運転なのでオースティン市警には幾度となく呼び止められていて、いつかしてくれた話によれば、警官は呼び止めた男がドイツ名と知るといつも注視の目になるという。シュワルツの故郷コロンビアはアメリカ中西部と同じくらいドイツ移民が多いが、市警はよく知らなかった。何度説明したら分かるんだと怒るかわりに本人はしかし、警官に教え諭《さと》すのを楽しみにしているようだった。

私はPINに雇った作業員に会おうとしていると告げた。パブロ・ルイスの居場所は知っていたが、他には会えていない。名前を一人一人挙げていったら、その都度シュワルツは首を横に振った——行ったよ、の返事、ほとんどは家族のいるメキシコに帰ったらしい。挙げた人物のうち、かつて通訳を務めてくれたエミリアノ・バジェスタの息子だけはまだミネソタに残っていたものの、この時は刑務所の中だった。人に金を貸したところが全額が返らず、家に押し入ってテレビを奪い、住居侵入罪になってしまったとか。

あまりに多くのヒスパニック移民がオースティンを去ってしまったため、市内を回る運転手ではもうやっていけないとシュワルツはこぼした。今はミネソタ州からメキシコへ、帰還者を運んでいるのだ、と。(原注15) みなICEのデスクトップ捜査で追われたのかと問うと、知らないと答えた。しかしすぐに付け足して言うには、二〇〇九年から二〇一〇年の間にオースティンでは二〇〇人近くの非正規移民が加重偽造罪で告発され、それで大勢の者は自分の家族を当てもないまま放っておくような危険は冒したくないと考えた、と。

アメリカに残ると決めたにしても、多くは別の地へ移ることにした。QPPの監査が増えたので仕事は得にくく、オースティンでの生活も堪え難くなった。ある集団はウィスコンシン州アルカディアに向かいシュリー・ファーニチャーの工場で働くことに。ある集団は皮肉にもアイオワ州ポストビル、四年前にかのアグリプロセッサーズの強制捜査があったばかりの町へ向かった。最後の集団はミズーリ州セントジョセフ。ここにミネソタ州とアイオワ州の養豚協会が近年、トライアンフ・フーズの名で新たな工場を設けたのだった。セレクト・フーズが来る前はトライアンフもアルバート・リーに工場を建てようとしていたが、経営陣は自社の巨大施設――国内屈指の規模となるそれ――を、代わりにミズーリ州に建てることにした。労働者を応援するアルバート・リーの気風、組合組織化を果たしたその歴史を、憂慮しての判断だった。

第五部

第13章　安全印

ニュー・ファッション・ポークの舎飼い養豚施設に着いた私が砂利の地面に降り立とうとした時、車のドア前にやってきた社の動物福祉・品質保証管理者、エミリー・エリクソンから、靴の上に履く伸縮性の白いビニール履きを手渡された。(原注1) 風の強い二〇一三年九月のある日――空は雪模様に、垂れ込めた鈍色《にびいろ》の雲は冬の訪れを漂わせる時節で、この頃になると、冷たく乾いた空気がウイルスの生存を助け、感染予防は焦眉の課題になる。先年猛威を振るった豚流行性下痢ウイルス（PED）、メチシリン耐性黄色ブドウ球菌（MRSA）が中西部一帯の家畜に大打撃を加えたこともあって、エリクソンは一切の懸念材料を持ち込むまいとしていた。ビニール履きを着け、さらに衛生用の保護服を重着《かさねぎ》するのはニュー・ファッションの豚に近付くための必須条件だった。

しかも社の方では一頭たりとて豚を検体に出す訳にはいかなかった。このミネソタ州ジャクソン郊外の豚舎で飼われる未経産雌豚はすべてホーメルが購入することになっているが、ホーメルはアジア市場へのスパム輸出販売と中国での施設拡大により、まもなく記録的な収益――二〇一三年には前年比一八パーセントの伸び――を達成する。(原注2) しかし海外営業担当部長ジム・スニーは更に強気の戦略を展開すると発表、(原注3) 中国の食料品市場におけるスパムの地位を確かなものにし、かの競争会社、同年六月に双匯《そうかい》国際（現在の万洲国際）

が買収したスミスフィールド・フーズの商品に、顧客を独占させまいとした。そのミネソタ州とネブラスカ州にあるスパム工場への大手供給業者として、ニュー・ファッション・ポークはひたすら需要に付いて行こうと躍起になっている。一番あってはならないのはエリクソンいわく、感染爆発だった。

私からみると、豚肉業界が外部の病原体に目を光らせるのは、施設が人の健康に及ぼす影響をまったく顧みない態度と随分対照的であるように思える。ニュー・ファッション・ポークのような大規模生産者は、畜舎ごとに地下に設けたコンクリート補強の巨大な排泄物貯留槽――多くは三〇万ガロン（一一〇万リットル）もの容量を持つ肥溜め――が、周辺土壌への汚染物質拡散を効果的に防ぐと主張する。人々に向かっては繰り返し、廃棄物はアイオワ州の天然資源局（DNR）が注意深く、いつでも全ての屎尿《しにょう》の状態を把握できるよう複数の法律でもって管理していると保証する。が、他方ニュー・ファッション・ポークの誰もが知っていたのは、次々と提出される研究調査の結果で、それによれば、州に訪れた未曾有《みぞう》の養豚興隆はありあまる糞尿を生み出すとともに、堆肥として散布される汚物が、抗生物資、細菌、硝酸塩を、大気中、水中、土壌中に放つ懸念も高めてしまったという。

集中家畜飼養施設（CAFO）[訳注1]の安全性がいよいよ疑わしくなってきたことで、ニュー・ファッション・ポークが施設の大半をおいているアイオワ州北部とミネソタ州南部では市民の抗議が燃えあがり、養豚業者、わけてもホーメルのサプライ・チェーンに位置する生産者は、メディアを完全に黙らせる方向へと動いた。なのでニュー・ファッション・ポークのCEOブラッド・フリーキングが私に動物福祉管理者の案内をつけ

訳注1　家畜単位（二一五頁参照）が一〇〇〇以上の畜産施設。単に大型の工場式畜産場を指す場合もある。その実態と問題点についてはダニエル・インホフ編／拙訳『動物工場――工場式畜産CAFOの危険性』（緑風出版、二〇一六年）を参照。

て施設見学をさせてくれたのは予想外だった――そして正直をいうと、エリクソンに更衣室へ導かれるまでは、本当に見学ができるか半信半疑でいた。青のつなぎを着てファスナーを締め、二枚目のビニール履きの上にビニール靴を履く。エリクソンは豚舎入口のドアノブに手を掛け、重いスチール扉をかすかに透かした。甲高《かんだか》い豚の声が部屋に流れ込んできた。「中へ入ったことがないようでしたら」と、聞こえるように大きな声で警告の一言、「豚で一杯、鉄で一杯、騒音で一杯です」。承知しましたと私は応え、一緒に中へ入っていった。

エリクソンの言うとおり、豚で一杯だった。ガタガタ風に鳴る天井から電球が列になってぶら下がり、黄色い光を投げかける下に、一〇〇〇頭もの豚が、大きさとおおよその年齢で分けられ、大きな囲いの中、押し合いへし合いしている。濡れた鼻先を鉄柵門に押し付け、もの珍しげに臭いを嗅いだり喉を鳴らしたりするが、エリクソンが私を連れて脇の通路に歩いて行くとあわてて遠ざかる。中には瞬時パニックに陥り金切り声をあげる豚もいて、スチール製の天井に跳ね返った何重もの悲鳴が囲いの仲間を逃げ惑わせる。

しかし目よりも耳よりも、私がやられたのは鼻だった――ふわりとベーコンの臭いが漂ったかと思うと、突然まぎれもない糞尿の悪臭に変わった。前を通ると豚は飛び退いて集まってを繰り返し、不安そうな蹄《ひづめ》の音をカツカツと鳴らす、その足元を見れば排泄物が、いくらかはまだ出したばかりで湿ったまま、木製の簀子《すのこ》床に広がり、豚の体を腰から後ろ、蹄まで覆って、ゆっくり流れ、床板の隙間を滴《したた》り、巨大な地下の貯留槽へと落ちていく。更に多くの糞尿は乾いて粒子状になり、その息詰まるような靄《もや》が、かすむ光の中を漂う。そして一緒に運ばれてくる熱い肉質の汚臭――ただの臭気ではなく、刺激性の化学熱傷に襲われるというべきか。鼻腔の奥深くまで焦がされるうちに、それは恐ろしい異臭でありながら奇妙にも慣れた臭いに思われてくる、まるで感覚器官が臭いと臭いの記憶と、同時に両方の中にあるような。奥の壁では大きな換気扇が、足元の肥溜めから立ち昇る瘴気《しょうき》を外に追い出そうとフル回転していた。

施設の規模それ自体といい無慈悲な効率性といい、圧倒されずにいるのは難しい。この仕上げ施設にいる豚は、現代養豚のほぼ全ての工程を体験している――妊娠豚用檻に囚われた雌豚の腹に人工授精で生を享《う》け、わずかな授乳期間のうちだけ分娩房に置かれ、生後三週にしてこの離乳から出荷時までの飼養を行なう施設に運ばれ、ここで遺伝子組み換えのトウモロコシと大豆を自動給餌機に与えられながら育てられる。そしてこの若い豚たちが目標体重に達する、およそ生後三カ月を迎えた頃、トラックの迎えが来て屠殺場――オースティンの工場へ送られる。室温、照明強度から飼料の量、給餌時間まで、システムの構成要素はすべてが厳密な計画に沿ってつくられ、完全に機械化されコンピュータ化されているので、接続された三つの豚舎に飼われる三〇〇〇頭の豚は、たった一人の監督が、日に僅か二回の見回りで管理する。

業界擁護者の言うこととは違い、ここには伝統など何一つない。ついこの前の一九五〇年代まで、出産から屠殺に至る一連の流れには、遥かに多くの時間と労力が要されていたのに加え、急速に病気が広がる感受性ゆえに、大量の豚を狭い監禁施設で育てようとするのは惨事を招くに等しい行為だった。であればこそ豚は小さな集団に分け、充分余裕のある野ざらしの差し掛け小屋で育てるのが習いだった――これなら自分で餌を探すことができ、冬の寒さが自然に病原菌の多くを退治してくれる。対してかの近代養豚は自然からかけ離れた代物で、事実これが可能なのは大量の抗生物質のおかげに他ならない――病気を防ぎ、生長を促し、繁殖力を高めるために使われるその量は、細菌が薬剤耐性を発達させ強靭《きょうじん》な新型種に変異するにつれ、より多くが必要になってくる。多数の医学研究者や保健関係者の警告によれば、いまや広汎な抗生物質の使用は危険を孕む無責任な乱用になっている。

二〇一三年秋、疾病管理予防センター（CDC）と公益科学センター（CSPI）は、CAFOの肥溜めが抗生物質耐性菌の苗床《なえどこ》になっているのでは、との不安を呼び起こす報告書を発表した。(原注4)「畜産動物への抗生物質投与は人間の抗生物質耐性菌感染と結び付くため、その使用は獣医の監督に従ってのみ、かつ感染症の制御・対処を目的としてのみ許容されるべきであり、生長促進を目的とする使用は禁じられねばならない」と報告は述べる。食品安全を求める活動家はこの勧告を賞賛する一方、従うか否かが業者の任意だったので大した成果が上がらない不安もぬぐえなかった。人々への注意では、食品に含まれる耐性生物が増える一方で人間の側も重要な抗生物質が効きにくくなってきたため、家畜の病気は人間の宿主に移る条件を得て、致命的感染症の猛威を振るいかねない、という。

ニュー・ファッション・ポークの豚群管理者から聞いた説明によると、同社は生長促進のために抗生物質を使うことはなく、使う場合でも人の病気治療にとって重要な薬剤は用いないとの話だった。が、屠殺前の休薬期間に関する最新の豚群管理者向け社内指導書を見れば、(原注5)日常的に使用する八種類の注射用抗生物質、一〇種類の水溶性抗生物質、五種類の飼料添加用抗生物質の名がある。普段から使われる薬には、ペニシリン、アモキシシリン、ネオマイシンも――アメリカその他、世界中で最も広く用いられる人用抗生物質も含まれる。オーレオマイシン、テラマイシンの名で販売されるクロルテトラサイクリン(CTC)とオキシテトラサイクリン(OTC)も頻繁に投与される。これらは子豚の生長を促進するため養豚業界で常用される抗生物質というだけでなく、ホーメルの科学者が第二次大戦後、まさにその目的のために初めて大量生産し、市場販売した薬剤でもあった。

一九四一年秋、ジェイ・C・ホーメルはミネソタ大学の医学研究者らをオースティン郊外の敷地に招いた。(原注6)目的はアイデアの共有。敷地には大きな馬小屋があり、ジェイはこれを実験所に変えられそうだと考えていた。四〇〇平方フィート（約三七平方メートル）のラボをつくる、という案に研究者たちも賛意を示し、相談に乗った。一年後には社の非営利部門ホーメル財団がミネソタ大学と共同でホーメル研究所を創設すると発表――その表向きの目的は「動物製品と疾患および疾患処置の関係」（原注7）を調べるとのことだったが、実際には豚肉生産の向上を目指す研究が狙いだった。大学は研究員として教授から有能な院生までを投入し、ホーメルは場所と資金を提供する。研究は医療に応用される可能性もあるということで、監査役会には常に一人、メイヨー・クリニック代表が加わる運びとなった。

当初、施設は博士課程のミネソタ大学院生ジャック・R・シポーが、馬たちと小屋の空間を分かちあいながら主任検査技師を務める程度のものでしかなかった。それが一九四五年の終戦とともに安い肉の需要が高まると人員は八人に増え、ウィスコンシン大学で博士号をとったばかりのローレンス・E・カーペンターも加わった。この同じ年、カーペンターの元指導教授で植物の菌類感染を研究していたベンジャミン・ダガーが定年を迎え、ニューヨーク州パール・リバーのアメリカン・サイアナミッド社レダール研究所に職場を移す。（原注8）同社の大きな商売敵《がたき》メルクは、ノルマンディー上陸作戦の前に大量生産した妙薬ペニシリンにより無数の米陸軍負傷兵の命を救い、この頃は結核に対処するストレプトマイシンの製造に乗り出したところだった。アメリカン・サイアナミッドは、ダガーが次なる魔法の抗生物質を発見するよう期待を懸ける。

ダガーはまず、農園の古い謎を解こうとした（原注9）――どうして糞をつつける環境で育てた鶏が、より「きれい」な環境で育てた若鶏よりも死亡率が低く、卵を多く生むのか。考えたのは、糞を栄養に育った土壌菌から抗生物質をもらっているおかげではないか、という説だった。そこで国中の研究農場から土壌を取り寄せ、ガラス瓶にして三五〇〇本以上ものサンプルを調べ上げた結果、ミズーリ大学の土に生えた珍しい金色のカビが大変な薬効を示すことが判った。ダガーはこの薬――付けた名称はラテン語の aureus（金）と mykes（菌）

を合わせてオーレオマイシン——が、特に一般的な人の細菌感染症の九割に対し、抗生物質として作用することを知る。病院で臨床試験を始めた医師は、これが百日咳《ぜき》からチフスまで、あらゆる病気に効果があると報告し、なかでもアメーバ赤痢《せきり》その他の腸内感染症によく効くことを発見した。一方、薬は致命的な下痢症を治すだけでなく、面白い副作用を持ち合わせていた——患者の体重が増えたのである。

生化学者トーマス・H・ジュークスはレダール研究所の農業部で有用な家畜飼料添加物の研究をしていたが、もしやオーレオマイシンは家畜にも増量効果をもたらすのではないかと考えた。もとは鶏が持つ自然防御だったのだろうという理解のもと、ダガーの研究所が出す廃棄物から密《ひそ》かにオーレオマイシンを失敬し、ひよこの餌に混ぜて与えてみたところ、与えなかった群に対し、与えた鳥たちは五〇パーセントも大きくなったではないか。結果を発表したジュークスは、すぐに同じ結果が豚についても得られるか調べにかかった——かたやホーメル研究所の若きローレンス・カーペンターも、この恩師の発見の新しい応用がどうなるかを確かめたいと思った。

それで一九五〇年の初頭、カーペンターはレダール研究所から、オースティンの馬小屋で試す分のオーレオマイシンを渡された。四月には既に、離乳した子豚の餌に毎日抗生物質を混ぜると飼料効率が倍以上になる確証が得られ、報告はホーメルの契約養豚業者全員に送られる会報『ホーメル・ファーマー』に掲載された。六月にはアイオワ、ミネソタの地方紙が、オーレオマイシンを「過去四半世紀の養豚栄養学史上最大の前進」と褒《ほ》めそやした。(原注10) ほどなくしてついに『ウォール・ストリート・ジャーナル』紙にも、矮小児《わいしょうじ》の八五パーセントが「オーレオを餌に混ぜて与えると、生き延びて立派な豚になった」(原注11) との報告が載る。ミネソタ州ライルのレスター・E・コーソンは記者に向かい、自分も矮小児に抗生物質を試すことにしたと語った。「今じゃ本当に市場に出せる良い豚に育ってくようなんですよ」。

一九五一年の終わりが近づく頃、ジェイ・ホーメルは株主を前に、オースティンの工場は一日に捌《さば》ける動物の数こそ容量の限界に近付いているものの、抗生物質のおかげで年間の豚肉生産量は引き続き成長が見込めると説明した。オーレオマイシンの力で豚を「以前より早く出荷体重まで増量させ」[(原注12)]られるようになったのに加え、今ではホーメルの科学者が子豚の離乳を速める研究をしている――さらには抗生物質入りの人工乳を与え、授乳による自然免疫の獲得に代える研究も。将来的には、母豚は出産だけ済ませたらすぐにも繁殖の方に戻せるようになるだろう。「つまり、早く次の子を産む仕事に戻せるという訳でして」とジェイは言った。「五十六日間、一日八ポンドの餌をやるだけで、近所の酪農場の搾乳機でもできるようなことしかせずにいた状況が変わるのです」。

しかもホーメル研究所は、小屋で飼っていた試験用の群に急な感染症の蔓延が起こり、ひどい率の豚を失った経験を持つが、そうした損失もほぼ完全になくなった。冬を通して豚を安全に室内飼育できるようになった――どころかその間に繁殖さえできるようになった――ことで、ホーメルの契約農家が一年に育てられる子豚の数は飛躍的に増加した。

嬉しい報告が相次ぐ中、研究者は一つ、警告を発した。カーペンター自身もこう記す――オーレオマイシンが体重を増加させるのは、豚と栄養を取り合う腸内細菌叢《さいきんそう》を一掃するからだろう。ところで摂取した抗生物質は消化管に集中するから、そのまま体内を通過して糞に混入する可能性があるのではないか、農家はそれを天然の堆肥として使うよう奨励されているが。カーペンターは緩和策として注射による投与を試したが、「オーレオマイシンは経口投与した場合も注射で投与した場合も、豚糞とともに排泄される」[(原注13)]と判明した。

研究者はこれが問題にならないことを祈った。オーレオマイシンが消化器官の細菌を一掃するなら、むしろ糞もより安全になるのではないか、それどころか豚を病気知らずにするかも知れない、と。しかし間もなくイリノイ大学の科学者が、その真逆《まぎやく》が真であることを突き止める——抗生物質の投与開始から九日間は「豚糞中の細菌が激減」するが、その後その数は元に戻っていって、十六日目に「この差異は消滅した」という(原注14)。一連のデータが示したのは、抗生物質耐性の大腸菌が豚の腸内で繁殖し、糞便内に耐性菌が生じたという結果だった。同大学医学部の医師三名は既にこうも報告している、「オーレオマイシンが一般使用されだしてまだ三年しか経たないが、入院患者のなかに耐性ブドウ球菌の発生が認められる(原注15)」。

　こうした当初からの懸念とは裏腹に、問題はそれほど大きくならなかった。一九五〇年代から六〇年代の間は年中豚舎で飼われる豚は珍しかったので、糞が公衆衛生の危機となるほど集中することも稀だった。それから一九七〇年代に家族農場保護法が中西部一帯で可決され、垂直統合の禁止によって数十年、大規模監禁養豚場は経済的に立ち行かないとされる時代が続いた。ところが企業による集中家畜飼養施設（ＣＡＦＯ）の後援を禁じる法律が瓦解を来すと、何千もの大規模畜舎が建てられていき、それとともに広大な肥溜め池、巨大なコンクリート貯留槽も現われた。

　二〇〇二年、ちょうどアイオワ州のＣＡＦＯ建築ラッシュが始まった頃、アイオワ大学とアイオワ州立大学が共同報告書を作成し(原注16)、ＣＡＦＯ近郊住民が訴える病気の数々、特に眼病と慢性呼吸器疾患についての状況を明らかにした。調査班は養豚施設から毒ガスの形で出る大気汚染物質が病因であろうと結論する。いわく、大規模舎飼い施設は「公衆衛生上の危険を生む可能性がある」——問題は貯留槽に溜まった排泄物より、むしろそれを肥料として使う地表散布に由来しており、撒いてから六時間でその八〇パーセントが空気

に曝される。

これを受け、アイオワ州天然資源局（ＤＮＲ）は新たな大気質規則を発表した。が、州の議員らが数日で無効化する。よその州から食肉業者が群がってくるのは抑えたいにせよ、地域の養豚業が成長する可能性まで潰したくはない、との思惑《おもわく》だった。そこで厳しい大気質の縛りをかける代わりに暫定《ざんてい》指針を設け、液状糞尿はすぐ表土に流し込むか、下層土の中に直接送り込むかしなければならない、とした。ほどなく州はより手の込んだ枠組み、完全採点表計画を採用する(原注17)――ＤＮＲ管轄・執行の採点システムで、対象となった大規模施設の立地、排泄物処理を評価するという代物だった。

批判の声は、この採点方式が実際には簡単に業者を認可してしまう点、意図的に手続きをややこしくして監査役を手こずらせる点を指摘した。このシステムでは認可を決めるのに、大気と水の質、地域への影響も押さえた四四の項目を用い、それぞれが二〇点の点数を持つ。環境保護委員会の決定では、及第は四四〇点――つまり半分を満たせばよい。ラクーン川流域協会の代表スティーブ・ロウは、監禁養豚場の新設に反対する地主たちの料理持ち寄り晩餐会に出席した折、採点表計画を厳しく糾弾した。「半分の点で通過するテストなんて誰が聞いたことありますか(原注18)」。これは結局のところ、会社が自己診断をして、結果を保証と認可の取得に使えるというシステムだ、と突く。大抵は郡も市も、提出された採点表の通りに項目が遵守《じゅんしゅ》されているか確かめる術《すべ》はない。私（筆者）がＤＮＲの検査官から聞いた話では、郡監督の中にはアイオワ州天然資源局から申し入れがあっても当の施設訪問に加わらない者が多い。郡が反対したとしても、建設希望者は直接ＤＮＲを統轄する担当者に建設を申請することができる。ロウは、局が認可申請を断った前例は一つも知らないと言った。

ＣＡＦＯが次々に建てられ、州に登録された豚の数が僅か数年で三倍にまで膨れ上がったのと並行して、廃棄物の量も嵩《かさ》んでいった。監視団体「地域の改善をめざすアイオワ市民の会」広報のデビッド・グッドナーによると、州の工場式畜産場が一年に排出する液状糞尿の量は、現時点で五〇億ガロンを優に超える。[原注19] 散布される堆肥の量も今では多過ぎて土地の吸収が間に合わず、特に近年は旱魃《かんばつ》で固まった畑地の面を春雨が流れていくのでひどいという。抗生物質、耐性菌、硝酸塩《しょうさんえん》の一日排出量も水質浄化法の許容レベルを超える状態が常となり、改めて家畜への抗生物質大量投与と人間への影響とに対する懸念が強まった。

メチシリン耐性黄色ブドウ球菌（ＭＲＳＡ）の蔓延が二〇〇八年に報じられると、保健当局はこの病気が——既にヨーロッパと北米大陸の他の地域に広がっていたが——合衆国内の動物にも伝播して今や人間にも感染しようとしているのではないかと危惧した。全米豚肉生産者協会の代表はしかし、『シアトル・ポスト・インテリジェンサー』紙の取材に対し、「何も心配することはありません」と答えてみせた。[原注20]「国境からこちら側」では豚からＭＲＳＡが検出された事例はなく、農務省と疾病管理予防センター（ＣＤＣ）は「我々の豚に安全印を」付けてくれたと豪語《ごうご》する。が、ＣＤＣはこのすぐ後に、そんなことは言っていないとの声明を出した。

本当をいえばこの時は、アイオワ大学疫学部准教授のタラ・スミスが、合衆国内の豚を対象に初のＭＲＳＡ科学試験を行なっている最中だった[原注21]——しかもその結果たるや、協会の保証する内容とは似ても似つかない。スミスの研究班はアイオワ州とイリノイ州の一〇の豚舎を訪れ、豚の鼻を綿棒で撫《な》でて二〇九頭分のサンプルを採ったが、ＭＲＳＡはその七〇パーセントから検出された。しかもなお恐ろしいことに、スミスの指導する院生二人がアイオワ州の養豚場いくつかから労働者の綿棒サンプル二〇人分を集めたところ、四五パーセントが培養陽性を示した。

細菌はおもに鼻や呼吸器官に生息するので、スミスは別の研究に乗り出し——今度は感染症地理学を専門にする同大学のマーガレット・カレルと組んで――MRSAが養豚場の敷地を超え、人々に伝播していないかどうかを調べに掛かった。(原注22)二〇一〇年から二〇一一年の間に呼吸器の異常でアイオワ退役軍人病院を訪れたアイオワ州の地方出身者一〇〇〇人分以上の記録を集めた。全部で一一九人がMRSAに罹《かか》っていた。率自体がとてつもなく高いのとは別に、最大の衝撃は患者たちの自宅住所がアイオワ州DNRのCAFO地図とピタリ一致することだった。圧倒的多数のMRSA患者が、監禁養豚場の半径一マイル（約一・六キロメートル）圏内に暮らしていた。他のアイオワ州地方住民に比べ抗生物質耐性菌の保菌率は三倍――都市住民と比べると十倍近くにも達していた。

豚から労働者へ、さらには近隣住民へ、具体的にどうMRSAが伝わっていくのかは、研究班も答が出せなかったものの、一つ記したのは、CAFOから出る糞尿が通常、畜舎を囲むトウモロコシ畑や大豆畑に肥料として散布されることだった。「MRSAはこの糞尿から微粒子の形で飛散し、人間の食料や水に混入するものと考えられる」との結論を出す。「過密環境のCAFOで飼養され、抗生物質に曝露される豚が増えると、薬剤耐性を得た病原体が人に伝播する条件が整う」。

ニュー・ファッション・ポークのCEOブラッド・フリーキングは私に、抗生物質が豚の体を通過して貯留槽で耐性菌を育てているなど到底信じられないと語った。(原注23)「肝臓か腎臓に達するまでに抗生物質の多くは分解されます。実際に豚が貯留槽へ放尿した時には分子が変化しています。どういうことかお分かりですか」。お分かりですねと言わんばかりに問われた。「テトラサイクリンを豚に投与したとして、出てくる分子は何でしょう。で、それが反応性のある桶《おけ》の中に留まるんです。分解されるか、再び変化を起こすか。それは分かりません」。しかし近年の研究を参照するに、テトラサイクリンや他の一般的な抗生物質は、八割から九割が豚の排泄後も効力を失わない。そして貯留槽は細菌の成長に不利な環境どころか、抗生物質耐性の大腸菌、黄色ブドウ球菌が繁殖する上で理想的な温床になることが示されている。デモイン水道局の役員によると、地方都市の水処理工場はデモインのものも含め、ほとんどが立派な濾過《ろか》装置によって供給水から抗生物質と細菌を取り除くことができる。が、こうした下流のシステムでは養豚場付近の井戸から水を汲み出す人々を救えないし、家のそばに糞尿散布をする畑があれば、土と空気に抗生物質耐性菌——と、その他の汚染物質——が放たれるのでなすすべもない。

アイオワ大学の研究者らは明言した、「我々の研究が示すところでは、ＣＡＦＯに大量飼育される豚と近接していることがアイオワ州住民の危険度を増したようである」と。

第14章　土地の成り立ち

砂利道の脇にピックアップ・トラックを停め、ジェイ・ローセンは畑地の隅に降り立った。(原注1)ここが見せたかった場所のようで、彼は何も言わずに佇《たたず》み、私が全てを理解するのを待つようだった。アイオワ州エスタービルのすぐ北、ミネソタ州との境からほんの数マイルのところに位置するこの一六〇エーカーの区画はしかし、四方にあまねく広がる他のトウモロコシ畑のどれと比べても、見た目はそう変わらない――少なくとも、私の目には。頃は十一月、収穫は終わって枯色の切り株が並び、霜立つ寒さの訪れを前に、先だって栄養に富む黒い肥料が撒かれた後だった。けれどもそれ以上は、この一角が特に変わっているようには見えない。

ローセンは笑みを浮かべた。隣家に代わってこの土地を耕すこと二十年で、地形は端から端までことごとく熟知したという。指を上げて、地所を区切る背骨のような盛り土を辿り、続いて蛇行する溝を追っていくと、先は南西にぐねぐねと曲がっていって、角《かど》の柵まで来たところで流去水《りゅうきょすい》〔土に吸われず地表を流れる水〕の溜まり場になり、そこから幅が広がって排水路になる。この西側部分は勾配が大きいというので、一九九〇年代の初めに五〇エーカーほどを農務省の保全留保計画（ＣＲＰ）に登録したが、これは環境が繊細な土地を作物栽培から外し、代わりに農家に融資を行なって、自生の野草や地所境界の防風林になる高い落葉樹、水路沿いの土壌を留める常緑植物を植えてもらおうという政府奨励策だった。

ところが植物の覆いが増えた後も、水はすぐ近くを流れるデモイン川西支流に直接流れ込むとあって、地主はこの区画を競売にかけようと決め、ローセンは一にも二にもアイオワ州天然資源局（DNR）が飛び付いてくれることを期待した。何といっても、――と西の方、南の方を向いて指さしながら話すには――同局は既に両隣の土地を所有していたし、湿地修復計画の一環で、泥道を掘り崩して直接川に水が注がれるよう溝を直すのにお金を費やしてもいたのだから。ところがその年の感謝祭が終わって競売が始まった時、DNRの姿はどこにもなく、代わりに高い入札を行なったのはニュー・ファッション・ポークだった。「すぐに狙いは分かりましたよ」とローセンは言った。

白の混じった金髪に、はにかんだ笑顔のローセン、その語り口には落ち着きが感じられ、自分から面倒に首を突っ込むような人物には見えない。但し、エスタービルとは切っても切れない縁がある。家族のセンチュリー農場は私たちの立っていた所からわずか五マイル（約八キロメートル）の位置にあり、東に一マイル（約一・六キロメートル）行けば、四人の兄姉と育った生家が立ち、今もここで妻とともに四人の子を自宅教育しているという。ニュー・ファッション・ポークに惹かれたことなどなく、ただ町を取り囲むように郊外に豚舎を建てていくのを見ているだけであったのが、今度は家から一マイルもない風上、家族が水を引いていた丘の上に新しい施設を設けるとの話で、現代養豚業に感じる不安はまさに自宅の門前まで迫った。

ローセンが若かった頃、エスタービルには八〇〇〇の人が暮らし、ほぼ農業だけで地域を支えていた。それが一九七〇年代も半ばを過ぎた頃、経済がつまづいて大恐慌以来最悪の農業不況が訪れ、他の多くの農業地域と同じく過疎化が始まった。つらい暮らしの家庭は祖先の土地を売り払って仕事を探しに他所へ去り、去った所には種子会社や収穫機の販売業者などなど、アグリビジネスの勢力が流れ込んだ――農家に勧めて言うには、もっと土地を買い、もっと作物を植え、もっと機械に投資せよ、と。最新技術を用いれば労少なくして功多し、というのであった。

父とともにローセンが農業を始めた時にはおよそ一五〇〇人がエスタービルからいなくなっていて、土地はどんどん州外の企業の所有ないし抵当になりつつあった。これ以上のさばらせる訳には、と、州は食肉処理業者による家畜や飼料作物の所有を厳しい規制で取り締まったが、大企業は常に抜け穴を探した。二〇〇〇年、議会は締め付けを強め、食肉処理業者が州内で養豚業者と契約を結んではならないとした。二年後には処理業者が養豚場の建設に融資したり養豚場の利益から幾分かを吸収したりすることが禁じられた。

二〇〇二年、バージニア州に本拠を置く国内断トツの豚肉最大手、スミスフィールド・フーズ社が、もはや我慢の限界とばかり、アイオワ州を相手取って裁判を起こし、商業上の差別待遇を行なっていると訴えた。禁止法が全面撤回に追い込まれては敵《かな》わないということで、州の司法長官は代わりに調停案として、スミスフィールド、ホーメル、カーギルの三社を、禁止法の特別免除対象とする。州北部のいくつかの郡は、エスタービル東部から州間高速三五号線沿いにかけての地域など、垂直統合禁止法が敷かれている間ほとんど養豚施設のなかった所もあったが、間もなく何百という施設を抱え、その一つ一つに何千もの豚が収容された。

ニュー・ファッション・ポークはブームのなか立役者を演じてきた。(原注2) 年に一二〇万頭の豚——倍にすればおよそ州北部一帯に散る五〇以上の離乳後仕上げ施設の豚を合計した数にも匹敵する——を飼養するばかりか、何十万エーカーもの農地、何十もの飼料工場を持ち、大量に生じる排泄物を土壌に埋めるため、自社製の堆肥注入装置まで様々な種類を開発、販売する。ホーメルフーズは目を留め、ここを供給大手の一つに数えた。ローセンがみるに、こうした垂直統合、すなわちサプライ・チェーンの各段階を統制する動きは、詰まるところ栽培から解体までの独占体制を築き上げ、コストを下げることが目的の全てと窺われる。ニュー・ファッション・ポークは既にエスタービルから数マイル圏内にある他五つの養豚場を所有し、町の真南にある飼料工場をも購入していたから、会社にとって一番望ましいのは、この新しい豚舎の周りをトウモロコシ栽培地に換え、豚の飼料をつくることだろう――そして他方、「何を肥料にといったら、決まっています、豚の糞を使うんでしょう」。

このやり方が広まった――とくに北部州境沿いは、エスタービルなど一見オースティンから離れていそうな所でも、かの町に通じるミネソタ州の州間高速道路九〇号線から二〇マイル（約三二キロメートル）と離れておらず、中心地になった――ので、アイオワ州の水路はほとんど把握不可能なほどの甚大な影響を被ってきた。州内に九〇ある試験地の内、水質が「良」と判定された所は二つしかない。「優良」は皆無。ラクーン川とデモイン川の流域は、二つ併せて州都デモインに飲料水の大半を供給し、町の東側で合流するが、その硝酸塩濃度はミシシッピ川のおもな支流四二本の中で上位二位を占める。(原注3) アイオワ州DNRは、ラクーン川の大腸菌濃度を九九パーセント削減する必要があると試算する。

ローセンは、養豚施設を家近くの丘に建てれば、土地は事実上、保全留保計画から外され、二十年の植栽努力も水泡に帰し、浸食の進む丘陵斜面にはトウモロコシが植えられ豚の糞が撒かれるのは必至だろうと語った。「経験でね、どんな風に農場をつくったら大雨の時どんな風に水が流れて行くかは分かっていました。地所の端から始まる雨ざらしの排水溝があって、四分の三マイル（約一・二キロメートル）くらい行ってデモイン川に辿り着くんです」。そこにニュー・ファッション・ポークが豚舎を設けたら、汚染物質がじかに町全体の飲み水に注がれる危惧があった。

歴史的旱魃《かんばつ》期の一九三〇年代、深耕《しんこう》と野草の駆除によって大平原《グレート・プレーンズ》から失われた表土が巨大な砂嵐、通称「黒吹雪」となって、国家全土の食料供給の未来を脅かした時、フランクリン・ルーズベルト大統領下の農務長官であったヘンリー・A・ウォレスは複数の計画を打ち出し、土壌流失を喰い止めるとともに、広範囲の土地を浸食に弱くした原因である作物の過耕作をやめさせようとした。この時代は「荒れ放題の三〇年代」などと言い習わされるが、また同時に農業の生産手法が飛躍的前進を遂げた時期でもあった——そして恐らく、国が前代未聞の集中的な環境改善努力に取り組んだ時期でもある。

まず、ウォレスの勧めに従ってルーズベルトは土壌保全法に調印し、(原注4)農家が条植え(訳注1)の商品作物を植えて地表植被《しょくひ》〔地表を守る植物の覆い〕を減らし土壌栄養を枯らすことのないよう、補助金を支給して自生の草木を植えさせるようにした。およそ同じ頃、大統領公認のもと連邦政府直属の森林官が雇われ、カナダ国境からテキサス州ブラゾス川までの、幅一〇〇マイル（約一六一キロメートル）の土地に散った農場の周囲を巡って、二億本を超す木が植えられていった。その意《こころ》は、国の防風林——名付けて大平原保安林——をつくって砂嵐の足を遅らせるとともに、蒸発によって吹きさらしの土壌から水分が飛ぶのを防ごうというのであった。

次に過耕作を抑えるべく、ウォレスは「安定穀倉」(原注5)を提案した。仕組みは中々ややこしいが考え方は単純で、要は穀物供給量が増え過ぎて価格が下落した時には、政府が農家にお金を払って畑の一部を休耕地にしてもらおうというものだった。また豊作の時期には政府が穀物を貯蔵して、不作で供給量の落ちた年にそれを市場に出す。ウォレスの予想した通り、主要商品作物の流通が安定したことで供給のムラがなくなり価格も落ち着いたので、農家、食肉業者、ひいては消費者も、みな恩恵にあずかれた。そして土壌保全の努力

訳注1　作物を直線状に植える作付け法。トウモロコシや大豆などに用いられる。

も合わさり、第二次大戦参戦時までにアメリカの土壌流失は八割も減った。

しかしシステムの全ては、アール・バッツがリチャード・ニクソンの農務長官になった一九七一年に解体される（原注6）——その任命は当初から、家族農家と民主党議員の反対を買っていた。バッツはインディアナ州の酪農家の家庭に生まれ、一九三七年にパデュー大学で農業経済学の博士号を取得、その後も大学の施設に残ること三十年にして農学部長になった。しかし一方、小規模農業をビッグ・ビジネスに変える先導を務めたのも彼だった。任命時の聴聞会では、全米農家連盟の代表が上院指導部に対し、バッツはアイゼンハワー政権下の農務次官補だった時にアグリビジネス贔屓《ひいき》の政策を推し進め、「農家の福祉を顧みない無情な無配慮によって」（原注7）農家の不評を買った人物だと警告した。そのよく知られる常套句は——「大きくなれ、でなければ失せよ」。

バッツの任命が認められるが早いか、小規模農家の恐れていた最悪の事態が現実になる。三十五年間つづいた農地政策が覆《くつがえ》され、休閑地への支給は撤回、代わりに「農地一杯に作付けせよ」との勧告が下され、価格低下の防波堤には、台頭するグローバル経済が利用されることが確実となった。供給が未来を脅かすというなら、単純に世界市場へ出向き、規模と経済力を頼りに世界の需要を賄《まかな》い、ついでに他国をアメリカの食料に依存させてしまえばいい。自身の哲学を実践で示し、かつ農家らをニクソン再選の支持へと向かわせるべく、バッツは一九七二年、ソビエトに大量の貯蔵穀物を売り付ける。供給量は減り、国際的には価格高騰、国内は低い水準に留まった。アメリカは、自分たちが経済的に世界を支配しかつ世界を養う未来像を想い、これをよしとした。

新たな政策に沿って利を上げるため、農家はより多くの土地を購入し、休耕地で生産を再開し、進歩した新型機材に投資し、肥料、農薬、改良種子の購入も増やした。利率は低かったので、元手がなければ土地を抵当《かた》に巨額の借金を抱えることになる。嵩《かさ》む経費を気にする農家はバッツの言にしたがって「失せ」、後に残った土地は更なる拡張を企てる業者が安値で買える物件になった。

「昔は八〇エーカーの農地で一家族を養っていたんです(原注8)」。かつてネブラスカ州でトウモロコシと豚を育てていたある農家が私に語った。「今じゃ八〇〇〇エーカーですよ。会社みたいでしょう。でもすぐに限界が来るんですから――そうすると畑が首をもたげて、こっちはガブリとやられるんですよ」。そして一九七〇年代が半ばを過ぎた頃、起こったのはまさにそれだった。経済が鈍り、利率が上がり、海外市場が落ち込んだ。ソビエトがアフガニスタンに侵攻した際、ジミー・カーター大統領はアメリカ産の穀物を政治の道具に使おうとした。が、ソ連は新しい供給源として南米およびヨーロッパとの通商路を開き、アメリカの作物価格は下落した。世界をアメリカの穀物供給に依存させるつもりが、アメリカが世界の需要に依存する身となっていた。損害を補おうとカーターは議会を説き伏せ、一九八〇年に連邦作物保険法を可決させる(原注9)。しかしこの政策は予期せざる深刻な事態を招いた。

第一に生産を暴走に駆り立てた。アール・バッツが促した大規模集約栽培は一九九〇年代、新たな地平に達する。GPS測量された畑にはじまりコンピュータ制御された灌漑システムにいたるまで、新しい技術が次々と登場したおかげで、一世代前には誰もむざむざ貴重な種を撒《ま》こうとはしなかった土地、まして水を用いようなどとはしなかった土地に、植物(なかんずくトウモロコシ)が植えられるようになった。多くを植えればそれだけ利益も得られる一方、リスクは作物保険により取り払われていた。

ところが大損害の続く時期が訪れた後、保険会社は何を植えるかについて干渉の度を強めた――政策変更による第二の影響である。初めのうち、保険会社は単に保険適用される作物を決めて様々な支払い制度を設け、ものに応じて栽培する魅力に上下をつけるだけだった。それが近年になると借地農家に、抵当権の行使で得た土地に何を植えるか指示するようになる。資本の揃った大会社は灌漑も施肥《せひ》も農薬散布もできて収量を増やせる――そして小規模の競争相手に比して価格を押し下げることができる。関係者は皆、法外な経費を動かし莫大な収益を上げねば農場が儲からないというシステムの中に閉じ込められてしまった。保険会社もローン会社も、最も儲かりそうな作物、トウモロコシの栽培にこだわった。

皮肉にも、問題は合衆国環境保護庁（EPA）が炭素排出削減と大気質改善に乗り出したことで悪化した。二〇〇五年に最初の再生可能燃料基準が承認され、七年間で再生可能な輸送燃料を最低七五億ガロン生産するという話に決まると、(原注10)エタノールの需要が急増する。市場価格は四倍に跳ね上がり、農家は既に容量超えの栽培地になお列をなすトウモロコシを植えることとなった。飼料価格の高騰で経営の厳しい養豚場は倒産に傾いたが、栽培が増えると肥料の需要もぐんと高まり、農家は工業生産される無水アンモニアよりも安価な糞堆肥を使いたくなった。糞の売買によって養豚業の儲けは安定し、条植え作物にかける投入費用は減って更にトウモロコシ栽培が促された。

但し、この永続サイクルを成り立たせるには買い手が不可欠、ということで、共和党出身のアイオワ州知事テリー・ブランスタッドならびに中西部の他州知事らは、日本、中国、韓国と幾度にもわたり予備交渉を重ねてきた（この三国は合わせて年間三〇億ドル相当以上のアメリカ産豚肉を輸入している）。(原注11)加えて業界はサプライ・チェーンの統制を強める必要があると唱え、食肉処理業者が飼料作物市場で幅を利かさぬよう設けられた古い法律を撤廃せねばならぬと訴えた。窮境《きゅうきょう》の農家に文句はない。もし処理業者が大きな閉じ込め畜舎を建てて中の豚にトウモロコシを食べさせ、その糞が市販の肥料に代わる安い代用品になるのなら、誰もが勝ち組になれるように思われた。

しかし程なくして、アイオワ州の水源に及ぶ影響が明らかとなる。二〇〇九年、ワシントンDCに拠点を置く環境調和プロジェクトは、シエラ・クラブのアイオワ州支部および「地域改善をめざすアイオワ市民の会」とともにEPAに請願書を届け、州の水質が悪化している旨を報せて、水質浄化法の執行を求めた。が、応答はついに来なかった。

二〇一二年の春、ちょうど地面の雪解けが始まった頃、ジェイ・ローセンは地所の向かいの丘の上に複数の標識があるのを見て、ニュー・ファッション・ポークが監禁養豚場の建設に向け、土地を掘り起こそうとしている印だと確信した。アイオワ州天然資源局（DNR）に電話をかけて青写真と建築申請書類のコピーを入手し、すぐに判明したのは、同社が二四〇〇頭の離乳後仕上げ施設を建てる予定でいることだった。アイオワ州の完全採点表計画では家畜を数えるのに頭数を用いない。代わりに、屠殺時の牛の標準体重を一とした「家畜単位」(訳注2)で考える。(原注12) 豚一頭の家畜単位は〇・四なので、この施設は九六〇単位を収容する計算になり、DNRが公聴会を義務付ける一〇〇〇単位規模を紙一重で下回る。ローセンたち周辺住民は建設に反対する公式の場を与えられない。そして疑った通り、DNRに提出された屎尿《しにょう》管理計画では、施設の貯留槽に溜まった内容物は周囲の栽培地に肥料として注入されることになっていた――うち五〇エーカーからは成分が直接デモイン川に流れて行く。ローセンは農務省のデータやDNRの報告書、アイオワ州公衆衛生局の記録をあさり、集中家畜飼養施設（CAFO）の許可に関するあらゆる法規制を調べ上げた。見えてきたのは想像以上にひどい現実だった。

訳注2　動物集団の大きさを表わす単位。肉用の牛一頭を一とし、他の動物に相対的な数値を当てる。例えば豚一頭の家畜単位は〇・四なので、二・五頭で牛一頭に相当し、家畜単位一〇〇〇は牛であれば一〇〇〇頭、豚であれば二五〇〇頭ということになる。

二〇一一年春、十年超ぶりに再選を果たした共和党の知事テリー・ブランスタッドは、DNRから一〇〇のポストを削減すると発表し、(原注13)CAFOへの調査、執行を担当する筈の欠員一四人分の空席もそこに含めた。さらにロジャー・ランデをアイオワ州DNRの新理事に任命する。元アイオワ州商工会会長のランデは弁護士であり、その法律事務所はアイオワ州農業会やモンサントといったアグリビジネス諸団体の後ろ盾を務めた。DNR環境法令遵守部門の代表だったウェイン・ギーゼルマンはAP通信に向かい、このたびの人員削減は取り締まりの弱体化につながるだろうと述べた。「我々がもっと現場に立ち会えば、生産者も見られていると悟るのですから」。(原注14)この発言が新聞に載るや、間もなくギーゼルマンは任を解かれた。

知事はさらに、九人で構成されるアイオワ州環境保護委員会の委員の内、四人の任命を発表した(原注15)──ユージン・バー・スティーグ(年二万の豚を出荷する離乳後仕上げ施設、サニークレスト株式会社の所有者でありアイオワ州豚肉生産者協会の元代表)、ブレント・ラステッター(アイオワ州に何百という監禁養豚場を建てたクオリティ・アグ・ビルダーズ社の所有者兼CEO)、ドロレス・メルツ(氷や雪で覆われた地表への糞尿散布を禁じる既存州法に対し、これを骨抜きにする新法案の後援と作成に回った、退任間もない元アイオワ州下院議員)、それにメアリー・ブート(一九九七年から九九年までブランスタッド知事の農業顧問、この任命時にはブランスタッド私設の資金調達会社ポリシー・マネジメント・インタレストLLCの業務担当)。任命の意味は明白で、要するに知事はアイオワ州を農業の収益で潤《うるお》わせたく、それが規制撤廃によってできないのなら、取り締まりを弱めて達成しようというのであった。

それから時を経ずして、州会議事堂に集うブランスタッドの輩《ともがら》は次の一歩を踏み出し、環境保護庁(EPA)の水質浄化法プログラムを一括してDNRからアイオワ州農業・土地保全局に移行すると提案、これによって環境法令執行の権限は環境保護の使命を帯びない局に公式に委ねられた。監視団体は当の動きを知事からの返報だと見咎《みとが》める。というのも彼等の指摘するところでは、知事の兄弟モンロー・ブランスタッドが所有、運営する牛二五〇〇頭収容の施設、ブランスタッド農場は、肥溜めから取り除いた糞尿九〇万ガロンをウィネベーゴ川に通じる排水管に流したとして、この時DNRの調査を受けていた(原注16)からだった。なお、ブランスタッド農場の違反はこれが初めてではない。二〇一〇年にも同じ川に汚水を漏洩《ろうえい》し、話によれば三万一二〇〇尾もの魚を殺したという廉《かど》で、罰金の支払いを命じられた過去がある。

二〇一一年八月、エスタービル近くの土地が売られる直前になって、環境調和グループとアイオワ州の協力団体はEPAの無視に痺れを切らした。前回の請願書に応えなかった怠慢で同庁を訴えると予告する。加えてこの通知書の中で、州に水質取り締まり権限の一切を委託した決定を取り消し、EPAが直々に管轄に当たるよう再度要望した。すると、DNRが州内水路の汚染物質削減案を発表してこれに応じる——しかし課題はとてつもなく大きくなったと忠告を加えた。報告書の試算では、ラクーン川とデモイン川の流域汚染度(原注17)を連邦法の許す水準まで引き下げるだけでも、硝酸塩は何と六〇パーセントの削減を、大腸菌に至っては九九パーセントの削減をしなければならないと出ていた。

翌年四月の郡監督会議ではニュー・ファッション・ポークの建築申請が票にかけられる予定だったので、先立ってジェイ・ローセンは規則の例外措置を求め、委員会に意見を言う時間を設けてほしいと掛け合った。さて会議に臨んだローセンは、養豚施設の調査不足について知りえた情報を共有し、また配布した農務省のデータによって、地所の六割はデモイン川流域すなわちDNRが危機的と判断する水路に面していることを示した。しかしそこにはニュー・ファッション・ポークの環境建築担当ジェイ・ムーアも同席し、そちらはそちらの統計資料で武装していた。配られたチラシには、同社がエメット郡で一七人の常勤労働者を雇うとあり、地域のものになる税金その他の経済的利益も列挙されていた。「私どもはエメット郡に投資して参りました」とムーアは言い、会社は小さな農業社会を理解していると委員会に説いた。ニュー・ファッション・

ポークは州境のすぐ向こう、ミネソタ州の家族農場から始まったと語る。「今も家族経営の施設です[原注18]」。ローセンは、自分も御社について調査したと返した。「三二〇人も人を抱えている家族経営施設が、他にいくつあるというのですか」とムーアに詰め寄る。委員会と話してください、と突き返された時には（後、私の前で振り返るに）怒り心頭に発したという。「これは法人農業です」とローセンは言った。

法人農家、とアイオワ北部の人から称されるほど、ブラッド・フリーキングにとって腹立たしいことはない。「まるで余所から来た大物みたいにね」とがっかりしたように私に言う[原注19]。ニュー・ファッションの本社はエスタービルから高々二〇マイル（約三二キロメートル）くらいで、ちょうどミネソタ川の分水嶺《ぶんすいれい》を渡った位置にあることを別にすれば、なだらかなアイオワ州の丘陵に溶け込んでいるので、フリーキングは今も自身を地方農家であり獣医であるとみて、事業を大きくしたのはひとえに生き残りのためだったと考えている。施設の拡大は、見る間に業界が変貌していく中での賢明な意志選択、慎重な計画設計の証。社の会議テーブルを挟んで向かいに座った私も、この人物を企業の重役とはみなし難かった。筋肉の発達した四十代の男、青いオックスフォードシャツにジーンズを穿《は》いた姿で、慎重に言葉を選びながら大人しく話す口ぶり――ただそんな一方で、会社との繋がりを隠そうとする様子は一つも見せなかった。大きい暖炉の上の炉棚《ろだな》には「ホーメル功労賞」の額が並び、飲み物を飲むにもホーメルのマグを使う。ざっくばらんに話すには、私とは会わないよう人から勧められたが、隠すことなど何もないので質問をかわそうとも思わない、「そこはちょいと変わっているとでも言ってください」と。そしてこの隠し立てをしない点で、ニュー・ファッション・ポークは顔のない企業などとは違う、と見てほしいようだった。

フリーキングが育ったのはミネソタ州ジャクソン郡の小農場で、せいぜい二〇〇頭の豚を飼い、暖かいうちは牧場に、冬のあいだは豚舎に置いた。地方の高校を卒業した一九八六年は大恐慌以来最悪の農業不況が頂点の頃とあって、当時の農業にまるで将来性が感じられなかった。それでまずサウスダコタ州立大学に入って動物科学を修め、続いてミネソタ大学の獣医学部に通った。一九九四年、妻のメグを連れて故郷に戻り、ニュー・ファッションを創設する。

「ものすごく小さいとこから始めたんです」と振り返る、「年に大体一万と六〇〇〇頭」。しかし商売敵《がたき》よりも戦略的に、少しずつ成長していったおかげで、一九九八年に養豚業が落ち目を迎えた時には好機を見出した。「あのときは経済的に非常に有利だったんで、参っている養豚場を購入することにしました」。そのためニュー・ファッションの施設は方々に散る。ロッキー山脈から五大湖まで、各地で潰《つぶ》れかけの繁殖施設を購《あがな》い、名付けて「豚拠点」なるものを築き上げていった。

施設の買収が終わろうとしていた二〇〇四年、アイオワ州は大手食肉処理業者を垂直統合禁止法から免除し始めた。ニュー・ファッション・ポークは豚拠点が一〇〇〇も無かったのが五万を超すまでになり、盛況に乗じて建てられるだけ施設を建てながら、同時にサプライ・チェーンの各部門に積極的投資を行なった。十年後には豚の飼養数が年間一二〇万頭に達したばかりか、インディアナ州からワイオミング州に渡って何十万エーカーという農地を持ち、ミズーリ州セントジョセフにあるトライアンフ・フーズの食肉処理工場はいまや一日二万四〇〇〇頭の豚を捌く全米第二の屠殺場になった。これら全ての統合の結果は、フリーキングに言わせれば、「もう豚を生産するだけじゃありません。豚肉を生産しているんです」。

全工程を維持する――そして可能たらしめる――のが、貯留槽の糞を安い肥料としてトウモロコシ畑に注入する慣行であるが、フリーキングはそれを全く悪いこととは思わない。「非常に良いモデルですよ、考えたら分かりますけど」と言う、「ここは私の農場で、その私の農場に豚舎を置いといて、で、豚から貰った有機栄養を畑に撒いて、トウモロコシを育てたら豚に喰わすんですから。本当に持続可能です」。

自分の施設が目標にする水準に届かない競争相手もいるが、これは仕方ない、特に経営難の時代には。「落ち目の養豚場を買っていた時のことを思えば、ほとんどの所は汚染の問題を抱えていましたね。それは確かです」。けれども貯留槽には建築基準が課されるし、DNRの取り決めに則《のっと》るには山のような事務手続きを経なければならないのだから、養豚場の水汚染はまだマシな筈で、それよりは古い農家や小さい町の水処理工場のように、腐食したパイプやら劣化して水漏れする装置やらが洪水の時でも水を流していることの方が危険だろうという。

それにもし撒き過ぎた糞が地表水に紛れ込む事態が起こるとしたら、悪いのはトウモロコシ農家であって彼ではない。糞は自分の管理だが、きちんと造られ、きちんと保たれた貯留槽に入っているから大丈夫、と私に請け合う。それが汲み取られて堆肥として売られたら、後は責任もって使うのは農家の仕事、地域の供給水を守るのも農家の仕事になる。

郡監督会議でニュー・ファッション・ポークに楯突《たてつ》いた数週間後、ジェイ・ローセンは近所の住人を集めてエスタービル市議会の会議に加わり、建設予定の施設に反対する決議案を通過させるためロビー活動を行なった。そんなことをしても象徴的な意味しか持たず、拘束力が生じないのは誰もが承知していたが、市議会からブラッド・フリーキングに言葉を伝えてほしいという思いがあった。決議案が読み上げられ全会一致で承認、一週間後にはエメット郡監督委員会も同様の住民運動を受け入れた。二回目の投票があって数時間後に、「憂慮するエメット郡市民の会」と称する緊急結成団体の呼び掛けのもと、地域健康センターで住民会議が開かれる。(原注20) 一〇〇人を超す人々が体育館に集《つど》った中、ジョー・フィッツギボンスというこの地域の弁護士、事実上の団体代表が立ち上がり、大気とデモイン川への影響について危惧される点を説明した。

フィッツギボンスはフリーキングに送った手紙を読みながら、今後の団体活動の概略を示した――調停を申し立てる、予防的差止め条項を求める、必要ならば訴えを起こす。これらの法的手段が「多少限定的」なのは相違ないにせよ、ともかく一時的に建設を喰い止めることはできようし、メディアの注意も惹くから、自分たちの主張をする時と場を得られよう。「戦いを世論の法廷に持ち込んだのです」。

続けてフィッツギボンスは聴衆に向かい、ニュー・ファッション・ポークからの参加者はいるかと尋ねた。フリーキングと面識のある者はいなかったので、開会の時から彼がこの体育館にいたことは誰も知らなかった。しばらく聴衆の中でじっとして、誰か自分に探りを入れた者が、会場に入って座り通していた自分に気付いたりはしていないかと様子を窺う。誰もこちらを見ないのを確認してフリーキングはようやく立ち上がり、前に歩を進めた。「ジョー、お前さんの会合だろ」と口を開く、「どうしたいんだ?」。フィッツギボンスはマイクを手渡し、フリーキングは一時間半に渡って聴衆の質問に答え続けることとなった。

「場所は大変好ましく思っています」。まずフリーキングはそう切り出したが、閉会前には反対の声の強さを知った。団体には約束した、「可能なら別の場所を探しましょう」。そして結果、まさにその通りになった。

「いてくれるなって所にいたくはないんで」とその後、私を前にフリーキングは語った。「使う土地の住人は尊重しますよ」。

エスタービルでの戦い（と、二〇〇六年にディキンソン郡で目にした同じような市民の抗議）の後、フリーキングはアイオワ州五大湖流域とそこに注ぎ込む河川に「多大な関心」を向けるようになったという。土地を購入する前、建築申請をする前に、懸念の一つ一つを検討することにした。「机にはアイオワ州五大湖流域の地図を広げてあるくらいです」と本人は語る。「単に問題を避けましょう、と。流域のことを理解して、単にそこから距離を置く。それがうちのやり方です」。

後日、私はこの会話をローセンの前で詳しく話した。これが一縷《いちる》の望みに、そして一歩の前進になるだろうか、と問う。確かに環境保護庁は政治的圧力に屈してしまい、アイオワ州天然資源局は、そう、知事と法律のせいで力を失ったから水質浄化法の執行は最低限のことしかできそうにない。けれども市民が直接働きかければ業者の良心に訴えるには充分にも思える。一対一の対話を行なって皆が一番と思える解決案を探ることは、まだできるのではないか。

ローセンは顔いっぱいに癖のある笑みを浮かべる。「代わりにどこへ建てたか、御覧になっていないでしょう」と詰め寄られた。

私たちが着いた時には、朝雨はやんで日が射していた。数週間前の冷え込みが短い間だけ季節外れの暖気に換わる。日射しは本当に強かったので水面がチラついていたが、その流れは新たに施肥された畑からブラウン川に注がれ、そこから橋をくぐって木立を縫《ぬ》い、デモイン川へ向かってゆく。アスファルトの道路からは湯気が立ち昇って視界全体が薄い靄《もや》で覆われる。それでもはっきり分かったのは、上の丘にニュー・ファッション・ポークの施設が真っ白な姿で佇む、その周りの栽培地が、地表水をDNRの維持する湿地再生区へ流していることだった。

巧妙にも建設場所は、地域の供給水に影響する排水地点から東に向きを変え、それでエスタービルとその住人、市議会からの抗議を避けたらしい。けれども下流のエメッツバーグやフォート・ドッジに住む人々はどうなるのだろう、それに川の水に頼る五〇万人のデモイン市民は。清浄で安全な水が出ると思って蛇口をひねる他のアイオワ州民すべては、どうなるのだろう。

第15章　水道局

聳《そび》える丸天井、音一つしない静謐《せいひつ》とあいまって、デモイン水道局（ＤＭＷＷ）の濾過《ろか》棟は大聖堂を髣髴《ほうふつ》させる。タイル貼りの廊下の左右に壁龕《へきがん》が設けられ、そこに収まった濾過装置は忘れられて久しいトルコ風呂の浴槽にしか思われないが、湛《たた》えられた緑の水はラクーン川とデモイン川から汲まれたもので、それからゆっくり、一度に最大五万ガロンずつ、一〇〇トンの礫《れき》と一三〇トンの砂とを通って濾過される。ＤＭＷＷの経営分析官であり流域擁護者でもあるリンダ・キンマンによれば、この建物は一九四〇年代から使われていて、工程は昔と同じ単純な仕組みでありながら働きの良さはずっと相変わらずだったという――近年までは（原注1）。

　水道局の科学者は、工業的農業が軌道に乗りだした一九七〇年代以降、水を供給する両川の硝酸塩と大腸菌の濃度が一定して上がっていく様子を追っていた。それがここ十年は予想できるパターンを描いていた――濃度が急上昇するのは糞尿散布がピークの時で、とくに十一月は増加が著しく、続いて春の暮から夏の初めにかけ急勾配を描いて危険な集中度に至る。この十年で硝酸塩濃度は以前と比べようもない公衆衛生の脅威になった――恐ろしさでいえば抗生物質耐性菌の蔓延にも勝る。そして二〇一三年、ついに危機が訪れた。

　四月の終わりから七月の終わりまでの丸三カ月、春の雪解けに続き大雨が日照りに乾いた大地を洗うあいだ、デモイン水道局（ＤＭＷＷ）の科学者は記録的な量の硝酸塩が処理工場に流れてくるのを記録した。公衆衛生担当官は、子供が水道水を飲むと危険な日に親に対して警告を発し、「青色児」症候群の危険があると呼び掛けた（硝酸塩が血流の酸素運搬機能を損ない、幼児は酸素不足に陥って青ざめる）。ラクーン川の硝酸塩濃度はある時点で一リットル当たり二四・三九mgに達し、環境保護庁（EPA）が水質浄化法のもと安全な飲料水の基準とする一〇mg／Lの二倍を上回った。

状況が悪化したあまり、DMWWは両川からの取水を止め、代わりの供給源を使いだした——管理下の人工湖、すなわち施設地下の濾過装置と貯水槽につながる帯水層貯水システムだった。しかし、数カ月が過ぎ、予備の水源も涸《か》れてきて、もはやデモイン川から硝酸塩を高濃度に含む水を引っ張るよりなくなったので、それを処理し、備蓄する水の残りと混合して使うことにした。七月下旬、水道管を通る水は濃度九・六五mg／L。キンマンはEPA、アイオワ州DNRと直接面談し、硝酸塩の削減方法を議論するも、何の約束も交わされないまま話し合いは終了する。「現状、アイオワ州の政治情勢はちょっとおかしいくらい農業贔屓《ひいき》ですね」とキンマンは語った。

州の環境団体が二〇一一年に訴えを起こし、EPAに水質浄化法の執行を管轄するよう求めたことで、ようやく連邦政府は対応せざるを得なくなった。二〇一二年七月には、EPAが州内の集中家畜飼養施設（CAFO）に対するDNRの管理を厳しく批判し、DNRは施設操業に求められる認可を正しく運用しておらず、施設内の査察、汚物漏洩《ろうえい》その他の環境法令違反に対する処置、違反が生じた際の適正な罰金徴収や処罰執行を怠っているとした。(原注2) ところがEPAの報告から一年近く経ってもなお、アイオワ州は行動を怠るままだった。硝酸塩濃度の危険な値——および水質汚濁の全体的な趨勢《すうせい》——を鑑《かんが》みて、DMWW幹部は公《おおやけ》の発表を行なうことに決める。「こんなことが何度も何度も、来る年も来る年もあるようでは敵《かな》わないと思いました」。キンマンは私の前でそう振り返った。「どこかで許容値を超えてしまいます」。

どうやらこの危機が引き金になってＥＰＡが仲裁に入るのを恐れたとみえ、知事ブランスタッドが動きだす。二〇一三年五月二十日、ＥＰＡの長官代理ボブ・パーシアセペと長官補ジーナ・マッカーシー（バラク・オバマ大統領の任命で同庁の指導者に選ばれた二人）のもとに手紙が届いた。知事はそこでＣＡＦＯの法令遵守《じゅんしゅ》確認査察は「悪いヤツ見《め》っけた式」(原注3)だと罵《ののし》った。「州の水源への排出は大部分が事故としての漏洩」であって、流出は避けられない。なぜならそれは「母なる自然のしわざ」だからと自論を展開する。マッカーシーに対しては、新たな行動指針を勧告する前にアイオワ州に来て畜産業者と会ってほしいと要求した。

二〇一三年八月、上院に任命を認められて早々、マッカーシーが折れ、アイオワ州催事場の休憩所で農業会の面々と会って「ＥＰＡと農業地域のより信頼に足る関係」(原注4)を築き上げていくと約した。ニュー・ファッション・ポークのジェイ・ムーアは私の前で、「彼女の話を聞くのは誠に清々《すがすが》しい気分でした」と振り返る。しかし地方住民の多くは裏切られた気分で、アイオワ州デクスター出身の家族農家の四代目、バーバラ・カルバックはこう問うた、「マッカーシーはどちらの味方なのでしょう。法人農業の汚染者を守るのか、一般市民と環境を守るのか」。それから数週の内にＥＰＡとアイオワ州は協定を結んだ――州は二〇一一年に知事の無くした一四のポストのうち七つについて雇用を再開し、水質対策に約三〇〇〇万ドルを充当する、と。

デモイン水道局の科学者らが指摘するには、ＤＮＲ自体がラクーン川流域の報告書を二〇〇八年に発表しており、そこで州内水路の全汚染のうち九八パーセントが糞尿由来と見積もっている。第二の報告書は二〇一一年後期に発表され、「豚糞は全体でラクーン川北部流域の細菌量のうち、およそ六三パーセントを構成する」(原注5)との見積もりが出ている。三〇〇〇万ドルではこれほどの問題に対処するには到底不充分であり、まして関与する者すべて――知事から環境保護委員会、農業会まで――が表向き、法外な糞尿と土壌浸食は元凶でないとしている間は望みがない。

「私には小さい四人の孫がいます」とキンマンは私に話した。田舎の娘には子に水道水を飲まさないよう言い聞かせてある。「赤ちゃん用の特別なボトル水を造る会社があります。『春と秋にはそれを買いなさい』と」。

私はDMWWの微生物学者デニス・ヒルに尋ねた——ニュー・ファッション・ポークの社員は異口同音に、高濃度の硝酸塩は市販肥料のせいだといい、細菌は川沿いの村の古びた水管や粗末な水処理のせいだと言い張るが、どうだろう。ヒルの答は、(原注6)単純に数値を考えてほしい。いまアイオワ州には二二〇〇万頭近くの豚がいて、しかもマーク・D・ソブセイという、ノースカロライナ大学の環境・ウイルス・微生物研究所理事が実施した研究(原注7)によるなら、一頭は平均的な人間の約一〇倍もの糞便を出す。つまり人の排泄物はアイオワ州が年に出す全糞便の内、ざっと一パーセントにしかならない。これが水質汚濁の元凶だと？

「こういう小さい町なら下水汚物をそのまま川に流してもいいくらいですよ」とヒル、「農業から生じるものに比べたら誤差にすらなりません」。

DMWWの主任化学者ゴードン・ブランドはデニス・ヒルの見方に賛成する。(原注8)いわく、二〇一二年の旱魃《かんばつ》が硝酸塩を危険な濃度に集中させる切っ掛けとなった。この年、窒素に富む化学肥料は春に撒かれた後、例年通りの雨で分解されることなく地表付近に残留した。加えて広範囲の不作で大豆やトウモロコシによる吸い上げも減り、やはり窒素は土中に留まった（ちなみに、二〇一二年にルイジアナ大学海洋研究機構が明らかにしたところでは、この年は流去水が少なかったおかげでミシシッピ・デルタの低酸素水域が、科学者が測定を始めた一九八五年以降、最小規模になったという）(原注9)。二〇一三年の春には地面が固まり切って窒素が飽和量を超えていた。し

かし農家はこの年の収穫まで逃してしまってはなるまいと、更に肥料を散布した。「もう少し地表に撒きたかったのでしょう」とブランドは説明する、「トウモロコシの成長にはずみを付けようと」。ところがこの施肥《せひ》が済むや否や、大雷雨の連続がアイオワを襲った。「そうすると水はもうどんどん土の中に入って行きますから、しかもその年の分だけじゃなくて、その前の年の硝酸塩も含まれるわけです」。

ブランドはいちはやく硝酸塩が州の新しい問題でないことを認めた。一九八〇年代、農業危機が業界の集中化と工業的農業の誕生を招いた時、ＤＭＷＷの化学者らはラクーン川の硝酸塩濃度が著しく上昇していくさまを記録し始めた。局がデモイン川からも水を引くようになったのはこの頃にあたるが、こちらもすぐに同様の問題を生じる。一九九一年、ＤＭＷＷは四〇〇万ドル近くの費用をかけて濾過棟そばに陰イオン装置の巨大版、世界最大の硝酸塩除去工場を設けた。もしもの時の対策、濃度が急上昇した時にはこれを稼働しようとの考えだった。十年後、装置の稼働日数は百六日に――しかもラクーン川の硝酸塩濃度は上がり続けていた。ようやくある包括的な研究により硝酸塩濃度とデモイン川流域への肥料散布について関係性が調べられてみると、地表下の余分な水を取り除く暗渠《あんきょ》排水と、冬のあいだ土壌を野ざらしにする毎年の刈り入れとが、肥料の有機窒素を無機化して、水に溶けたそれが土中に浸み入り水路に流れるということが判明した。

対応として農務省は四〇〇〇万ドル近くを用意し、アイオワ州北部から中部の、ラクーン川流域で暗渠排水を行なっている三七の郡に支給して、水辺環境の回復と湿地保全に向ける資金とした。と同時に市販肥料の製造業者らはダウ・アグロサイエンス社先導のもと農業清浄水同盟(原注10)を結成し、窒素肥料の新しい規制管理に引っかからないよう、農家をうながし責任ある肥料散布を実践させようとした。しかし、散布方法が改善され、おかげで二〇〇七年にはＤＭＷＷが硝酸塩除去装置を使わずに済んだにも拘らず、次々とつくられた奨励策によって畑は保全計画から外されていき、生産地へと逆戻りする。追い打ちをかけるように、畜産業の垂直統合を取り締まる州法が大幅に見直され、大規模養豚場の大規模建設が、それに、市販肥料に代わる糞尿の散布が始まった。

ブランドが言うには、問題が大きくなり過ぎて水道局としてはもう技術的解決を図れない。システムが生む水路汚染を減らそうとするなら、それは政治家――と、彼等に票を入れる一般市民――の仕事で、州の飼料作物農場と畜産業者に連邦法を守るよう求めていくしかない。「農業地域の人に言わせれば『我々は食料をつくらなければいけない。それが我々の一番の務めだ』というのでしょう。しかしデモイン水道局に言わせれば『我々は水をつくらなければいけない。それが我々水道局の一番の務めだ』と。それで、じゃあ食料と水と、どちらか無しで暮らせる人がいますか、と。もっといい農法があるというのに、業界は変わりたがらない、馴染みがないものを受け入れない。私たちがいい方法を使ってくださいと言わなければいけないんです。いくらでもあるんですから」。

二〇一三年四月、ジェイ・ムーアは再びエメット郡監督委員会の前に現われ、町の東部に別の養豚場を造りたいと申し出た。(原注11) 話はしかし、先年のようには運ばない。監督のジョー・ニアリーが応えて、郡は地域友好政策に則るので、養豚場も含め大規模建設計画を企てる者には、住民の承諾をまっさきに得たという証拠を提出してもらうことになっていると指摘、加えて、本件の申請候補地に隣り合う土地を持つ農家二人が、自分のもとに計画反対の意を訴えに来たことを伝えた。

もう一人の監督ライナス・ソルバーグは我慢の限界だった。祖父はノルウェー出身で、アイオワ州に来たのは一世紀以上も前のこと、それから代替わりして父がエスタービル近くに少しの土地を買って齢《よわい》八十二歳まで畑を耕した。今はソルバーグが同じ畑で農業をやって少数の豚を育てている。「テディ・ルーズベルトがずっと昔、一九〇〇年代の初めに、ああした企業や食肉処理場を解体しましたね」と数年前、ドキュメンタリー撮影班の前で振り返りながら、けれども、と続けた話では、「ワシントンDCの高級弁護士ら」のおかげで垂直統合と独占を取り締まる法律はもはや食肉処理業者に適用されなくなってしまった。「で、それからの我々は言ってみれば何とか暮らしをたてて自活するので必死だった訳ですよ(原注12)」。

そして今、ムーアを前にして単純な質問をしたくなった。

「あなたがた、どうしてミネソタ州に建てないんですか」

「規則違反だけは決してここで犯したくないと考えております」と訊かれた方が応える、「皆様とともに働いていきたい思いですので」

「あなたらにはですね、豚を大事にするのと同じくらい、市民を大事にしてほしいんですよ」、ソルバーグはそう応え、この申請を監督投票にかけることを提案した。結果は満場一致で、否決。

エスタービル界隈では論争の巻き起こりそうな空気が濃厚になりつつあったが、それにも拘らず――いや、もしかしたらそれゆえに――ブラッド・フリーキングは二〇一三年十一月、またも私を驚かせてくれた。エスタービル近郊にあるニュー・ファッション・ポークの施設が査察を受けるというので、それに参加したいと申し出たところ、フリーキングはいいでしょうと応え、一点だけ要望として、着いたらジェイ・ムーアと立入手続きを済ませ、全ての衛生規約に従ってほしいと言う。その時には、初秋に広がりつつあった豚下痢ウイルスが紛れもない流行病を呼んでいて、行く行くは国内の豚肉供給にかなりの損失をもたらすものと思われた。私は二つ返事で要求を受け入れ、すぐにもう一つの離乳後仕上げ施設、正式名称ブース・サイトに向かってみたら、まだ誰も来ていなかった。

ムーアは程なく、大勢の社員を連れて駐車場に姿を現わし、その数分後にアイオワ州DNRの査察団が、環境専門家のドン・カニンガムを統率役にして、砂利の駐車場にトラックを停めた。ムーアと握手を交わす前にカニンガムは素早く靴をビニールカバーで覆い、上のところで締めた。まだ三十代という若さで、鷹《たか》のような表情、形式ばった所作が特徴の彼であるが、いまではDNRで一番勤務歴の長い調査官だそうで、知事ブランスタッドによる人員削減の波から逃れた少数の中の一人だという。ムーアと軽く話をして、次に分厚いバインダーを開くと、中の書類束はトラックの荷台を挟んだ向こうの土地に関するもので、糞尿管理計画の細目を一点一点確かめていく作業が始まった。豚舎下の貯留槽は近日中に汲み取りが行なわれ、糞尿は私たちの周囲に広がる鋤《す》き返された畑に散布される予定だった。カニンガムのすることは、貯留槽に漏れがないか、そのせいで管理計画が許す以上の糞尿が土壌に紛れないかを確認する仕事だった。

施設の外を歩き回る――足の下では石粒がザクザク、貯留槽の換気扇は地下の排泄物から出るメタンガスをごうごう排気している。「まずコンクリートの具合を確かめます。罅《ひび》割れていないか、新しくて丈夫かを」とカニンガムが説明する。「貯留槽の換気扇は地下排泄物の直接の出口になりますので、換気口の周りから漏れがないか調べます。漏れはないでしょうか」。重要地点ごとにカニンガムはしゃがみ込み、手に持つデジタルカメラで写真を撮っていく。この日は、新しく雇われた七人の調査官の一人が付いてまわり、慎重に距離を保って調査を観察した。

後で、私はカニンガムにおかしいと思った点の説明を請うた――ここであなたはコンクリートや換気口周囲から僅かな糞尿の漏れがないかを確認なさっていたが、近いうち同じ糞尿が、ムーア自身の見積もりでは三〇万ガロン近くも、まさにその漏れの被害が心配な土地に散布されるというではないか。「我々の仕事は糞尿の責任ある管理ができているかどうかの確認になりますので」とカニンガムの答。貯留期間であれば糞尿は貯留槽の中になければならず、散布期間であればDNRの糞尿管理計画が許可する量、配分で農地に撒かれなければならない。

と、ここでカニンガムは間を置いた。私の言わんとすることを察して、しかし注意深く言葉を探る。いわく、自分はサウスダコタ州立大学で野生生物学と水産学の学位をとって卒業した時分、生物学や野生生物管理の仕事をしたく思っていた。けれども駄目だったので農業法プログラムの仕事に就いて、農家を相手に、畑を農務省の保全留保計画に組み込むよう促し、自生草木を植えるよう指導する役に回った。その融資資金が枯渇した折、今の職に移った。外部にいながら「畜産業者の方と一緒に取り組んで、川を綺麗に、土もあるべき状態に保つ」仕事は、おおむね非常にやりがいがある。「突き詰めれば私たちは今でも、自然資源の管理に重要な貢献を果たしているのですから」。

私は感想で、話していることが妥協の連続に思えると言った――それどころか後悔ですらあるのではないか、野生生物の仕事をする代わりに、今は巨大監禁養豚場の安全性を保証するのが務めで、しかも中の豚を見ることさえ決して叶わない、とは。それは少し違う、とカニンガムは応えた。いわく、大学を出た後、エスタービルから二五マイル（約四〇キロメートル）とないアイオワ州のエメッツバーグ近郊で繁殖豚舎に勤めた経験がある――ちょうどニュー・ファッション・ポークのものによく似た分娩施設だった。そこで一つ学んだのは、「集中家畜飼養施設は、読んで字のごとくですが、可能な限り多くの動物を可能な限り小さい空間に囲って最大の生産量を出すよう設計されています。それは全くよくできていると思いますよ、適切な気温とか飼料の量、それに適切な水の量という点では。絶対必要なものだけは揃っています――ただどんな動物でも、食事や水や住居だけじゃない、それ以上の必要と欲求があるんです」。

カニンガムにとって心を乱されたのは、野生界でそうした動物の個性となる行動――鼻で食べ物を掘り探すとか、泥浴びをするとか――が、大規模畜産では許されないことだった。「どんな動物でもと思います、どんな動物でも、足は土を踏んで、背には太陽を浴びられなきゃいけないでしょう」とカニンガムは言う、「でも勿論、そんなことはできません。出産や飼養を牧草地で行なって、条植え作物の生産地をいくらも犠牲にしていたら、こんなに多くの豚を育てて、こんなに多くの人間を喰わせることはできません」。感情を押し殺していませんか、と私が尋ねると再び間《ま》を置き、先より長く黙して、それから溜め息をついた。自分は任務に従う、と応える――つまりは糞尿管理計画を調査して、現行の規則を遵守していることを確認して、問題があったら報告する。

施設の周回が済むと、カニンガムはジェイ・ムーアとともに観察結果を振り返った。土壌サンプルが古くなっているといい、井戸の位置が採点申請書に記されていたよりも豚舎に近いように見えると注意する（ムーアは後、その位置が申請書に書いた距離の半分しかないことを認めた）。さらに、規則違反の正式通知が届くだろうと告げた――過去十八カ月のなかで二回目になる。新しい書類の提出が必要、あとは今まで通りでよし。もう一度ムーアと握手して、靴のビニールカバーを取った。数日のうちに豚舎の貯留槽は空になり、栽培地には何十万ガロンもの糞尿が撒き散らされる。

ところで、この終わりなきサイクルに直面して家族への懸念を語っていたジェイ・ローセン、彼はどうなったか。ブラッド・フリーキングは二〇一四年の初め、私に一通のEメールをくれた。「お知りになったら興味を抱かれるだろうと思いましたので」とある、「ジェイ・ローセンは今や弊社の生産農家です」。

第六部

第16章　拒絶の町

フリーモントの風は常に吹いてやまないとみえる——吹くに留まらず肌を鞭打つ。二〇一二年三月に、町の南端、ユニオン・アンド・ファクトリーの角を過ぎたところで線路に差し掛かると、踏み切りの遮断機が揺れ、警標がはためく前を、ユニオン・パシフィック鉄道の車両がカタカタキーキーと向かい風の中へ駆け抜けた。底の平らかな渦巻く大雲が——雨を湛えて黒々と——空を流れ、ゴールデン・サン・シードのサイロとフリーモント・ビーフの大穀物倉庫と、ホーメルの工場に立つ双子のスパム塔を過ぎて、そのさらに先、プラット・バレーに影を落としつつオマハ西部へと向かっていく。煉瓦《れんが》の敷かれた並木道を車で進むと、上ではゆらゆら樫《かし》の枝が揺らぎ、きっちり並んだビクトリア調の家々は軒《のき》に星条旗をひるがえす。

　東六番通りのオストロム家に着くと風の勢い強く、クリスティンが掛け金を外すや防風扉がごうと開いて蝶番《ちょうつがい》のぶつかる音、私は急いで玄関口に入れられた。中はすっかり何も無く——家具という家具は取り除《の》けられ、置いてあった所は木の床が跡を留めるばかりとなって——鉛枠の装飾窓から吹き込む風が廊下を走りこだまする。クリスティンは私に、大理石でできた暖炉の縁に座るよう促し、残る椅子はこれだけなのでと冗談を言った。(原注1)自身は床の真ん中にあぐらをかいて、なんて奇遇な、という顔をする——というのも夫婦そろって明日には家を閉め、公式に断固反対していた反移民条例の施行されるその日をもって、鍵を新たな家主に渡す予定だったから。

　初めて条例案が提案された時は住宅規定に冷笑したとかで、何より前例がないし、これが控訴審に耐えうるなど想像もできなかったという。だから条例案が可決した後も運動を続けた。アメリカ自由人権協会（ＡＣＬＵ）がメキシコ系アメリカ人法的保護・教育基金（ＭＡＬＤＥＦ）とともにフリーモント市を訴えた際、オストロムは常勤スタッフに雇われた――当初は弁護団も、過去に他の小都市で同様の法案が取り下げられてきたことから、今回のものも裁判所が無効判決を下し、ネブラスカの泥沼戦に終止符を打つだろうと踏んでいた。

　がしかし、かつて条例賛成派の市議会議員だったチャーリー・ジャンセンがこの時は州上院議員になっていたとあって、反移民運動には弾みがつく。二〇一一年一月、ジャンセンは法案ＬＢ４８を提出――クリス・コバックの手になるアリゾナ州のＬＢ１０７０を明確な手本とした内容だった。もっとも、提出した本人は余所を真似したとの説に苛立つ。いわく、「何度も言ってきたことですが、これはネブラスカ式のものです（原注2）」と。あいにくこの法案は三月、聴聞会で足止めを喰らう。文言には、「一人物がアメリカ国内に不法滞在しているとする正当な疑いがある場合」、警官、保安官等はいずれもその滞在資格を確かめることができる、とあったが、他の上院議員から何が「正当な疑い」を構成するのか説明を求められた。

　ある公聴会でオマハ第一二地区代表の上院議員スティーブ・ラスロップが詰め寄った。「肌の色と英語能力以外に正当な疑いを抱かすものが挙げられますか」。ジャンセンは口ごもる。「もしもですね……その何でしょう、一つ考えられるのは、例えば無免許の車を呼び止めたとしますね。で、誰も行き先をよく分かっていない、と。非常な大勢がそこに乗っているとして……」。公聴会のビデオでは傍聴人が一斉に息を呑《の》み、あちこちの列から不満の声が囁《ささや》かれ、ついに守衛官が静粛を呼び掛ける。それでもジャンセンは話を続けた。「一〇人が乗っていたとしましょう」と言って「こうした場合……正当な疑いになるのではないでしょうか」。オストロムのみたところ、ジャンセンの発言は明らかに人種要素による容疑者絞り込みの考えを含んでいたので、これでLB48が没になる（実際なった）だけでなく、フリーモント市の法的弁明、すなわちコバックが述べ立てるところの、条例案が人種偏見に根差す証拠はないとする言い分も通らなくなるだろうと思われた。

ところがその後、二〇一一年の五月に、最高裁判所が「商工会議所 対 ホワイティング」の判決を下し、アリゾナ州に「故意もしくは意図的に不法入国者を採用する雇用主に対し、その事業許可を停止ないし撤回する」権利を認めた。二週間後、最高裁はさらに、ペンシルベニア州ヘーズルトンの同様の条例案（不法就労者を雇う事業者の取り締まりに加え、住居を提供する家主にも狙いを定めたもの）を無効とする原判決を覆した。ネブラスカ地区連邦地裁の判事ローリー・スミス・キャンプはフリーモントの条例案に関し宣言的判決(訳注1)を下す――ACLUは人種偏見の議論の不備を突かれ、「僅かこれだけの証拠および憶測をもって、法制定の動機に違法的差別があるとの結論が導き出された」判例を一つも挙げていないと批判された(原注3)。スミス・キャンプは条例案のうち、不法移民の潜伏を取り締まろうとする項目、違反を犯した借家人から住宅占有許可を剝奪する項目、違反に罰金を科す項目は認めなかった。しかしながら、これよりすぐ前のアリゾナ州の裁定に合わせて電子認証の規定は認め、またそもそも市が住宅占有許可を要求すること自体は認めてよいとした。

どっちつかずの裁定は反条例派にとって小さいながらも勝利と映った（のでACLUはすぐに勝利宣言をした）が、これで州の現行法は見事に抜け穴を消し去った。住宅提供が許可制になったことで、未登録移民は申請書類で嘘をつく――書類詐欺か州の社会保障詐欺かの法律違反を犯すであろう手に出る――か、進んで書類上に不法的身分である旨を記し、提出先のフリーモント警察局からＦＢＩデータベースへ、そこから安全地域計画に沿って自動的に移民税関捜査局へと、情報が送られるのを覚悟するしかない。正式書類なしに入国して借家人になろうとした者は、昔からある板挟み、連邦法違反を認めるか、嘘を突いて州法違反を犯すか。多くの未登録移民は、それならいっそ荷造りしてこの町とはオサラバだと言った――条例策定者の望み通りに。オストロム夫妻は事の進展をみて、フリーモントはもう自分たちの居所じゃないとはっきり悟った。

「あの人たちは私が思っていたよりよっぽど賢明でした」とクリスティン。膝を腕でかかえた時の面持ちは暗かった。空《から》になった家のまっさらな壁が、外からの風に打たれてピシピシ鳴る。「気付いたら思っていました、もうここには住んでいられないな、と」。

オストロムの家を買った夫妻、ラファエル・デル・ヘーススと、連れ添って十三年になる妻エイプリル・ワドレイは、反移民条例が発効したまさにその日、家の鍵を受け取った。二人の子供エレヤナとオードレックは大きな声を上げて新居に駆け込み、階段を昇り降りしながらはしゃいでいる、その外でエイプリルとラファエルは私と一緒にいた(原注4)――今でもこの瀟洒《しょうしゃ》なビクトリア調建築の家、周囲をめぐるポーチから並木道が望まれるこの家が、自分たちのものになったとは信じられないようだった。

一家はコネストガ・クロッシング・アパートメントに二年住み、続いてキリスト教青年会近くの二世帯用住宅に移り住んで六年を過ごした。その間、ラファエルはホーメルに勤め、初めは整列路から畜殺室へと動

訳注1　申し立てを受けた裁判官が、争点となっている法的問題や権利について意見を述べる措置。損害賠償を求めるなどのことはしない。

物を駆り立てる係を、それから昇格していった暁《あかつき》にはスパイス調合機——一度に九〇〇〇ポンド（約四トン）のソーセージ原料を冷蔵、調合するコンピュータ装置——を動かす係になった。愛想の好い童顔にふっくらした頬、目は悲しげなラファエルは、気持ちをほとんど露《あら》わにせず、他人というべき私の前でも気にせずじっと考えに耽《ふけ》った。腹を割って話すには、かの条例については提案された当初こそ支持したものの、段々反対の気分になってきたという。

新居のキッチンに入ると、部屋中央の調理台のところにポツンと二つ、オストロムの残した高椅子があった。話を続けながら歩き回るラファエル、自分の中にある葛藤の由来《もと》を説明しようと言葉を探っているらしかった。アメリカには十一歳の時、兄とともに、ドミニカ共和国から渡ってきた。母と別れて七年が経っていたが、母はこの時、息子らをニューヨーク州に入れてブルックリンで一緒に住まおうと、充分なお金を貯え、わずらわしい移民制度の手続きを済ませるために頑張っているところだった。「正直言うと」とラファエルは語る、「ここには来たくありませんでした」。実母のことはほとんど記憶になく、祖母が唯一の実際に知る母だった。

けれどもある日、学校から帰った後で祖母が言った、「おまえはどこかに行ってしまうね」「ここで一緒にいたいよ」ラファエルは嫌がった。

黒い車が路肩に停まる——兄はもう中に。「飛び乗りまして」と回想は続いた、「どこかも分からない所へ連れられていったら、着いたのは飛行場でした」。

ラファエルの目は天井を見つめ、と思うとキッチンの窓から歩道を眺め、落ち着きを取り戻そうと努めていたが、できなかった。静かな啜《すす》り泣きになる。「私が話すわ」エイプリルが優しく言い、ラファエルは席を外した。妻が話すに、ラファエルにとって二重の喪失は乗り切れなかったらしい——四歳の頃に実の母と別れ、十一歳の頃に祖母と別れたその辛《つら》さは。遅々として捗《はかど》らない移民手続きも呪わしく、もし彼より先にこんなにも多くの不法移民が流れ込まなければ自分の足止め期間もここまで長く辛くはなかったろうと思わざるを得なかった。条例案が提示された時は（後に本人いわく）「これはいい」と思った、「みんな私と同じルールで入ってくれ、ってね」。

ところがそれから、フリーモントに変化が表われだす。飲んで踊って夜を過ごした後、職場の友人の一人が郡保安官代理に呼び止められ、飲酒検査に引っ掛かって酒気帯び運転の判断を下され、保護観察処分になった。パトカーは町西端に常駐し、近くのメキシコ人ダンスホールから出て来た車を呼び止めるようになった――かたや白人町民が群がるバーの周りに監視の目は置かれない。しばらくして同じ友人が住んでいたハビタット・フォー・ヒューマニティの家は、二〇一〇年移民投票の前、何者かに襲撃された（同様の事件は他にも起きている）。それより何より、ラファエルとエイプリルが住宅ローンを組もうとした時のこと、二人は初め、信用履歴がないとの理由でこれを拒否された。すぐに信用を確立しようとラファエルはＢＭＶのセダンを購入したが、フリーモントの町を走っていた二〇一一年の間、たびたび警察に呼び止められ、所有権証明書の提示を求められた。三度目に、今度は色付き窓が暗過ぎるという口実で停車と所有権証明書の提示を命じられた時、とうとう拒否した。「警察官に向かって叫んだり罵《ののし》ったり」しだした、というのがフリーモント市警本部長補佐の話で、治安紊乱《びんらん》行為により逮捕されてしまった。

以来、ラファエルはおとなしく引っ込みがちになったものの、欲しかった家を買って数週間のうちに元に戻ったという。復活祭の日にエイプリルは、夫の職場仲間とその家族を庭の卵探し（訳注2）に誘った。正直なところ、庭にヒスパニックの人々が集まってグリルをしたり子供らと遊んだりするとなると、近所の目が気にならないではない――と思っていた矢先、ハッとした、「これだったんだ、クリスティンさんが戦っていたのは」。

二〇一三年十月の末、一日立ち込めていた霧が小雨に変わる頃、フリーモント市議会は月例会議を開いた。(原注5)議場には群衆が詰め寄り、間隔せまく置かれた折り畳み椅子を埋め、部屋後方は立ち見で並び、入《はい》れなかった者は廊下に溢れた。人を呼んだのは議員のトッド・ホッペが市法律顧問に条例の修正案起草を依頼したとの報せで、条例案5165の一部撤回がその内容、すなわち貸家業を営む者は事業を始める前に自身の市民権を証明する必要があるとする規定と、家主が未登録移民に家を賃貸するのは犯罪であるとする規定とを取り消す旨だった。ホッペはオール・メタルズ・マーケット〔鉄屑リサイクル施設〕の本部長であるが、フリーモントに複数の賃貸家屋も持っていて、この時は席につく姿がいかにも慎重そうな様子だった。クレイグ・コーンという、こちらは二〇一二年に市長候補となって敗れた人物が、こらえ切れずホッペをつついた。「人を集めるのがうまいな、トッド」と前の席から声をかける。ホッペは強張《こわば》りながら笑ってみせるのが精一杯だった。

やがて張り詰めていた空気に波風が立つ。市長スコット・ゲッチュマンが形式上の挨拶として、ワシントン小学校の三年生に授業へ招待してくれたことへの御礼を述べると、学校が大部分ヒスパニック人口からなる市の南地域にあったからだろう、かの条例案投票請願者ジェリー・ハートの姉妹にあたるシンディ・ハートが、二列目から叫んだ、「どうやって彼等の言葉を理解したんですか」(この後、講演台に立ったシンディは反省の気もなく「私は自分の学校にスペイン系がいるのがイヤなんです」と言い放った)。これはもうお馴染みの議論の繰り返しで、フリーモントはヒスパニック移民に侵略されている、その圧倒的な数は不法に入国している、彼等のせいで市は消耗している——学校は第二言語で英語を教えなければならず、病院は救急医療の料金を受け取れず、食料や住宅まで大勢の人間が面倒を見てやらなければならない云々というのである。

しかしフリーモントに暮らすヒスパニック住民の実態は、いわれるほど紋切型《もんきり》のものでもない。条例推進派はワシントン小学校を引き合いに出して、市に入ってくる未就学児童の大半が英語を話せないと主張するが、元校長から聞いたところによると、そうした生徒は五年生に上がるまでに州の読解力テストで市内最高順位を獲得する。（原注6）それと似たことで、フリーモント地区医療センターのCEOが語るには、確かに毎年の医療費未払い分のうち大体五〇万ドルはヒスパニックの患者によるものだが、無保険の人を比べれば彼等の方が白人患者よりも皆済率《かいさいりつ》が高い。（原注7）月並みな論点で移民を責めるのは、もはや議論を巻き起こすためというより、怒りを発散する目的に向かっていて、それというのも条例支持者からしてみれば、今また出向かなければならなくなったこの戦いは、既に賛成五七パーセントで自分たちが勝利したと思っていたからだった――それに、再三にわたって法的異議を唱えられながらも、法案は持ち堪えたのだから。

二〇一三年六月、三人の判事からなる第八巡回区控訴裁判所の委員会は判事スミス・キャンプの裁定を覆《くつがえ》し、条例案の住宅規定は連邦の公正住宅法違反にはならないとした。その後ACLUとMALDEFから異議申し立ての再審を求める要請を受けるも、同控訴裁は市議会会議の数週間前、これを棄却した。この敗北によって条例反対派に残された可能性は一つ、最高裁への訴えしかないと思われたものの、議会が直々に移民問題を取り上げると公約している状況では、それも相手にされず終わるように思われた。（訳注3）

ところが十月になってアイオワ・ネブラスカ公正住宅センターの副部長ティム・バッツが、条例の施行は公正住宅法違反と評価される危険性が高いと市に警告した。もしそうなれば、住宅都市開発省（HUD）

訳注2　絵柄を付した卵や似せ卵を色々な場所に隠し、宝探しの要領で見付ける遊び。
訳注3　議会が移民問題に関し新しい法律を定めれば、従来の法に則った判決は無駄になるので、最高裁はそうした事案を取り扱わないだろうということ。

は将来、地域開発包括補助金を融資してくれなくなるかもしれない——どころか二〇一〇年六月の条例案可決以降に市に支給された繁華街振興金の払い戻しを要求することさえあり得る。「私がここへ参りましたのは、対応の必要がある旨を皆さんに申し上げるためです」(原注8)。バッツは市議会にそう話した。「これは無視できない話です。何とかして条例が町のヒスパニック人口に及ぼす影響を和らげなければいけません」。この話し合いを受けてホッペは、問題になり得る箇所を削ろうと修正案の起草を依頼した。法案支持者らは裁判の勝利を祝い、これにてようやく住宅占有許可の規定が立法化されると期待していた矢先、市議会が一転してその取り消しを検討することになったと聞いて憤慨した。

会議の意見公募を始めた際、市長ゲッチュマンは市議会が修正案を起草したと話し、本案は市議会がより厳正な選択を行なうのと、市民から選択肢を募るのとに役立てられると強調した。市職員が修正案原稿を読み上げると、ボブ・ワーナーが演台に立ってマイクに苛《いら》ついた息づかいを伝えた。読み上げが終わるまでに怒りはほとんど抑え切れなくなったらしい。「もう市民の望みは分かっているでしょう、投票で気持ちを訴えたんですから」と、あまりに大きな声で喋《しゃべ》ったため、その言葉はスピーカーを介して割れ響いた。

ジョン・ワイガートもワーナーの怒りを復唱する。「あなた達ね、完全に市民の意志と裁判所の決定に逆らっている訳ですよ」と市議会に喰ってかかる。「考えてみればあなた達、国内最高の弁護士に我々を代表させて——しかもどの裁判でもその主張は認められたんです——なのに後でそっぽ向いて、その人にも、条例に賛成票入れたフリーモント市民にも、ひどい仕打ちでしょ、呆れてものも言えませんよ」。勢い余って市議会議員とACLU、MALDEFの弁護士らが「ぐるになって」いるのではと勘繰りだす。「役所が歪《ゆが》んでんだ」と言い足した、「恥を知れ」。

この夜で一番するどい批判はジェリー・ハートが発した。「HUDの補助金のお話がありましたが」と出だしは静かに、「お忘れになっているようなのは、裁判所が既にこの条例案に目を通したことです」。そう言って続けるには、裁判所は条例案が連邦法とも衝突しないし差別的慣例を構成することにもならないと判断した、もし住宅都市開発省（ＨＵＤ）と裁判所が揉める事態になったら後者の「決定権が勝る」だろう。と、ここで演台に自分の書類を広げて、今度はホッペ個人に矛先を向ける。「御所有の住宅をみて私見を述べさせていただければ、あなたはスラムの地主に他なりません」。同席者もまた、ホッペが住宅規定を取り下げようとするのは自分の安家屋《やす》に住民を留めたいがためだろうと突いたが、ハートはもっと露骨だった。「あのサウス・ピアスの住宅、あれなどは沢山のヒスパニック家庭が住みついていますね」と切り出す、「ほとんどは、どうやら不法移民でしょうが」。修正案については「陰湿で悪質で不透明、不道徳、倫理にも反した堕落政策」だと付け加えた。

チャーリー・ジャンセンはこのときネブラスカ州知事選の共和党指名候補を目指していた立場から、妥協を提案した。「これは、私にいわせますと、今となってはもう不法移民の問題ではありません。選挙区民の声に耳を貸すかどうかの問題です」。二〇ある選挙区のうち一六区の有権者が賛同した条例案を取り消すのは「正当とはいえません」という。「もし何かなさるのであれば、また市民に委ねるべきです。彼等がどうなのかを知ることです」。

聴衆が軍人大通りの横道に溢れてきた頃には午後九時を回っていた。雨は強くなりつつあったが、多くの者がその場に留まり、飛沫《しぶき》も冷気《さむけ》も忘れたように街灯の下で話し合っていた。大声で交わされるのはほとんどが「食券で暮らす不法移民」や「改造車《ローライダー》に乗るメキシコ野郎」への呪詛《じゅそ》だった。私は会場から出てきたホッペをつかまえた。警戒している、というより震えているようだったが、それも怒りが湧いたせいであるらしい。「まぁただの感情です、分かっています、感情の問題ですよ」と口を開いた。「我々は対立しているように見えるかも知れません、でも違います。どちらもこの地域の不法移民問題を何とかしたい訳で、皆さん投票の時は何とかしようとして票をお入れになるんでしょう。ただ、それにいくらお金が掛かるかを分かっていらっしゃらない時があるんです」。

議場の「大荒れ」を見た後は、ジャンセンの勧めに従ってこの案件は投票にかけた方がよさそうに思えてきたと語る。「正直、これを議会で可決してしまうのはどうかと思っていました」と言う。「特別投票を検討する必要があります、それで条例案のこの部分を残したいか残したくないか、皆が票で選べるように図らう――先へ進む前に皆さんに確認するんです、『ここにお金を使うということで本当によろしいのですか』と」。

一カ月後、フリーモント市議会は二度目の修正案読み上げのため会合を開いた。(原注9)が、読み上げをも待たずして議員ジェニファー・ビクスビーが決議案を持ち出し、決定を有権者に委ねる特別選挙を提案した。再び白熱の意見公募期間が訪れ、条例賛成派からは、既に二〇一〇年の段階で四〇〇〇人が法案に賛成票を入れたではないかとの指摘が来た。元市議会議員のボブ・ワーナーは市長ゲッチュマンに問い質《ただ》した、「あなたは市民四〇〇〇人を代表するのか。それともホーメルを代表するのか」と。

意見公募が終わった後、ビクスビーの決議案は投票により七対一で可決する。二〇一四年二月十一日、改めて特別選挙が行なわれ、フリーモント市民が今なお条例の施行を望んでいるのか否かが確かめられる運びとなった。

投票までの数週間は、条例反対派にとって全てがうまくいっているように思われた。反条例団体フリーモントYES《イエス》は標識や広告に使う費用七万一〇〇〇ドルを集め、条例支持派の集めた八〇〇〇ドルを大きく引き離した。特別選挙に先立って市長ゲッチュマンは廃案を推すTVコマーシャルに登場。地元ラジオでは次々と宣伝が流れだした。『フリーモント・トリビューン』紙の編集者は廃案を支持。ユニオン・パシフィック鉄道を跨ぐ高架道路の突き当たり、町で一番目立つ位置に立った掲示板の所有者は、フリーモントＹＥＳにスペースを提供した。

特別選挙の当日を迎えるまでに、かつての緊張がまたふつふつと煮え返っていた。(原注10) ３Ｃ区投票所――貧しい南部地域における唯一のバリアフリー施設ということで、選挙の直前、ブレディ・ミート＆フーズの冷凍食品セクションに移された投票所――の係員が話すには、いくらかの人には立ち退きを命じなければならなくなった。ある女性は、自宅が規定上市外ということになっているせいで投票権を持てないと知ると、投票待ちに並ぶヒスパニックの集団を指差し説明を求めた、「どうしてこの人たちが投票できて私ができないんですか」。

ところが投票期日が間近に迫った頃、外では風が強まって急に気温が下がり、町の熱気も冷めて投票所に向かう人足もまばらになりだした。スカイラーのカーギル・ミート・ソリューションで牛の内臓摘出を担当する畜殺室職員、ブライアン・ロペスは、アイスクリームの詰まった冷蔵ケースの脇で、机に向かって用紙を記入し、鍵の掛かった投票箱に差し込んだ。「廃案に入れました」と私に言いつつも、楽観はしていない。「投票したいって人が、理知的に判断してくれたらって思うんですけどね、流れに乗るだけじゃなくて」。

ロペスの期待は市長ゲッチュマンや市議会議員らの訴えに重なった――すなわち、条例は市にとってひどい経済的損失を伴うばかりで、根底にある問題は何一つ解決されない。二〇一〇年の投票を迎えるまで多くの者は知らずにいたが、ホーメルフーズの工場とリージェンシーⅡキャンプ場は市の外に位置し、ゆえに条例の雇用規定、住宅規定からは逃れられる立場にあった。またこれも知られていなかったが、市は一五〇万ドルの法的弁護基金〔法案をめぐる係争に備えるための基金〕を立ち上げるため、市職員を一時解雇して税金を上げることになる。さらに知られていなかったことだが、連邦政府から商業地区の振興用に支給されていた包括補助金も無くなる可能性があった。もはや後の祭りだが、こうしたことが判って市の指導者らの間では、市民が条例廃止に票を入れるよう願う立場が大半になった。しかし投票が締め切られるや、開票初期段階にして既に条例支持票が多数を占めることが明らかになり、しかも反対票との差は広がってさえいた。

ＡＣＬＵの訴訟に加わった地主のブレーク・ハーパーは、結果に失望しながらも驚きはしなかった。「恥ずかしいやら情けないやらでしたけど、意外ではなかったです、フリーモントがひそかな偏見の持ち主に満ちていて、投票を有利に進められたことは」、投票結果の公示から日を置かずしてペンシルベニアに電話すると、そんな反応が返ってきた。そして溜息をつく。「いや、そんなにひそかじゃないかな」。

実際ひそかどころではなく、町の東部ではジョン・ワイガートの結成した条例推進団体「私たちの票こそ命たれ」がギャザリング社交ホールで大祝賀を催し、チャーリー・ジャンセンは熱い演説をぶった。廃案反対六〇パーセント、賛成四〇パーセントの最終結果を記した厚紙ボードが掲げられると拍手喝采が巻き起こった。ビッグバンドの演奏が始まり、集った人々は踊りだした。ジャンセンはそっと凍てつく静かな屋外に出て記者らの電話に応対した。「中は大盛況です」とその一人に、「苦節数年の実《みの》った夜を祝っているところです」(原注11)。勢い付いた条例支持者たちは、この勝利をバネに市長ゲッチュマンの罷免《ひめん》を、さらには条例廃止を投票案件にした市議会議員すべての免職を求めていく誓いを立てた。

ハーパーはその可能性を否定しなかったものの、市の問題は大きくなるだけだろうと付け加えた――若い人間はどんどんオマハやリンカーンに出ていくだろうし、移民は仕事を求めてどんどんフリーモントに入ってきているのだから。「ホーメルが一時間《じかん》一三〇〇頭の豚を捌いている間は、低賃金未熟練労働者の需要はずーっと高いままですよ。この需要は地元民が満たせるものじゃありませんし、バカげた条例でなくせるものでもないんです」。次は何をなさいますか、と私は問うた。間があって、笑いが返ってきた。「フリーモントで二世帯用住宅を買えたら、なんて思いませんか」。

同夜遅く、ハーパーの二世帯用住宅を借りるジョナサン・チャベスが、フリーモントから高速に乗って一〇マイル（約一六キロメートル）ほど離れた、ネブラスカ州バレーのミッドウェスト製作所から、半日シフトを終えて帰ってきた。(原注12) 恋人のケイラ・ジャカートは生後五週間の息子ジェームソンの背を撫《な》でげっぷをさせた。去る七月、彼女が自分の妊娠に気付いて二人は大きなアパートを探し始めた。ジャカートがここに「賃貸受付中」の看板があるのを見つけ、チャベスがハーパーとじっくり話し、二人はここが探していた所だと確信した。「ベッドルームが二つ——なのでジョナサン《このひと》には自室があります」。膝の上でジェームソンを弾ませながらジャカートが言う、「今のところ文句ない暮らしです」。

二人は秋に学校へ戻りたいと思っていた。ジャカートはオマハのメトロポリタン・コミュニティ・カレッジで学位を取れそうであったし、チャベスは最近ミッドランド・カレッジを卒業したところで、この時は企業経営の修士を得たいと考えていた。今はシフト管理を受け持っているが、上位学位を取得すればいつか工場管理者になる機を得るのに役立つだろう。そうすれば、とチャベスは満面の笑みを浮かべて言った、「ここから出て自分たちの家を持てます。フリーモントとはおさらばです」。行く行くはオマハに家を買って落ち着くのが夢だった。

途方もない夢だった、メキシコのゲレーロ州にいた幼少時のことを思えば。フリーモント、スカイラーにいる大勢と同じく、チャベスもまたチチウアルコの山の町に生まれ、まだ歩き始めの幼児の頃に合衆国にやって来た。それから両親は別れ、母はリージェンシーⅡのトレーラーを買ってホーメルのライン勤務へ。

近年、仕事中に腕を丸ごと機械に押し潰され、手術は複数回、その医療費をどう支払っていたのかは息子の彼にも解らない。しかしそれはどうあれ、そのキャンプ場がフリーモントの災いの濡れ衣《ぎぬ》を着せられているとは納得が行かない。「ここへ来て、滞在資格も無くって、ホーメルだけが働き口というんですから、他に選択肢はありませんよ」とチャベスは言った。「見ての通り、所詮トレーラーです。立派なお住まいという訳にはいきません。でもとにかく生きなきゃいけないいんですから」。子供の頃はそれでも楽しかったし、高校では成績平均点三・七五を維持して、ミッドランド・カレッジの進学奨学金、サッカー奨学金を得た。「あそこで育って、今はこんな感じでやれてます」とチャベスはにっこり笑った。

市に何百万ドルもの負担が掛かるのも厭わず、かの条例を敷いたところで、子に良い暮らしをさせようとメキシコを出てホーメルで働きたがる移民の流れを止めることはできない。チャベスに言わせれば、せいぜい自分のような若い人間が、教育を受けて仕事も家庭生活もできるようになった暁、フリーモントから少しでも遠い所へ出ていく、それが関の山だろう。自分でもまさにそう計画している。ただ、今の今は、少し睡眠を。息子のジェームソンがようやく眠くなってきた頃、ジョナサンはまた起きてきて、朝五時の勤務に向かわなくてはいけない。

また笑顔をつくる、が、今度はいささか疲労感が漂った。「大変ですよ――子供がいて、仕事して」と吐露する、「でも家賃は払わなきゃ、ね」。

朝四時、スカイラーのラウル・バスケスは床を離れ、ホーメルのシフトに向かう用意を始める。コーヒーを火にかけて服を着込む――いつも決まってセーターなのは、ハム冷却室の冷気を防ぐため。魔法瓶を満たすと夜明け前の周回、妻のいとこ達を訪ねて回って、畜殺室に勤める別のいとこを拾う。スカイラーの街道はまだ暗い――けれども閑散というには程遠い。車のヘッドライトが脇道という脇道から現われ、コルファクス通りに至り、並ぶ大穀物倉庫と市の給水塔に光を投げつつ高架道路の下をくぐり抜け、東の方、一六番通りを目指す。朝、ラウルが高速三〇号線に乗った時には大抵、計器盤の時計はまだ午前四時五十分を指し示すが、既に車の行列は前に連なり、フリーモントへと伸びていく。

曙光《しょこう》に向かうこの長蛇、条例をもってしても妨げられないこの大移動は、ホーメル――それに地域に拠を構える類似の工場――でライン業務のため雇われた移民労働者が、ネブラスカ州の田舎の表情をどれほど根本的に一変させたかを、日々物語る証である。二〇一四年五月、合衆国最高裁は第八巡回区控訴裁の判決に対するＡＣＬＵの控訴を棄却し、電子認証に関する規定も、住宅占有許可の規定も共に認める裁定を下した。「これで最後、フリーモントの勝利が決まりました」とコバックは言った[原注13]。のみならず、と続けるに、この決定は同様の法案を通したがっている他の町にとっても「輝かしい青信号」[原注14]になった。やがてネブラスカ州の他の町でも、ミネソタ、アイオワ、アーカンソー、ミズーリ、ノースダコタ、サウスダコタの各州においても、同様の条例が敷かれよう。「間違いないのは、第八巡回区の町はどこも、フリーモントの条例をそっくりそのまま移入できることです」。

しかし、人心を分かつ本質的ともいうべき疑問がまだ解決をみていない。誰がアメリカの田舎風景を形づくるのか。いやでも止まらない人種民族構成の動きが暗黙の内に決めるのか、それとも法令が上から押し付けるのか。ジム・クロウ法〔人種隔離法〕が南部地方都市で敷かれたごとく、条例がつくられていって不可避の流れを喰い止めようとするのか。何があろうとラウル・バスケスはスカイラーに留まりたく、いずれは事業融資も返済して、充分金を貯めてライン業務から手を引き、ミゲラとともに酒販店のカウンターで日々を過ごしたいと思っている。けれども差し当たってはまだ夜明け前に起床して毎朝フリーモント南端まで車を走らせ、ホーメルの工場でスパムづくりの前段階、腿肉《ももにく》容器から脂身を切り出し次の作業員の回収に回さなくてはいけない。ひどい仕事、ではあるがしかし、家族の生活がここに懸かっている以上、ラウルは遅刻などするわけにはいかない。

第17章　食肉検査

二〇一三年五月、農務省監査局（ＯＩＧ）は「豚屠殺工場における検査・執行活動」なる報告書を発表した。[原注1]どうにも無味乾燥な題だが、中身は同省に猛省を迫るものだった。ＯＩＧの結論によれば、十年以上が経過した段階で、試験的に導入されたＨＩＭＰこと、ＨＡＣＣＰ式検査モデル計画に参加した豚肉加工工場では、食品安全検査局（ＦＳＩＳ）による食品安全規約の執行が怠慢を極め、二〇〇八年から二〇一一年の間にその三施設が、規約不履行最多を記録する一〇施設の内に数えられたという。全国に六一六ある工場の中で、である。

　どこの工場かは記されていない――が、記載された違反歴と一致する施設はいくつかに絞られてくる。中でも、違反最多の施設が「一日一万六〇〇〇頭の豚を屠殺するネブラスカ州の工場」と叙述されている点は見逃せない。この説明が当て嵌まる工場は同州に二つのみ――クリートにあるファームランドのそれか、フリーモントにあるホーメルのそれか。しかもネブラスカ州の都市の内、監査の「訪問地点」に挙げられているのはフリーモントだけだった。にも拘らず、農務省の部署はいずれも名指しの確認に対してイエスと答えない、但しノーとも答えない点で忠実だったといえようか、私は既にフリーモントのＵＦＣＷローカル２９３代表ダン・ホッピスからこう聞かされていたのだが――「ええ、それ我々《うち》です[原注2]」。

もっとも、隠したところであからさまな事実は変わらないのであって、食品安全検査局（ＦＳＩＳ）はその工場で計六〇七件、週におよそ三件の違反を記録しており、これから処理する屠体に「黄色い糞便繊維」が付着していた違反は五〇件、貯蔵容器に「黄色い残留物」や肉と脂の浮き滓《かす》が入っていた違反は三九件を数える。あるライン労働者は、フリーモントの工場でソーセージ肉挽き機の中に「臭い腐り肉の塊」があるのを何度も目にしていたから、妻にはホーメルの挽肉が入った製品をスーパーで買わぬよう言っていたと語る。

監察総監の考えでは、こうした違反があったら警告状を出すなり、あるいは――農務省がこれに踏み切るのは全国でも年に僅か七回かそこらだが――工場を閉鎖するなりせねばならないところ、しかるにそんなことは一切おこなわれなかった。さらに、報告書にはネブラスカ州の検査官が屠体の後脚に糞便が付いているのを目撃した例が紹介されているが、件《くだん》の糞便は品質管理者の前を「発見されることなく」素通りしたそうで――これは「食品安全に影響し得る」ゆえに「より重大な違反」と目される。調査によって「発覚したものはシステムの破綻であって散発的問題ではなく、中には必罰違反（訳注1）を繰り返している例もあった」。

報告書は二〇〇八年から二〇一一年の間に一番多く違反を犯した工場についても明らかにしていない――それがＨＩＭＰを導入した施設だったとの説明を除いては。しかしながら非営利監視団体の食品＆水ウォッチが情報公開法を通して得た二〇一二年の違反記録（原注3）は、オースティンのクオリティ豚肉加工がＨＩＭＰ導入施設の中でも桁外れに多くの違反を犯してきたことを明らかにしている。そしてこれらの記録を総合して見えてきた工場内部の実態は、一種凄惨を極める。

二〇一二年だけでＱＰＰは二二五を超す違反を記録し、うち六〇件は肉が糞便や腸の内容物に汚染されている問題だった。しかもなお恐ろしいことに、ＦＳＩＳの検査官らは工場の品質保証監査役が解体に回して可《よ》いとした屠体に、屠体ごと廃棄が必要な病気の痕跡を見付けた事例を八件、書き留めている。三月、検査官らは見過ごされた四インチ（約一〇センチメートル）の悪性腫瘍を発見する。四月、細菌感染によって全身を炎症に覆われた豚が一頭、結核による病変を来した豚が一頭、悪性リンパ腫に冒された豚が一頭、発見される。六月、ある屠体の「著しく肥大化した胸腺」が癌によるものと判明する。八月、一頭に筋変性の徴候が確認される。九月、屠体の関節部に出血が確認され、化膿性関節炎が原因と判明する。これらのうち、いくつかは「偶然の発見による」記録に分類された――つまりは必須管理点の通過後にたまたま見付かった問題であって、必罰違反と判断されるべき範疇に入る。多くの場合、違反が見付かったのは処理工程が大分進んでからであったので、報告文はそれぞれ細部を異にしながらも同趣旨の見解で締め括られている――「検査官が止め損なっていれば、この屠体は市場に出荷されていたことだろう」。

監察総監は警告した、「同じ食品安全規則を破り続けたところで重大な不利益が生じないため、工場側が屠殺工程の見直しへと至ることは少ない。深刻な違反が繰り返されれば人々の健康が危険に曝されかねず、ゆえに工場がまず違反の未然防止に努めることが肝要となる」。報告書は「わが国で市場供給される豚肉が安全かつ健全である」ことを保証するには法執行の強化が必要、とまとめた。

監察総監の報告書が発表された後、ＦＳＩＳ副局長フィリップ・ダーフラーは私に、心配することなど何もないと言い、違反件数が増えたのはＨＩＭＰ導入工場の検査官が畜殺室のチェックをより徹底した証拠であって、それ以上のものではないと説明した。「今までよりずっと厳しい目で見ているのですから、摘発

訳注1　ゼロ容認違反。犯せば情状酌量の余地なく罰せられる違反。

が増えても不思議はないでしょう」(原注4)。それに癌が発達していたり結核でリンパ節が膨らんでいたりといった症状が検査官の目に留まったのは、ダーフラーに言わせればまさに、微生物試験に続く目視検査が病気の発見法として申し分ないことを示している。

けれども私にとって不思議でならないのは、もしＨＩＭＰに則る検査が本当に優れているというのなら、どうして市民はこの長期に渡る政府の食品安全調査の結果をほとんど知らされていないのか――しかもＨＩＭＰ導入工場の素性も教えてもらえないとは。ローカル２９３の指導者たちですらＯＩＧの報告書のことは知らなかった――そして私が市のホーメルの工場で実施された調査の記録について問い合わせると、ＵＦＣＷ全国指導部はすぐに資料を送ってくれたが、見れば組合の管轄下にある食肉処理工場は、労働者の安全と食肉の安全、両面においてより優れた成績を収めているではないか。

組合が示した統計によると、フリーモントのホーメルの工場ではＨＩＭＰが適用されてから負傷や疾病の発生率が業界平均からそれ以下(原注5)になったらしい。が、この概要的な統計では、いまだ年に一パーセントの割合で労働者が深刻な裂傷を負い切断事故に遭う現状が隠されている――年に一パーセントというと、一カ月に一件強の大怪我が生じる計算になる。食肉処理工場に勤めて大怪我を負う確率は、一般に五年間で五〇パーセント前後。但しアイオワ大学が二〇〇八年に行なった大規模な処理工場労働者の研究によれば、負傷の申告は実際の発生件数よりもかなり少ない可能性がある。過去十年間をみると、業界に雇われた未登録移民就労者たちの多くは負傷の申告や労災補償の申請をしたがらない傾向があった。この研究ではヒスパニック労働者の負傷申告率が白人のほぼ半分(原注6)であることが明らかになったが、すると未登録移民のヒスパニック労働者は、解雇や強制送還が怖いから、これに輪をかけて申告率が低かろうと考えられる。「回転が速いせいで、気付かない内に障害に至るような負傷を抱える人が沢山いる状況です」。ネブラスカ・アップルシードの移民&地域社会プログラム主任、ダーシー・トローマンハウザーはそう話す。「食肉処理の従業員は一シフトで何万回も反復動作をしますから、神経や腱や骨に永久的な損傷を来して、何回も手術することになったり慢性痛を抱えたりするんですね」(原注7)。
ＵＦＣＷ食品処理・加工・製造部門主任のマーク・ローリッツェンは「速さの問題じゃなく、何人がその仕事に当たるかの問題です」と説明する(原注8)。彼によれば、今日ではもう生産速度を時計で測るのは工場監督の仕事ではない。今やどの工場にも組合の雇った生産工学の担当がいて、ストップウォッチを首に作業区画を回りながら、チェーンの屠体を数えていって一分間に流れてくる数を確かめる。速度が上がってきたら組合はライン作業員を増やすよう会社に求めていく。

　フリーモントではホーメルが工場に隣接した土地を買って、二〇一一年五月、スパム製造施設を拡大して雇用を創出する旨を発表した。業界批判者たち、例えば食品&水ウォッチのトニー・コルボなどはこれを咎め、ホーメルは単に全国屈指の危険な工場を操業して旨い汁を吸ってきただけで、しかも今度は生産の大部分を新施設の方に移そうとしていると突いたが、対してＵＦＣＷのローリッツェンはこの拡大が労働者と消費者の双方にとって有益な進展であると返した。雇用が生まれるばかりでなくラインに付いていけるだけの増員が約束され、事故も減るだろうし作業の清潔度も上がるだろう。豚肉加工施設の労働者もきっとありがたがる筈、と組合役員は言う。他業界が景気後退以降は売上げ不振に悩まされている中、ホーメルはスパムの売上げ効果で稼ぎをぐんと増やしてきた。政府公認のライン加速で需要を賄《まかな》い市場シェアを拡大すれば、雇用保障にも雇用機会にもプラスになる。

　トローマンハウザーは、組合が雇用創出につながることに反対したがらないのは分かると言いながらも、食肉処理場のライン速度が今では「危険な速さ」に達していると付け加えた。しかも雇用機会が増えるどころか、「ネブラスカ州や全国一帯で聞かれるのは、ライン速度が上がっているのに増員率は下がっているという声です」。ホーメルを例にとると、フリーモントの工場ではここ十年の間にライン速度が大体一・五倍になった――かたや労働人員は約一・二倍にしかなっていない。

ダーフラーいわく、FSISには労働者の危険にまで気を配る余裕はない――ましてそれを書き留める暇など。違反があったら検査官は労働安全衛生局（OSHA）に報告を入れる。但し「大事なのは食品の安全です」。FSISリコール管理担当のハニー・シドラックはこの点を強調して、負傷や切断は避けられない――というか自分も区画検査をしている時にそういう事故を見てきた――けれども注意はひとえに食品安全に向けていたと認める。「そうした事故が起これればFSISは衛生問題として処理に当たりまして、作業を止めて人の血が完全に拭き取られたか、商品が全て汚染から守られているかを確かめます」との話で、「当局は全ての商品が保護されて清潔であると確認するまでその区画やラインの作業を再開させることはありません――あと、廃棄すべきものが全部廃棄されるまでです、もう綺麗にはできませんから（原注9）」。

FSISの担当者がみせる自信は、『ジャングル』の有名な一節を思い起こさせる。シンクレアの活写した政府の豚検査官は「出入口のところに座って首の腺に触れながら結核の有無を調べていた」。病気の屠体が自分のチェックを素通りする惧《おそ》れなどは全く気にする様子がない。それどころかこの検査官に話しかけたりしようものなら、嬉々として「結核の豚から見付かるプトマインの恐ろしさなどを語ってくれるが、そう弁舌を振るってくれるかたわら十幾つもの屠体が検査を素通りして行くのを見るほど嫌な気分になることもなかなかない」。

同様に今日の私たちは、安全性に気を配っているというよりむしろ安全性の幻想を育てている感がある。

私たちは病気から守られている、と安心し切る一方で、その実、本当の病気は〝嘘〟であり、私たちアメリカ人は皆でもってその嘘の口裏を合わせなければいけない――安全な食品、安全な職場、大事にされる家畜、住みよい環境、強い経済、結束と公正の文化、などという幻を抱き続けるために。ホーメルの場合、現実との乖離《かいり》が一層大きく見えるのは、その目標がスパムの生産量をもっともっと増していこうなどというあまりにくだらないものだからである。

ある夕方近く、オースティンの労働センター事務室で私はデール・チャイドスターに、一歩退いてこの一切合切を怪訝《けげん》に思ったことはあるかと尋ねた――この、増産に次ぐ増産を目指す頑《かたく》なさ、それに安定成長と産出増加が謳われる陰で、労働者たちが負傷に苛《さいな》まれる有りさまを、と。

にっこりした顔で、スパムの製法を御存知かと訊き返された。首を横に振る。

量でいうと、とチャイドスターが説くには、スパムの二七パーセント以上は脂肪が占める。スライス二枚で一日の飽和脂肪推奨摂取量のおよそ半分。しかるに屑肉《くずにく》除去の手として一九三〇年代、ジュリアス・ジルジットが確立した製法はもう使いにくいのが現状で、それというのも切り身やハムを求める向きに合わせ特別に育種して遺伝的に改変した豚は、どんどん痩せてきているからである。「他の工場から脂身を取り寄せなきゃいけないなんて、知っていましたか」と問われた。「考えてみてください」。

来る日も来る日も、昔も今も、中西部一帯で豚たちは移送車のスロープを昇らされ、オースティンのQPP行きかフリーモントのホーメル行き、その積み降ろし地点まで運ばれる――年五〇〇万頭を捌くに要される容赦ない速度に遅れじと。しかもなお何百万もの豚から集めた屑肉がまた別に、トラックに積まれ送り届けられる。しかしなぜ？　なぜなら七十五年前、会社が安い缶詰肉の穴場市場《ニッチ》に活路を見出し、以来ずっとそれにしがみついてきたからに他ならない。そしてチャイドスターに言わせれば、この、切り身やハムが売れる繁栄の世を念頭に置いた全体の生産構造を維持しようと、会社は今のような不景気の世、スパムの需要が高い時期にあっては、そうした付加価値商品の生鮮肉を慈善団体ユナイテッド・ウェイに贈ったり国際支援に回したりして、税控除に専心する。

考えながら椅子に身を沈めた。「朝お仕事に行かれる時はどんな気分ですか」と問う。チャイドスターはただ笑って応えた。ラインで働きながらそんなことは考えませんよ、大抵なにも考えまいとするんです、と。筋肉が覚えていて作業を繰り返す。「靴ひも結びと一緒です」、で、あとは何もなし。言われたことをやって、日の終わりに家族のもとへ帰宅する。

二〇一四年一月、ホーメルはそれまでミネソタ州セント・ジェームスにあるトニー・ダウン・フーズの工場に任せていたみじん切りベーコンの生産を、アイオワ州ダビュークに設けた比較的新しい工場に移行する旨を発表した。(原注10) 業界筋からすればさもありなんの話で、しばらく前からホーメルは特殊化した工場を維持する間接費が高過ぎるといって不満がっており、かたやダビュークの、プログレッシブ加工の名で操業する工場は、もともとレンジ調理食品の品目拡大を目的に建てられたが、高い調理済み食品の売れ行き不振で容量を持て余していた。二〇一〇年の操業開始記念式典(原注11)の時からして、CEOジェフリー・エッティンガーは景気後退のせいで売上げが落ちていることを認め、レンジ調理食品の生産ラインを二本同時稼働するという初期の案を捨てて一本を缶詰肉用にすると述べた。ということは、この工場はホーメルの人気缶詰肉生産のどれを引き継いでもよく、みじん切りベーコンのそれも例外ではない。

そこで社の幹部らはダビュークの経済発展委員会に接し、事業の拡大と一〇〇人分もの新規雇用創出に対し市が特典を設けるか確かめにかかった。市と州の役員は四一〇万ドル相当の奨励策一式として、第一に州の税控除、第二にこの時点でダビューク市と取り交わしていた税収増加還元協定の延長、そして第三にノースイースト・アイオワ・コミュニティ・カレッジと協同での職業訓練を提案した。ホーメルはこれを飲んですぐに拡張を発表する、が、その記者声明には一つ、興味を惹く謎があった。市によれば、みじん切りベーコンのラインは「工場用に案出された二本の新しい生産ライン」(原注12)の一本に過ぎないという。グレーター・ダビューク開発社の全米マーケティング担当部長マーク・セックマンはより具体的に、この協定の「おかげで第二段階に移れ」そうだと述べた。

ホーメルが三〇〇〇万ドル近くにもなる建造許可申請の青写真を提出した時、『ダビューク・テレグラフ・トリビューン』紙の記者は、その概要図面がほとんどは「みじん切りベーコンの移転」と記されているものの、例外があることに気付いた――一枚には「スパム」と記されている。(原注13)さらに詳しく見ていくと、みじん切りベーコンの図面もいくつかは「スパム事業」用の生産機材や構造要素を含むと知れた。ホーメルの広報部長リック・ウィリアムソンも、事業の第二段階はスパム生産になり、スパムが「工場の輸出品目」に加わることを認める。話はすぐに広まった。ホーメルは一九四七年にフリーモントの工場を手にしてからこのかたスパムの生産を新たな施設にまで移行したことはなかったから、今度の展開をみると同社が景気下降にもめげず成長を続けるようでもあり、また輸出需要の伸びがよくてフリーモントとオースティンだけでは間に合わなくなったことが分かる。

それだけでなく、ダビュークへの生産移行は施設構想の新時代を告げるものとも思われる――従来の食肉検査で求められた、一本線型のデザインがもはや絶対ではなくなるかも知れない。プログレッシブ加工の

訳注2　市町村が地域の再開発に伴う固定資産税等の上昇を見込み、その予想される税収増加分を担保に債券を発行して、当の再開発の資金調達を行なう施策。

工場管理者マーク・ゼレは三十年間ホーメルに勤め、ダビュークに来る前はカリフォルニア州ストックトンの工場を運営していた(原注14)。といってもほとんどの期間はホーメルの研究室にいて、ストックトンと、ウィスコンシン州ベルワの工場の品質管理を担当する日々だった。その折に考え始めたのが解体ラインに代わる生産方式、複数の連結し合った独立の作業室からなる機能単位区画システムで、分けられた各々の工程は需要に合わせて加速できる仕組みだった。「作業を分離することで」と彼は業界誌に語った(原注15)、「工場はその気になれば二十四時間三百六十五日ずっと操業でき」、清掃のために生産ライン全部を停止することもなくなるだろう。

しかしこの分散型の生産方式には、大きな意味も隠されていた。これを用いるとダビュークの工場で行なわれる作業はあちこちの部屋に散ってしまって、農務省による今までの検査では追い切れなくなる。ホーメルは何か重大なことを伏せてはいなかっただろうか。スパムの生産を二つの工場に限定していたライン加速が、ここでも行なわれることになるのではないか。

記者向けのＥメールにて、ホーメルの広報ウィリアムソンはただ「スパム事業の開始時期はまだ調整中ですが、二〇一五年の初頭を考えています(原注16)」と述べるに留まった。他方で農務省の広報担当は、豚肉部門に関するＨＩＭＰの評価終了が二〇一四年三月に公示されるまでは何も言えない、との対応だった。時日が訪れた後、私は報告書作成に用いた資料の情報公開請求をした。省からは請求を受け付けたとの手紙のみで、資料は一つも届かない。別の広報担当は不満なら訴えを起こしても構わないと言ったが、やめておきなさいと、ワシントンＤＣの監視団体パブリック・シティズン訴訟部役員、アディナ・Ｈ・ローゼンバウムに止められた。自分たちも過去にＦＳＩＳを訴えたことがあるけれども、いまだ請求した書類を貰えないという。「農務省が書類を渡すまいと頑張っている間は」とアディナの一言、「入手は無理でしょう(訳注3)」。

オースティンで迎える最後の朝、私は道を挟んだ工場の向かいに車を停めて窓を下ろした。まだ冷えていて、歩道に積もった雪は灰色の穴だらけになっている。一日のシフトが始まった時の、あの臭いは間違えようもない――生温かい豚の糞と、焼けるベーコンの臭い。ホーメル・ドライブと名付けられた連絡道路を通って、家畜トレーラーを牽く一八輪トラックが突っ込んでくる。角を曲がって、チェーンに通じる通用門を通り、積み降ろし地点に後ろ付けで停まるその姿は、遮蔽用の壁があってほとんど見えない。が、耳は新しいトラックが来るたびに、後退の警報音がビービー鳴って、後部扉のガラガラ開く音を聞いた。そして、電気棒のパチパチいう音、鉄の簀子《すのこ》を降りる蹄《ひづめ》のカタカタいう音とともに、喉の奥から絞り出す、人のそれと聞き違うような、甲高い豚たちの悲鳴が響いた。

ＱＰＰの警備員がゆっくり歩いて来てピックアップ・トラックに乗り、周回を始めて何度も目の前を通り過ぎる。けれども私には手を出せない。私はシダー川を見渡せる、ホラス・オースティン公園前の公道にいたから。腰を落ち着けて、この国の産業、この国の知と技の結晶が、トラックに積まれてやって来るのを眺めていた。西部侵略、農業の工業化、豚屠殺業から「特別食肉施設」への転身、そんな私たちの全歴史がここ、ＱＰＰの入口に到着する。それを見ていると、ＰＩＮのような疾病も、増産を追い求めるホーメルがもたらした社会の病弊も、すべては肥大し過ぎ、かつ加速し過ぎ、止まることを、いな歩を緩めることをすら忘れてしまった一産業から、生まれるべくして生まれた副産物であるように思われてきた。

私は窓を上げてエンジンをかけた。一万九〇〇〇頭を超す豚がこの日、ＱＰＰで捌かれた。いつもに変わらない一日だった。

訳注３　プログレッシブ加工のスパム製造は二〇一五年六月一日に始まった。

謝辞

本書の一部は以下の記事を初出とする。

"Cut and Kill," ***Mother Jones***, July-August 2011

"Why Big Ag Loves the Drought," onearth.org, December 10, 2012

"This Land Is Not Your Land," ***Harper's***, February 2013

"Spam's Shame," slate.com, May 31, 2013

"Gagged by Big Ag," ***Mother Jones***, July-August 2013

"Who Belongs in Fremont, Nebraska?" harpers.org, November 1, 2013

"The Truth about This Pork Chop and How America Feeds Itself," ***Bloomberg Businessweek***, December 5, 2013

"The City of No," harpers.org, February 14, 2014

"Hog Wild," ***OnEarth***, Spring 2014

The Nation, September 2014 の抜粋。

編集作業を担当してくださったブラッド・ウィーナーズ、クリストファー・コックス、ジェレミー・キーン、ジョージ・ブラック、スコット・ドッド、ベッツィ・リード、ジョン・スワンスバーグの各氏に感謝の意を申し添える。初期段階でのお力添えを賜り、鋭いご指摘をしてくださったのに加え、拙稿のため『マザー・ジョーンズ』の紙面を大々的に割いてくださったクララ・ジェフリー氏にも深謝したい。事実確認、調査、追加報告の面でご助力いただいたライアン・リーベンタール、マディ・オートマン、ザイネブ・モハメドの各氏、そして特にジョー・クロック氏に、この場を借りて御礼申し上げる。本書の作成をご提案くださったトライデント・メディア・グループのドン・フェール氏、本書を形にしてくださったハーパーコリンズのティム・ダガン氏、および完成まで叱咤激励してくださったカルバート・D・モルガン・ジュニア、エミリー・カニンガム、カスリーン・バウマー各氏にも心からの謝意を表したい。最後になったが、最小ならぬ感謝の微衷を、ともにこの問題を訴え写真をご提供くださったマリー・アン・アンドレイ氏に捧げる。

release, March 30,2010, http://www.hormelfoods.com/Newsroom/Press-Releases=2010/03/20100330.

[15] Higgins, "Fabulous Food Plant."

[16] Jacobson, "Spam Production Coming to Hormel Plant in Dubuque."

[11] Nicholas Bergin, "Fremont Voters Overwhelmingly Affirm Anti-illegal Immigration Ordinance," *Lincoln Journal-Star*, February 11, 2014, http://journalstar.com/news/state-and-regional/nebraska/fremont-voters-overwhelmingly-affirm-anti-illegal-immigration-ordinance/article_91d84a16-e66b-5b30-8acc-bf741705f2b4.html.

[12] ジョナサン・チャベスとケイラ・ジャカートへの取材は2014年2月、ネブラスカ州フリーモントで行なった。

[13] Joe Duggan, "U.S. Supreme Court Won't Weigh In on Fremont's Immigration Rules, but City Isn't Relaxing," *Omaha World-Herald*, May 5, 2014.

[14] Grant Schulte, "Court decision could open door to immigrant rules," Associated Press, May 5, 2014.

第17章　食肉検査

[1] 農務省監査局報告書「食品安全検査局――豚屠殺工場における検査・執行活動」(Audit Report 34601-0001-41, May 2013)。全文はhttp://www.usda.gov/oig/webdocs/24601-0001-41.pdfより閲覧可。

[2] ダン・ホッピスへの取材は2013年11月、ネブラスカ州オマハで行なった。

[3] 記録は食品&水ウォッチのトニー・コルボよりEメールにて拝領。

[4] フィリップ・ダーフラーおよびハニー・シドラック（FSIS現場管理局所属）への取材は2013年11月、電話で行なった。

[5] 数値はUFCW広報副部長ニッキー・クールバース提供。

[6] Kenneth Culp, Mary Brooks, Kerri Rupe, and Craig Zwerling, "Traumatic Injury Rates in Meatpacking Plant Workers," *Journal of Agromedicine* 13, no.1 (February 2008): 7-16.　研究者はいずれもOccupational Health Nursing, College of Nursing, University of Iowaに勤務。

[7] ダーシー・トローマンハウザーへの取材は2013年11月、ネブラスカ州リンカーン、およびEメールで行なった。

[8] マーク・ローリッツェンへの取材は2013年11月、ネブラスカ州オマハで行なった。

[9] フィリップ・ダーフラーおよびハニー・シドラックへの取材、2013年11月。

[10] Ben Jacobson, "Hormel Picks Dubuque Plant for Expansion," *Dubuque Telegraph Herald*, January 14, 2014, http://www.thonline.com/news/breaking/article_8cf5bc66-7d52-11e3-b776-001a4bcf6878.html.

[11] Kevin T. Higgins, "Fabulous Food Plant: Hormel's Progressive Processing Plant Is Built for the Long Haul," *Food Engineering*, December 6, 2011, http://www.foodengineeringmag.com/articles/88936-fabulous-food-plant-hormels-progressive-processing-plant-is-built-for-the-long-haul-.

[12] Jacobson, "Hormel Picks Dubuque Plant for Expansion."

[13] Ben Jacobson, "Spam Production Coming to Hormel Plant in Dubuque," *Dubuque Telegraph Herald*, February 13, 2014, http://www.thonline.com/news/breaking/article_19a77b28-9508-11e3-8f05-0017a43b2370.html.

[14] "Hormel Foods Celebrates Grand Opening of State-of-the-Art Production Facility in Dubuque,Iowa, "Hormel Foods Corporation press

http://cfpub.epa.gov/ncer_abstracts/index.cfm/fuseaction/display.abstractDetail/abstract/607/reprt/0.
8 ゴードン・ブランドへの取材は2013年10月、アイオワ州デモインで行なった。
9 Kelly Slivka, "Big Drought Makes for a Small 'Dead Zone,'" nytimes.com, August 2, 2012, http://green.blogs.nytimes.com/2012/08/02/big-drought-makes-for-a-small-dead-zone/.
10 Tom Philpott, "House Republicans Aim Pitchfork at Food-System Reform," motherjones.com. June 23, 2011, http://www.motherjones.com/tom-philpott?page=40 を参照。
11 郡監督委員会会議の描写は以下にもとづく。Dan Voigt, "Permit Applications Raise Questions," *Emmetsburg News*, April 4, 2013, http://www.emmetsburgnews.com/page/content.detail/id/511367/Permit-Applications-Raise-Questions.html?nav=5004.
12 映画「PRICELE$$」用に実施されたライナス・ソルバーグへのインタビュー原稿 http://www.pricelessmovie.org/interview-transcripts/farmers/linus-solberg/ を参照。

第六部

第16章 拒絶の町

1 クリスティンへの取材、2012年3月。
2 Transcript of the Public Hearing on LB48, Judiciary Committee, Nebraska Legislature, State Capitol, Lincoln, Nebraska, March 2, 2011.
3 Art Hovey, "Immigration Ruling a Mixed Outcome," *Columbus (Nebraska) Telegram*, February 21, 2012, http://columbustelegram.com/news/local/state-and-regional/fremont-immigration-ruling-a-mixed-outcome/article_e56a4d06-5c95-11e1-beef-0019bb2963f4.html.
4 エイプリル・ワドレイとラファエル・デル・ヘーススへの取材は2012年から2013年にかけ、ネブラスカ州フリーモンで行なった。
5 私はこの会議について harpers.org で取り上げた。詳細は全て私のノートと録音による。
6 マイク・エルニへの取材は2012年5月、ネブラスカ州フリーモントで行なった。
7 Tammy Rreal-McKeighan, "Hospitals Can't Tell Who's Illegal," *Fremont Tribune*, June 12, 2010, http://fremonttribune.com/article_90b670e6-75dd-11df-943f-001cc4c002e0.html に引用あり。
8 Chris Zavadil, "Fair Housing Expert Says HUD Could Threaten Funding," *Fremont Tribune*, October 16, 2013, http://fremonttribune.com/news/local/fair-housing-expert-says-hud-could-threaten-funding/article_d71d546a-eed2-50ed-8e76-2b94ab325712.html.
9 私はこの会合について harpers.org で取り上げた。詳細は全て私のノートと録音による。
10 私はこの特別選挙について harpers.org で取り上げた。詳細は全て当日に私のとったノートと録音による。

Rapids, Iowa), May 11, 2011, http://www.kcrg.com/news/local/Iowa-DNR-Eliminating-More-Than-100-Positions--121680249.html を参照。
[14] Kent Sievers, "Iowa DNR Cuts Mean Less Oversight," *Omaha World-Herald*, June 6, 2011, http://www.omaha.com/apps/pbcs.dll/article?AID=2011706069934&template=pritart.
[15] ブランスタッドが 2011 年に任命した環境保護委員会委員については公式名簿、http://governor.iowa.gov/2011/03/gov-branstad-announces-appointees-to-iowas-boards-and-commissions/?wpmp_switcher=mobile を参照。
[16] Laura Millsaps, "Branstad's Brother Fined for Manure Spill in Winnebago River," *Ames Tribune*, November 17, 2011, http://iowa.amestrib.com/articles/2011/11/19/ames_tribune/news/doc4ec523ede1db9521609183.txt.
[17] Raccoon River Watershed Water Quality Master Plan, November 2011, prepared by Agren Inc., Carroll, Iowa, http://www.iowadnr.gov/Portals/idnr/uploads/water/watershed/files/raccoonmasterwmp13.PDF .
[18] Michael Tidemann, "New Fashion Pork Finish Site Draws Strong Opposition," *Estherville Daily News*, April 24, 2012, http://www.esthervilledailynews.com/page/content.detail/id/515555/New-Fashion-Pork-finish-site-draws-strong-opposition.html?nav=5003.
[19] この節の情報はフリーキングへの取材（2013 年 9 月）にもとづく。
[20] この住民会議の描写はフリーキングへの取材（2013 年 9 月）および以下の資料にもとづく。Michael Tidemann, "Over 100 Attend Emmet Concerned Citizens Meeting," *Estherville Daily News*, May 15, 2013, http://www.esthervilledailynews.com/page/content.detail/id/515730/Over-100-attend-Emmet-Concerned-Citizens-meeting.html?nav=5003.

第 15 章　水道局

[1] リンダ・キンマンへの取材は 2013 年 10 月、アイオワ州デモインで行なった。
[2] "Preliminary Results of an Informal Investigation of the National Pollutant Discharge Elimination System Program For Concentrated Animal Feeding Operations in the State of Iowa," Region 7, United States Environmental Protection Agency, July 2012, http://www.epa.gov/region07/water/pdf/ia_cafo_preliminary_report.pdf.
[3] ブランスタッドからパーシアセペに渡った手紙は、http://iowa.sierraclub.org/CAFOs/BranstadToEPA5-13.pdf で閲覧可。
[4] Gene Lucht, "EPA Chief Vows Cooperation," *Iowa Farmer Today*, August 21, 2013, http://www.iowafarmertoday.com/news/regional/epa-chief-vows-cooperation/article_0aee6e44-0a97-11e3-b2a5-0019bb2963f4.html.
[5] Raccoon River Watershed Water Quality Master Plan, November 2011.
[6] デニス・R・ヒルへの取材は 2013 年 10 月、アイオワ州デモインで行なった。
[7] "Detecting Fecal Contamination and Its Sources in Water and Watersheds" はEPAの助成（R824782）を受け、1995 年 10 月 1 日から 1998 年 10 月 31 日にかけて行なわれた。助成の詳細は以下より閲覧可（報告含む）。

[19] デビッド・グッドナーへの取材は 2014 年 1 月、電話で行なった。
[20] Andrew Schneider, "Potentially Fatal Bacteria Found in Pigs, Farmworkers," *Seattle Post-Intelligencer*, June 8, 2008, http://www.seattlepi.com/local/article/Potentially-fatal-bacteria-found-in-pigs-1275922.php.
[21] スミスの研究に関する優れた概説、分析としては、Maryn McKenna, "A New Strain of Drug-Resistant Staph Infection Found in U.S. Pigs," *Scientific American*, January 23, 2009, http://www.scientificamerican.com/article/new-drug-resistant-mrsa-in-pigs/ を参照。
[22] M. Carrel, M. L. Schweizer, M. V. Sarrazin, T. C. Smith, and E. N. Perencevich "Residential Proximity to Large Numbers of Swine in Feeding Operations Is Associated with Increased Risk of Methicillin-resistant *Staphylococcus aureus* Colonization at Time of Hospital Admission in Rural Iowa Veterans," *Infection Control and Hospital Epidemiology* 35.2 (February 2014) : 190-3, http://www.ncbi.nlm.nih.gov/pubmed/24442084.
[23] ブラッド・フリーキング、ジェイ・ムーア、エミリー・エリクソンへの取材は 2013 年 9 月、ミネソタ州ジャクソンのニュー・ファッション・ポークで行なった。

第 14 章　土地の成り立ち

[1] ジェイ・ローセンへの取材は 2013 年 11 月、アイオワ州エスタービルで行なった。
[2] ニュー・ファッション・ポークのデータは会社から直接拝領。
[3] You-Kuan Zhang and Keith Schilling, "Temporal Variations and Scaling of Streamflow and Baseflow and Their Nitrate-Nitrogen Concentrations and Loads," *Advances Water in Resources* 28 (2005)) 701-710 を参照。
[4] John C. Culver and John Hyde, *American Dreamer: A Life of Henry A. Wallace* (New York: Norton, 2001) , 160-62.
[5] Culver and Hyde, *American Dreamer*, 178-79 を参照。
[6] Michael Pollan, *The Omnivore's Dilemma: A Natural History of Four Meals* (New York: Penguin Press, 2006), 51-53 を参照。
[7] Shea Dean, "Children of the Corn Syrup," *Believer*, October 2003, http://www.believermag.com/issues/200310/?read=article_dean.
[8] オースティン・ジェノウェイズへの取材は 2012 年 7 月、ネブラスカ州ベイヤードで行なった。
[9] "History of the Crop Insurance Program," USDA Risk Management Agency, http:// www.rma.usda.gov/aboutrma/what/history.html を参照。
[10] EPA再生可能燃料基準の目標は、http:// www.epa.gov/otaq/fuels/renewablefuels/ で閲覧可。
[11] National Pork Producers Council, "Benefits of Expanding U.S. Pork Exports," http://www.nppc.org/issues/international-trade/benefits-of-expanding-u-s-pork-exports/ を参照。
[12] ＤＮＲの「家畜単位」計算表は、http : //www.iowadnr.gov/portals/idnr/uploads/forms/5424021.pdf より閲覧可。
[13] "Iowa DNR Eliminating More Than 100 Positions," KCRG (Cedar

D.C.: Department of Health and Human Services, Centers for Disease Control and Prevention), http://www.cdc.gov/drugresistance/threat-report-2013/.

5 "Food Safety Guidelines," *New Fashion Pork Vision*, Winter 2006. http://www.nfpinc.com/pdf/Winter06.pdf.

6 Dougherty, *In Quest of Quality: Hormel's First 75 Years*, 306.

7 *Annual Report of the Hormel Institute, 1955-1956* (St. Paul: University of Minnesota Press), 1.

8 レダール研究所のダガー、ジュークスの仕事に関する優れた概要としては、Richard Conniff, "How did antibiotics become part of the food chain?" *Cosmos*, March 10, 2014, http://cosmosmagazine.com/features/ antibiotics-become-part-food-chain.

9 Maureen Ogle, "Riots, Rage and Resistance: A Brief History of How Antibiotics Arrived on the Farm," *Scientific American*, September 3, 2013, http://blogs.scientificamerican.com/guest-blog/2013/09/03/riots-rage-and-resistance-a-brief-history-of-how-antibiotics-arrived-on-the-farm/

10 例えば *Sioux Center News*, June 19, 1950, 11を参照。

11 Sydney B. Self, "Hospital & Hogpen: Antibiotic Germ Killers Conquer New Fields as Pig, Poultry Feed," *Wall Street Journal*, September 12, 1950, 1.

12 "Antibiotics Used n Livestock by Hormel to Clear Bacteria for Full Effect of Fodder," *New York Times*, December 13, 1951, 53.

13 Nora L. Larson and Lawrence E. Carpenter, "The Fecal Excretion of Aureomycin by the Pig," *Archives of Biochemistry and Biophysics*, 36 (1952): 239-240.

14 R. C. Wahlstrom, Eva M. Cohn, S. W. Terrill, and B. Connor Johnson "Growth Effect of Various Antibiotics on Baby Pigs Fed Synthetic Rations," *Journal of Animal Science* 11 (1952): 449-454.

15 Harry F. Dowling, Mark H. Lepper, and George Gee Jackson, "Observations on the Epidemiological Spread of Antibiotic-Resistant Staphylococci, with Measurements of the Changes in Sensitivity to Penicillin and Aureomycin," *American Journal of Public Health* 43.7 (July 1953): 860-868, http://www.ncbi.nlm.nih.gov/pmc/articles/PMC1620328/.

16 "Iowa Concentrated Animal Feeding Operations Air Quality Study: Final Report," prepared by Iowa State University and the University of Iowa Study Group, February 2002, https://www.public-health.uiowa.edu/ehsrc/CAFOstudy/CAFO_1.pdf

17 完全採点表計画の諸形はアイオワ州DNRのウェブサイト、http://www.iowadnr.gov/Environment/LandStewardship/AnimalFeedingOperations/Confinements/CnstructionRequirements/Permitted/MasterMatrix.aspx より閲覧可。

18 スティーブ・ロウへの取材は2013年4月、アイオワ州ジェファーソン近郊で「グリーン郡農家・近隣住民の会」が主催した持ち寄り料理夕食会の場で行なった。

"Postville, Iowa, Is Up for Grabs," *New York Times Magazine*, July 11, 2012, http://www.nytimes.com/2012/07/15/magazine/postville-iowa-is-up-for-grabs.html. を参照。

2 フランケンの声明全文は以下より閲覧可。"Effect of ICE Raids on Children," https://www.franken.senate.gov/?p=issue&id=215.

3 パトリック・ニーロンへの取材は 2013 年 3 月、ミネソタ州アルバート・リーで、また同年 1 年を通しEメールで行なった。

4 Cheri Register, *Packinghouse Daughter: A Memoir* (St. Paul: Minnesota Historical Society Press, 2000), 53-62.

5 Sarah Stultz, "Farmland: Ten Years Later," *Albert Lea Tribune*, July 8, 2011, http://www.albertleatribune.com/2011/07/farmland-10-years-later/.

6 Erin Galbally, "Albert Lea Optimistic About Jobs Picture," Minnesota Public Radio, July 1, 2004, http://news.minnesota.publicradio.org/features/2004/07/01_galballye_aleaeconomy/.

7 Ibid.

8 ワディングの日常スケジュールと履歴の詳細は Kevin Cross, "Serious About Swine," *Austin Daily Herald*, March 6, 2013, http://www.austindailyherald.com/2013/03/serious-about-swine/ より。

9 Rose, "QPP Weighs In on Forgeries."

10 KOMの歴史は http://www.mnkaren.org/about.htm で閲覧可。

11 タ・ワーへの取材は 2013 年 3 月、ミネソタ州アルバート・リーで、また同年 10 月、アイオワ州デモインで行なった。

12 全国労働関係委員会に提出した投票申請書（Case no. 18-RC-17746）はミネソタ州アルバート・リーのUFCWローカル6より拝領。

13 ケー・ムーへの取材は 2013 年 10 月、アイオワ州デモインで行なった。

14 Employer's Exceptions to the Regional Director's Report on the Objections, *Albert Lea Select Foods v. UFCW Local 6*, Case 18-RC-17746, filed with the NLRB on April 29, 2011.　コピーはミネソタ州アルバート・リーのUFCWローカル6より拝領。

15 シュワルツの転職について、より詳しくは Trey Mewes, "Special Report: Are Hispanics Leaving?," *Austin Daily Herald*, November 10, 2011, http://www.austindailyherald.com/2011/11/why-are-hispanics-leaving-austin/ を参照。

第五部

第13章　安全印

1 ミネソタ州ジャクソン近郊の養豚場ニュー・ファッション・ポークへの訪問は2013年9月。

2 ホーメルの 2013 年度決算報告、http://www.hormelfoods.com/Newsroom/Press-Releases/2013/11/20131126-Earnings を参照。

3 Adam Harringa, "Hormel: An Eye on China," *Austin Daily Herald*, July 29, 2013, http://www.austindailyherald.com/2013/07/an-eye-on-china/.

4 *Antibiotic Resistance Threats in the United States, 2013* (Washington,

cr-00080/pdf/USCOURTS-ned-8_10-cr-00080-5.pdf.

2 Jerry A. Hart, "We Shouldn't Have to Fight Our Leaders," *Fremont Tribune*, March 26, 2010, http://fremonttribune.com/news/opinion/mailbag/we-shouldn-t-have-to-fight-our-leaders/article_6cbc03f2-38e5-11df-9ac8-001cc4c002e0.html.

3 Monica Davey, "City in Nebraska Torn as Immigration Vote Nears," *New York Times*, June 17, 2010, http://www.nytimes.com/2010/06/18/us/18nebraska.html.

4 "Explosive Devise Found at Hormel; Officials Have Suspect," *Fremont Tribune*, March 30, 2010, http://fremonttribune.com/news/local/explosive-device-found-at-hormel-officials-have-suspect/article_756b579a-3c15-11df-8034-001cc4c002e0.html.

5 JoAnne Young, "Senators Hear Arguments on Repealing Nebraska Dream Act," *Lincoln Journal-Star*, February 1, 2010, http://journalstar.com/news/local/govt-and-politics/senators-hear-arguments-on-repealing-nebraska-dream-act/article_c1af210a-0f5a-11df-a0e1-001cc4c03286.html.

6 Paul Reyes, "'It's Just Not Right': The Failures of Alabama's Self-Deportation Experiment," *Mother Jones*, March/April 2012, http://www.motherjones.com/politics/2012/03/alabama-anti-immigration-law-self-deportation-movement.

7 アリゾナ州法SB1070の法的問題をめぐる優れた議論としては、"Experts Go Over SB 1070's Key Points," *Arizona Daily Star*, May 2, 2010, http://azstarnet.com/news/experts-go-over-sb-s-key-points/article_a9006f6b-f9b6-59db-87b4-d54a09b4b786.html を参照。

8 コバックへの取材、2012 年 5 月。

9 クリスティン・オストロムへの取材は 2011 年から 2014 年にわたり、ネブラスカ州フリーモント、および電話で行なった。

10 2012 年 10 月 1 日に私のもとへ届いたEメールで、ホーメルの広報担当リック・ウィリアムソンは次のように説明した、「2010 年 6 月 14 日の週はフリーモント工場の管理者が市外に出ていました。工場には社内広報担当者を置いていないので、不在の工場管理者に代わってビル・マクレインが派遣され、既に弊社が受け始めていたメディア取材に対する広報上の手助けをすることになりました。商工会議所の一員として、会議所にも同じサポートを提供して地域の方々に条例の知識を広める支援を致しました」。

11 私は 2012 年 9 月にマクレインと電話で話したが、質問は全てホーメルの広報担当リック・ウィリアムソンに回された。

12 Monica Davey, "Nebraska Town Votes to Banish Illegal Immigrants," *New York Times*, June 21, 2010,
http://www.nytimes.com/2010/06/22/us/22fremont.html.

13 ブレーク・ハーパーへの取材は 2014 年の 1 月、2 月中に、電話とEメールで行なった。

14 ブレーク・ハーパーの申し立て、2010 年 7 月 28 日。*Martinez v. Fremont.*

第 12 章　兄さん、大丈夫?

1 ポストビルの強制捜査とその影響に関する優れた解説としては、Maggie Jones,

第四部

第10章　これはおかしいと思いましたね

1　ルイスは自身の医療ファイル（セントポール従業員能力開発コーポレーションの社会福祉司ロクサン・タラントが保管）を閲覧させてくれた。診療記録は全てタラントの月次報告を参照した。

2　ルイス夫妻、パブロとノエリアへの取材は2013年3月、ミネソタ州オースティンで行なった。

3　ラチャンスへの取材。2010年2月、ミネソタ州ロチェスターで。

4　特に断りがない場合、パトリシア・ロドリゲス・サンチェスの事件詳細は以下の非先例判決にもとづく。*State of Minnesota v. Patricia Rodriguez-Sanchez*, Mower County District Court File No. 50-CR-09-1932, October 11, 2011, http://mn.gov/web/prod/static/lawlib/live/archive/ctapun/1110/opa102137-103111.pdf.

5　Paul McEnroe, "Protecting Illegal Immigrants to Catch Criminals," *Minneapolis Star-Tribune*, October 27, 2011, http://www.startribne.com/lcal/132387733.html.

6　Ibid.

7　Mike Rose, "Immigration Protest Brings Out Two Sides," *Austin Daily Herald*, June 3, 2009, http://www.austindailyherald.com/2009/06/immigration-protest-brings-out-two-sides/.

8　集会の様子はhttp://www.youtube.com/watch?v=obOaW_hnZbYで視聴可。

9　"Rally Heats Up, No Arrests," *Austin Daily Herald*, July 13, 2009, http://www.austindailyherald.com/2009/07/rally-heats-up-no-arrests/.

10　McEnroe, "Protecting Illegal Immigrants to Catch Criminals."

11　Mike Rose, "QPP Weighs In on Forgeries," *Austin Daily Herald*, September 12, 2009, http://www.austindailyherald.com/2009/09/qpp-weighs-in-on-forgeries/.

12　バジェスタは自身の医療ファイル（セントポール従業員能力開発コーポレーションの社会福祉司ロクサン・タラントが保管）を閲覧させてくれた。診療記録は全てタラントの月次報告を参照した。

13　ワディングへの取材、2010年6月。

14　ロクサン・タラントへの取材は2010年の3月と4月、ミネソタ州オースティン、および電話で行なった。

第11章　お呼びじゃない

1　ロサウラ・カリージョ・ベラスケスの件については、彼女の弁護士バッセル・F・カサビーとの電話およびEメール交換（2012年8月、9月）の内容と、*United States v. Rosaura Carrillo-Velasquez* in the U.S. District Court for the District of Nebraska, Case Number 8:10CR80にもとづく。最も詳しい情報は以下。Findings and Recommendation That the Motion to Suppress 35 Be Denied, September 21, 2010, http://www.gpo.gov/fdsys/pkg/USCOURTS-ned-8_10-

[9] ライオンズの逮捕とその後の手続きに関するくだりは主任保安官代理ラッセル・C・ホフマンの報告書類とショーン・ライオンズへの取材（2012年11月）にもとづく。
[10] ミネソタ州農業発展評議会の使命は http://www.agrigrowth.org/who-we-are.html.に述べられている。
[11] アグナイトでのジョー・C・スウェドバーグのインタビューは、http://agwired.com/2008/09/03/hormel-provides-protein-punch-for-hunger-relief/より閲覧可。
[12] アグナイトでのジョン・ラスリング・ブロックのインタビューは、http://agwired.com/2008/09/03/former-ag-secretary-attends-agnite/より閲覧可。
[13] "Member in Focus," *Minnesota Agri-Growth Council Newsletter*, December 2008: 2, http://www.agrigrowth.org/pdf/MACGDecJan08.pdf.
[14] Minutes of the Legislative Coordinating Commission, Ethnic Heritage and New Americans Working Group, Thursday, September 18, 2008.
[15] *Minnesota Agri-Growth Council Newsletter*, February 2011, 3, http://www.agrigrowth.org/Newsletters/Feb2011.pdfを参照。
[16] アマンダ・ヒットへの取材は2013年4月、電話で行なった。
[17] Bob Von Sternberg, "Bill Would Ban Video of Farming Operations," *Minneapolis Star-Tribune*, April 8, 2011, http://startribune.com/politics/statelocal/119516799.html.
[18] Matthew Yglesias, "Florida Conservatives Standing Up For Liberty with New Law to Ban Farm Photo," thinkprogress.org, March 7, 2011, http://thinkprogress.org/yglesias/2011/03/07/200129/florida-conservatives-standing-up-for-liberty-with-new-law-to-ban-farm-photo/.
[19] 合衆国食品医薬品局からデコスターに渡った警告状は、http://www.fda.gov/ICECI/EnforcementActions/WarningLetters/2010/ucm229805より閲覧可。
[20] A. G. Sulzberger, "States Look to Ban Efforts to Reveal Farm Abuse," *New York Times*, April 13, 2011, http://www.nytimes.com/2011/04/14/us/14video.html.
[21] この話は畜産同盟広報部長エミリー・メレディスが、ラジオ番組 *Democracy Now!* のインタビューにエイミー・グッドマンと共同出演した際、口にした。インタビュー全文は http://www.democracynow.org/2013/4/9/debate_after_activists_covertly_expose_animalより閲覧可。
[22] ロッド・ハミルトンへの取材は2012年10月、電話で行なった。
[23] Sally Jo Sorensen, "Consumers Are Stupid: Agri-Growth Council Touts Babe in a Blender Restoration Act," bluestemprairie.com, April 12, 2011, http://www.bluestemprairie.com/bluestemprairie/2011/04/consumers-are-stupid-agri-growth-council-touts-babe-in-a-blender-restoration-act.html#sthash.VdMQcOw0.dpuf.
[24] Greene County Sheriff's Office Investigative Report, Case:09-1591.
[25] シェリ・ライオンズへの取材。2012年11月、アイオワ州ベイヤードにて。
[26] ダン・ペイドンへの取材は2012年11月、電話で行なった。
[27] Joe Vansickle, "Charting a Course for Day-One Pig Care," *National Hog Farmer*, August 17, 2010, http://nationalhogfarmer.com/mag/charting-course-pig-care-0815.

American Trilogy: Death, Slavery, and Dominion on the Banks of the Cape Fear River (New York: Da Capo Press, 2009), 75-98を参照。
13 モデル法案の全文は、http://www.alec.org/model-legislation/the-animal-and-ecological-terrorism-act-aeta/より閲覧可。
14 動物関連企業テロリズム法の全文は、http://www.gpo.gov/fdsys/pkg/BILLS-109s3880enr/pdf/BILLS-109s3880enr.pdfより閲覧可。
15 *60Minutes*の "Dr. Evil" 関連記事、http://www.cbsnews.com/news/meet-rick-berman-aka-dr-evil/を参照。
16 Ian T. Shearn, "Investigative Report: Richard Berman," Humane Society of the United States, May 11, 2010, http://www.humanesociety.org/news/news/2010/05/investigative_report_berman_1.html.
17 Mark Drajem and Brian Wingfield, "Union Busting by Profiting from Non-Profit May Breach IRS," Bloomberg News, November 1, 2012, http://www.bloomberg.com/news/articles/2012-11-02/union-busting-by-profiting-from-non-profit-may-breach-irs.html.
18 *Congressional Record*, vol. 152, part 17, November 9, 2006-December 6, 2006, 21836.
19 Henry Schuster, "Domestic Terror: Who's Most Dangerous?," CNN.com, August 24, 2005,http://www.cnn.com/2005/US/08/24/schuster.column/.
20 *United States v. Stop Huntington Animal Cruelty* 関連の裁判提出書類は、http://ccrjustice.org/home/what-we-do/our-cases/us-v-SHAC7より入手可。
21 ナチュラル・ポーク・プロダクションⅡがモウマー・ファームズになるまでの経緯はロバート・ルダーマンとマイケル・スタインバーグの日誌から抜き出した。

第9章　猿轡

1 PETAのダン・ペイドンから報告書コピーを拝領。
2 警察による聴取からの引用は全て、主任保安官代理ラッセル・C・ホフマン提出のGreene County Sheriff's Office Investigative Report, Case: 09-1591, Abuse and Neglect of Livestock at Sow Farm located at F Avenue and 330th St.より。
3 ショーン・ライオンズへの取材は2012年11月、アイオワ州ベイヤードで行なった。
4 取材中、リン・ベッカーは起草者が誰か、またこれ以外のPETA対策に当たったのが誰かについては答をはぐらかし、ただ「双子都市の広報会社」と作業に当たったと言うのみだったが、全米豚肉委員会が公開した声明文の電子ファイルには、ファイル作成者が「ジョン・ヒムリ」であることを示すメタデータが含まれていた。そのPDFは、http://www.pork.org/filelibrary/features/MowMarFARMsept08statement.pdfより現在も閲覧可。
5 Frommer, "Video Shows Abuse of Pigs."
6 スティーブ・カルノウスキによるAP通信の報道は多くの新聞に取り上げられた。例えば "PETA: Manager Still at Farm Where Pigs Were Abused," *Minneapolis Star-Tribune*, October 21, 2008, http://www.startribune.cm/31706519.html.
7 Ibid.
8 Hormel Foods, Corporate Responsibility Report, 2007, 36.

4, 2004, http://www.supportfarmers.com/news-articles/family-hog-operation-proactively-realizes-environmental-husbandry-despite-critics.
16 アイオワ州DNRに寄せられた申請件数および養豚施設の豚飼養数はDeb Nicklay, "The Smell of Money? Profitability Drives Iowa's Pork Boom," *Mason City (Iowa) Globe Gazette*, January 14, 2007.
17 "The Price of Corn," *New York Times*, February 6, 2007, http://www.nytimes.com/2007/02/06/opinion/06tue4.html?_r=0.
18 内部告発者の手紙の抜き出しはPETA広報・証拠分析担当ダン・ペイドンより、2012年11月27日、Eメールで拝領。
19 ペイドンより、2012年11月27日、Eメールにて。

第8章　傷めつけたっていいんだよ

1 ロバート・ルダーマンの体験は2008年の6月10日から9月8日にかけて付けられた日誌およびPETA提供の動画に記録されている。
2 Andrea Johnson, "LB Pork Is Minnesota Pork Producers' Family of the Year," *Minnesota Farm Guide*, January 24, 2003, http://www.minnesotafarmguide.com/lb-pork-is-minnesota-pork-producers-family-of-the-year/article_2d5e8809-72b5-55b3-bb02-5d77e2aa5fe2.html.
3 Andrea Johnson, "Lynn and Julie Becker Tell This Winter's Story of Pork," *Minnesota Farm Guide*, November 23, 2005, http://www.minnesotafarmguide.com/news/producer_reports/lynn-and-julie-becker-tell-this-winter-s-story-of/article_2ada1329-3dcf-5c91-a022-bc1a3c07177c.html.
4 Joe Vansickle, "New Large Pen Design for Wean-to-Finish Systems," *National Hog Farmer*, January 31, 1999, http:// nationalhogfarmer.com/mag/farming_new_large_pen.
5 Minnesota Pork Industry Profile, prepared by Su Ye, Agricultural Marketing Services, Minnesota Department of Agriculture, 2009, 05, http://www.mda.state.mn.us/food/business/~/media/Files/food/business/economics/porkindustryprofile.ashx.
6 United States Department of Agriculture. National Agricultural Statistics Service.
7 Tom Dodge, "Hogs, Corn and Baseball," *Progressive Farmer*, August 2010, http://www.dtn.com/ag/realfarmer/hogscorn.cfm.
8 Hormel Foods, Corporate Responsibility Report, 2007, 37, http://www.2011csr.hormelfoods.com/wp-content/themes/twentyeleven/pdf/HormelFoods2006-2007CSRReport.pdf.
9 マイケル・スタインバーグの体験は2008年の7月23日から9月11日にかけて付けられた日誌およびPETA提供の動画に記録されている。
10 音声ファイルとその書き起こし原稿はPETAのダン・ペイドンより、2012年11月、拝領。
11 Andrew Martin, "Agriculture Debt. Vows to Improve Animal Welfare," *New York Times*, February 29, 2008, http://www.nytimes.com/2008/02/29/business/29food.html?ref=westlandhallmarkmeatcompany&_r=0.
12 PETAのマーフィー・ファミリー・ベンチャーズ調査の詳細はSteve M. Wise, *An*

pigs/ を参照。

3 "North Carolina in the Global Economy: Hog Farming," http://www.soc.duke.edu/KC_GlobalEconomy/hog/overview.shtml を参照。

4 Peter T. Kilborn, "Hurricane Reveals Flaws in Farm Law," *New York Times*, October 17, 1999, http://www.nytimes.com/library/national/101799floyd-environment.html.

5 アイオワ州の垂直統合禁止法に対するスミスフィールドの訴えについては次の文献の記述が詳細にわたり秀逸。Christopher Leonard, *The Meat Racket: The Secret Takeover of America's Food Business* (New York: Simon & Schuster, 2014), 240-56.

6 免除の公式発表と具体的条件については http://www.state.ia.us/government/ag/latest_news/releases/jan_2006/cargill.html および、http://www. state.ia.us/government/ag/latest_news/releases/apr_2006/hormel.html にて確認可。

7 特に参考になるのは *Lincoln Journal-Star* の記事だろう。「アイオワ州政府役員と交わした裁判所での合意を幸いに、ホーメルフーズ社の所有するフリーモントの豚屠殺工場は生産増を実現できる……。フリーモントの工場は 1350 人を雇い、1日約 9000 頭の豚を屠殺する。ホーメルは1日量を1万 500 頭に増やす予定で、一部はアイオワ州の豚が占めることになる。雇用の飛躍的増加は望めないが」"Business Briefs," April 7, 2006.

8 J. L. Anderson, "Lard to Lean: Making the Meat-Type Hog in Post-World War II America." Warren Belasco and Roger Horowitz, eds., *Food Chains: From Farmyard to Shopping Cart* (Philadelphia: University of Pennsylvania Press, 2009), 29-46 より。

9 ホーメルの「赤枠」については、ミネソタ州ジャクソンに位置する同社の豚供給元最大手の1つ、ニュー・ファッション・ポークの豚群管理者らから多くの関連情報を得た。ニュー・ファッション・ポーク販売部長スティーブ・ラーソン氏に心から御礼申し上げる。

10 Debra Neutkens, "Sorting for the Perfect Weight," *National Hog Farmer*, November 15, 2002, http://www.nationalhogfarmer.com/mag/farming_sorting_perfect_weight.

11 "Hormel Foods' Exec Make the Case for Uniformity," *Progressive Pork* (newsletter of Farmweld), 2011, http://www.farmweld.com/progressivepork/november_2004/carcass-uniformity.htm.

12 ワイズの履歴詳細は 2013 年4月の電話取材および投資家候補に送られた勧誘手紙から多くを得た。後者は http://www.docstoc.com/docs/28457175/Create-opportunities-for-rural-families-and-communities-by-developing.

13 Joe Vansickle, "Farrow-to-Wean Business Booms," *National Hog Farmer*, January 15, 2005, http:// nationalhogfarmer.com/mag/farming_farrowtowean_business_booms.

14 Ibid.

15 Jeff Caldwell, "Family Hog Operation Proactively Realizes Environmental Husbandry Despite Critics," *Midwest Ag Journal*, October

kvnonews.com/2011/01/ we-will-shed-blood-again/ を参照。
[18] アルフレード・ベレスへの取材は 2012 年 3 月および 2013 年 11 月に行なった。
[19] この手紙は「ひとつのフリーモント、ひとつの未来」のクリスティン・オストロムから拝領。
[20] Don Bowen, "Immigration Issue Continues to Simmer in Fremont," *Fremont Tribune*, July 25, 2009.
[21] "Stating at the Beginning: A Look at How Fremont Got to June 21 Election," *Fremont Tribune*, June 11, 2010.

第 6 章　ここはお前たちの土地じゃない

[1] "Immigration Debate Hot," *Austin Daily Herald*, August 19, 2008, http://www.austindailyherald.com/2008/08/video-immigration-debate-hot/.
[2] ルーシー・ヘンドリックスについてより詳しくは Jean Hopfensperger, "Standing Firm in Opposition to Illegals," *Minneapolis Star-Tribune*, April 28, 2006.
[3] "Immigration Debate Hot," *Austin Daily Herald*, August 19, 2008.
[4] Amanda Lillie, "Sheriff: Illegal Immigration Process Is out of Our Hands," *Austin Daily Herald*, January 31, 2011.
[5] Judy Keen, "Immigration Debate Grips Minn. City," *USA Today*, August 27, 2008.
[6] "Immigration Debate Hot," *Austin Daily Herald*, August 19, 2008.
[7] Marie Casey and Casper Winkels. Horowitz, *Negro and White, Unite and Fight!*, 39 より。
[8] ロジャー・ホロウィッツが行なった注目すべきジョン・ウィンケルスへの取材は James W. Loewen, *Sundown Towns: A Hidden Dimension of American Racism* (New York: New Press, 2005),207 に詳しく引用されている。
[9] ボブ・ワーナー、ジョン・ワイガート、ジェリー・ハートへの取材。2012 年 3 月、ネブラスカ州フリーモントにて。
[10] Jerry A. Hart, "This City Is Being Destroyed by Greed," *Fremont Tribune*, February 4, 2009.
[11] ボブ・ワーナー、ジョン・ワイガート、ジェリー・ハートへの取材（2012 年 3 月、ネブラスカ州フリーモント）およびクリス・コバックへの取材（2012 年 5 月、カンザス州トピカ）とその後のメール対話より。
[12] "Workers Picket QPP," *Austin Daily Herald*, December 1, 2008.
[13] "Workers to Demonstrate at QPP," *Rochester Post-Bulletin*, November 27, 2008.
[14] パブロ・ルイスへの取材。2012 年 11 月、ミネソタ州オースティンにて。

第三部

第7章　栽培から解体まで

[1] リン・ベッカーへの取材は 2012 年 9 月、ミネソタ州フェアモントで行なった。
[2] AP通信の話題は新聞になって全国に広まった。例えば Frederic J. Frommer, "Video Shows Abuse of Pigs," *Boston Globe*, September 17, 2008, http://www.boston.com/news/nation/articles/2008/09/17/video_shows_abuse_of_

February 14, 2005.
[14] Don Bowen, "Landlords Oppose Immigration Ordinance," *Fremont Tribune*, July 16, 2008.

第5章 ゴミクズみたく捨てられて

[1] "Investigation of Progressive Inflammatory Neuropathy Among Swine Slaughterhouse Workers—Minnesota, 2007-2008," U.S. Center for Disease Control and Prevention, Morbidity and Mortality Weekly Report, January 31, 2008, 1-3.
[2] QPPとアメリカンホーム保険会社の話し合いについて、より詳しくはこの後に起こされた訴訟の記録 *State of Minnesota in Court of Appeals A10-1443, Quality Pork Processors, Inc., v. The American Home Assurance Company*を参照されたい。本件の文書は私が次のサイトに載せた。https://www.documentcloud.org/documents/210076-qppvamericanhomeassurance.html.
[3] スーザン・クルーゼへの取材は2010年2月、ミネソタ州オースティンで行なった。
[4] Mia Simpson, "Former QPP Worker Fights for Workers' Compensation," *Austin Daily Herald*, April 3, 2008.
[5] Grady, "A Medical Mystery Unfolds in Minnesota."
[6] Helen Meyers, "Workers Disabled at Minnesota Plant Demand Answers," *Militant*, January 21, 2008.
[7] Simpson, "Former QPP Worker Fights for Workers' Compensation."
[8] Ibid.
[9] ミリアム・アンヘレスへの取材。2010年2月、ミネソタ州オースティンで。
[10] ボブ・ワーナー、ジョン・ワイガート、ジェリー・ハートへの取材は2012年3月、ネブラスカ州フリーモントで行なった。
[11] Don Bowen, "Warner Introduces Illegal Immigration Proposal," *Fremont Tribune*, May 14, 2008.
[12] この会議の描写はボブ・ワーナーへの取材および Cindy Gonzalez and Judith Nygren, "Proposed Ban on Illegal Immigrants Stirs Uproar in Fremont," *Omaha World-Herald*, July 11, 2008、Don Bowen, "Landlords Oppose Immigration Ordinance," *Fremont Tribune*, July 16, 2008にもとづく。
[13] ルイスは自身の医療ファイル（セントポール従業員能力開発コーポレーションの社会福祉司ロクサン・タラントが保管）を閲覧させてくれた。診療記録は全てタラントの月次報告を参照した。
[14] パブロ・ルイスへの取材。2010年4月、ミネソタ州オースティンにて。
[15] Bertha Valenzuela, Leslie Velez, and Kristin Ostrom, "Fremont's First Costs: Statement of One Fremont One Future," September 8, 2010, http://www.neappleseed.org/wp-content/uplads/downloads/2013/08/One-Fremont-One-Future-US-Civil-Rights-NE-Sept-2010.pdf.
[16] サラテはフリーモント市議会の2013年10月29日会議でこの事件について証言した。
[17] シュナッツは数年かけてこのEメールを多くの個人に送った。例えば Fred Knapp, "We Will Shed Blood Again," *NET News*, January 11, 2011, http://www.

Closes Slaughterhouse," *St. Paul Pioneer Press*, June 9, 1988, Metro, 1A.

[12] ミリアム・アンヘレス（実名）への取材は2010年の2月と4月、ミネソタ州オースティンで行なった。アンヘレスについてより詳しくは以下を参照。Elizabeth Baier, "Workers Sickened at Pork Plant Still Wait for Compensation," Minnesota Public Radio News, March 31, 2010, http://www.mprnews.org/story/2010/03/31/pork-illness-compensation.

[13] ラチャンスへのインタビューより（2010年2月）。なおDaniel H. Lachance et al., "An outbreak of neurological autoimmunity with polyradiculoneuropathy in workers exposed to aerosolised porcine neural tissue: A descriptive study," *Lancet*, November 30, 2009, http://www.thelancet.com/journals/laneur/article/PIIS1474-4422(09)70296-0/fulltextも参照。

第二部

第4章　小さなメキシコ

[1] ラウル・バスケス（実名）への取材は2012年から2014年にかけ、ネブラスカ州スカイラーのサン・ミゲル酒販店で行なった。

[2] David Welna, "Nebraska Senator Takes Tough Stand on Immigration," NPR *Morning Edition*, April 24, 2006, http://www.npr.org/templates/story.php?storyId=5358608を参照。

[3] "When Mr. Kobach Comes to Town: Nativist Laws & the Communities They Damage," Southern Poverty Law Center, January 2011, http://www.splcenter.org/sites/default/files/downloads/publication/Kobach_Comes_to_Town.pdf.

[4] Hugh A. Fogarty, "Cattle Men Out West See No Meat Shortage," *New York Times*, June 29, 1947, E9.

[5] "Stockyards Shut by Omaha Strike," *New York Times*, June 25, 1947, 3.

[6] ホーメル職員の年収についてはE. J. McCarthy, "Guaranties and Annual Earnings: A Case Study of George A. Hormel and Company," *Journal of Business*, January 1956, 41-51を参照。

[7] 「ホーメルの労働者は大半が」: Jack H. Pollack, "Revolution in Wages," *Los Angeles Times*, March 16, 1947, E12.

[8] ハーパー夫妻、ハロルドとリンダへの取材は2014年1月、ネブラスカ州フリーモントで行なった。

[9] 遊撃ピケ隊に関する当時の優れた解説としてはSteve Boyce, Jake Edwards and Tom Wetzel, "Slaughterhouse Fight: A Look at the Hormel Strike," *ideas & action*, Summer 1986, http://www.uncanny.net/~wetzel/hormel.htm.

[10] "Hormel Plans Layoffs," *Los Angeles Times*, September 3, 1988, CSD2

[11] Jim Rasmussen, "Hormel's Changes Lead to Expansion," *Omaha World-Herald*, January31, 1993, 1M.

[12] Michael O'Boyle, "From Guerrero to Nebraska," *Business Mexico*, July 1, 2003.

[13] Michael O'Boyle, "Migrants Changing Nebraska Town," *Herald Mexico*,

[19] 病気のため、ニック・リネカーはEメールでの取材を希望した。彼の言葉は2014年2月、3月に交わした膨大なメールからの引用。
[20] George A. Hormel & Company, Patent for Apparatus for Splitting Animal Heads (US 4662028 A), http://www.google.com/patents/US4662028.
[21] "Pork Processors Boost Capacity," National Pork Producers Council, September 30, 1994, http://www.porknetwork.com/pork-news/pork-processors-boost-capacity-114010229.html.
[22] Interview with Joel W. Johnson, "The Spam Master," *Meatingplace*.
[23] Adam Harringa, "Skippy Leads the Way at Shareholders Meeting," *Austin Daily Herald*, January 30, 2013.
[24] パブロ・ルイス（実名）への取材は2010年から2012年にかけ、ミネソタ州オースティン、および電話で行なった。

第3章　分身

[1] アーロン・デブリース、ステイシー・ホルツバウアー、ルース・リンフィールドへの取材は2010年4月、ミネソタ州セントポールのミネソタ州保健局で行なった。
[2] 2010年4月に私が取材した時、リンフィールドはワディングとの具体的なやりとりを話したがらなかった。しかし2年以上前に、『ニューヨーク・タイムズ』紙に対しては同じやりとりの内容を語っていた。Denise Grady, "A Medical Mystery Unfolds in Minnesota," *New York Times*, February 5, 2008.
[3] Articles of Incorporation of Quality Pork Processors Inc. (2007年11月のブレイン・ジェイ株式会社への譲渡も含む), the Office of the Secretary of State of Texasを通して入手。この文書は私が次のサイトに載せた。https://www.documentcloud.org/documents/207645-qpp-papers.html.
[4] Articles of Incorporation of Blaine Jay Corporation, 同じくthe Office of the Secretary of State of Texasを通して入手。この文書も私が次のサイトに掲載。https://www.documentcloud.org/documents/207644-blainejaypubdocs.html.
[5] ケリー・B・ワディングへの取材は2010年6月、電話で行なった。
[6] デール・チャイドスターへの取材は2010年、2011年を通し、ミネソタ州オースティン、および電話で行なった。
[7] オースティンで起こったホーメルのストライキについては秀逸な歴史書が出ており、経緯の詳細については特に以下の文献を参照した。Dave Hage and Paul Klauda, *No Retreat No Surrender: Labor's War at Hormel*（New York: William Morrow, 1989）; Hardy S. Green, *On Strike at Hormel: The Struggle for a Democratic Labor Movement*（Philadelphia: Temple University Press, 1990）; Peter Rachliff, *Hard-Pressed in the Heartland: The Hormel Strike and the Future of the Labor Movement*（Boston: South End Press, 1993）.
[8] Winston Williams, "Wilson Foods Fights Back," *New York Times*, December 3, 1983.
[9] Rachliff, *Hard-Pressed in the Heartland*, 49.
[10] キャロル・バウアーへの取材は2010年2月、ミネソタ州オースティンのクオリティ豚肉加工社で行なった。
[11] Scott Carlson, "Hormel Loses Right to Lease Austin Plant, Ruling

Morison, ed., *The Letters of Theodore Roosevelt*, vol. 5（Cambridge, MA: Harvard University Press, 1952）, 178-80より。

3 Upton Sinclair, "The Condemned-Meat Industry: A Reply to Mr. J. Ogden Armour," *Everybody's Magazine*, May 1906, 613.

4 Upton Sinclair, *The Jungle*, introduction by Eric Schlosser（New York: Penguin Classics, 2006）, 123.

5 Sinclair, *The Brass Check*, 47.

6 Richard L. Knowlton with Ron Beyma, *Points of Difference: Transforming Hormel*（Garden City, NY: Mrgan James, 2010）, 27.

7 Knowlton, *Points of Difference*, 153.

8 Knowlton, *Points of Difference*, 28.

9 Knowlton, *Points of Difference*, 28.

10 Knowlton, *Points of Difference*, 35.

11 Knowlton, *Points of Difference*, 65.

12 Knowlton, *Points of Difference*, 151.

13 2013年の1月と2月、オンライン紙 *Food Safety News* はジャックインザボックスの事件とその影響を追った注目すべき連載記事を発表した。同紙の発行者である弁護士ビル・マーラーはジャックインザボックスを訴えた原告の1人を代弁した。

14 1994年2月10日、J・パトリック・ボイルは米上院の前でこう証言した、「本日、AMIは長官［マイク・］エスピーに対し、国内すべての食肉・家禽工場にHACCPプログラムを義務付ける規則の制定に取り掛かるよう、公式に要請した次第でありまして、念のためその朝お送りした手紙の写しをここに提出し、長官に迅速な着手を促すとともに、この確かなシステムを我が国の食肉検査において求められる義務項目の一つに致したいと、このように考えております」*The Federal Meat Inspection Program: Hearings Before the Subcommittee on Agricultural Research, Conservation, Forestry, and General Legislation of the Committee on Agriculture, Nutrition, and Forestry, United States Senate, One Hundred Third Congress, Second Session*（Washington, DC: U.S. Government Printing Office, 1994）, 11.

15 このもじりは国中の食肉検査官らの間でウケた言い回しだったが、1990年代の業界誌には「Hard, Agonizing, Complicated, Confusing Paperwork（頭アイタタガンガンこんがらメッチャカ書類作業）」「Hire a Consultant and Confuse People（顧問を雇って人心攪乱）」などの洒落もある。

16 2004年にジョエル・W・ジョンソンがリチャード・L・ノールトン賞を受賞した時、業界誌 *Meatingplace* は彼に取材を行ない、記事には同僚リチャード・L・ノールトンやJ・パトリック・ボイルらに行なったインタビューを引用した。"The Spam Master," *Meatingplace*, December 2004, 19-33, http://www.meatingplace.com/Print/Archives/Details/2877.

17 Knowlton, *Points of Difference*, 98.

18 United States, Department of Agriculture, Food Safety and Inspection Service, Washington, D.C.（被告）and American Federation of Government Employees, AFL-CIO and National Joint Council of Food Inspection, Locals, AFGE（原告）, August 29, 2003, https://www.flra.gov/decisions/v59/59-013ad.html.

Industrial Unionism in Meatpacking, 1930-90（Champaign: University of Illinois Press, 1997）,42.

[9] *Austin Daily Herald*, September 23, 1933, 1.　Blum, *Toward a Democratic Work Process*,10 の引用より。

[10] Horowitz, *Negro and White, Unite and Fight!*, 42.

[11] Frances Levison, "Hormel: The Spam Man," *Life*, March 11, 1946, 63.

[12] "The Name Is HOR-mel," *Fortune*, October 1937, 138.　10 年後、フランシス・レヴィソンはホーメルが「薄ピンクからアカまで色々な色の烙印を押され」たと述べた。Levison, "The Spam Man," 63.

[13] 「エミリアノ・バジェスタ」（仮名）への取材は 2010 年から 2011 年にかけ、ミネソタ州オースティンで行なった。

[14] Andrew Martin, "Spam Turns Serious and Hormel Turns Out More," *New York Times*, November 15, 2008, B1.

[15] Carolyn Wyman, *Spam: A Bibliography*（New York: Harcourt Brace, 1999）, 7.

[16] Wyman, *Spam: A Bibliography*, 7.

[17] Dan Armstrong and Dustin Black, *The Book of Spam: A Most Glorious and Definitive Compendium of the World's Favorite Canned Meat*（New York: Atria Books, 2008）, 63.

[18] 販売戦略の内容については Dougherty, *In Quest of Quality: Hormel's First 75 Years*, 163 を参照した。

[19] Brendan Gill, "The Talk of the Town: Spam Man," *New Yorker*, August 11, 1945, 15.

[20] ドワイト・D・アイゼンハワーからジョージ・A・ホーメル&カンパニー代表H・H・「ティム」・コーレイに宛てた 1966 年 6 月 29 日付署名入り書簡はミネソタ州オースティンのスパム博物館に展示。補佐が保管した署名無しの控え用写しはカンザス州アビリーンのアイゼンハワー大統領図書館・博物館にある（Post-Presidential Papers 1961-1969: 1966 Principal File, Box 27)。

[21] ダニエル・ラチャンスへの取材は 2010 年 2 月、ミネソタ州ロチェスターのメイヨー・クリニックで行なった。なお、Howard Bell, "Inspector Lachance," *Minnesota Medicine*, November 2008, 22-27 も参照。

[22] ウォルター・シュワルツへの取材は 2010 年 4 月、ミネソタ州オースティンで行なった。

[23] キャロル・バウアーへの取材は 2010 年 2 月、ミネソタ州オースティンで行なった。

[24] Chris Williams, "Mayo Confirms Cause of Slaughterhouse Illnesses," Associated Press, November 30, 2009.

第２章　コーヒーでも啜って神に祈ろう

[1] 『ジャングル』刊行から 10 年以上が経った後、アプトン・シンクレアは国内紙誌の過ちをつぶさに分析する作業の一環として、「廃棄肉産業」および「ルーズベルトとの冒険」をめぐる詳しい――かつ例によって容赦ない――叙述を行ない、世に問うた。Upton Sinclair, *The Brass Check: A Study of American Journalism* (Pasadena, CA: Author, 1920), 47.

[2] Theodore Roosevelt to Upton Sinclair, March 15, 1906.　Elting E.

原注

プロローグ
[1] 「マリア・ロペス」「フェルナンド・ロペス」（仮名）への取材は2013年11月、ネブラスカ州フリーモントで行なった。
[2] 本書中に現われるライン速度については様々な情報を頼りとしたが、職員の回想を元にした場合が最も多く、可能な時はできるだけ組合の記録と照らして確認した。
[3] 2013年9月3日提出の請願。http://www.splcenter.org/sites/default/files/splc_osha_poultry_worker_safety_petition.pdf.
[4] "'The Speed Kills You': The Voice of Nebraska's Meatpacking Workers," Nebraska Appleseed, 2009, http://boldnebraska.org/uploaded/pdf/the_speed_kills_you_030910.pdf.

第一部

第1章　脳マシン
[1] 「マシュー・ガルシア」（仮名）への取材は2010年から2011年にかけ、ミネソタ州オースティン、および電話で行なった。
[2] 2000年から2006年にかけてのQPPのライン速度、労働環境は詳しく記録されている。ミネソタ州保健局が作成した解体ラインの見取り図と工場業務の詳細はStacy M. Holzbauer, Aaron S. DeVries, et al., "Epidemiologic Investigation of Immune-Mediated Polyradiculoneuropathy Among Abattoir Workers Exposed to Porcine Brain," *PLoS ONE*, March 2010, e9782.
[3] ガルシアは自身の医療ファイル（セントポール従業員能力開発コーポレーションの社会福祉司ロクサン・タラントが保管）を閲覧させてくれた。診療記録は全てタラントの月次報告を参照した。
[4] ホーメルフーズ広報担当部長ジュリー・ヘンダーソン・クレーブンからのEメール（2010年2月26日）。
[5] ホーメルの初期操業期間に関する詳細はRichard Dougherty, *In Quest of Quality: Hormel's First 75 Years*（St. Paul: North Central, 1966）より。
[6] 1948年から1952年にかけ、社会学者フレッド・H・ブラムはミネソタ州オースティンで画期的な研究を実施、ジェイ・C・ホーメルの年間保証賃金制度が社の生産性と職員の満足にどう影響しているかを調べた。その知見からは私も多くの詳細をとらせてもらった。Fred H. Blum, *Guaranteed Annual Wages: A Case Study*（Berkeley: University of California Press, 1952）およびFred H. Blum, *Toward a Democratic Work Process: The Hormel-Packinghouse Workers' Experiment*（New York: Harper & Brothers, 1953）.
[7] Blum, *Toward a Democratic Work Process*,4.
[8] Roger Horowitz, *Negro and White, Unite and Fight! A Social History of*

訳者あとがき

本書（原題『The Chain: Farm, Factory, and the Fate of Our Food』）は、低価格商品を売りとする屠殺産業が引き起こした悲劇の実態を、労働者、地域住民、そして動物の視点から追った意欲作である。舞台となるホーメルフーズ社は、スミスフィールド・フーズ社とともにアメリカ一、二を競う豚肉加工最大手企業であり、日本では沖縄県に子会社・沖縄ホーメルを持つほか、二〇〇八年以降は日本をアメリカに次ぐ世界第二の市場とすべく二度目の「本格上陸」に乗り出した。いまや目玉商品スパムは全国のスーパーマーケットに見られ、日本人向けバージョンも存在する。社は外食産業への参入も始めており、ブランド知名度は今後さらに上がっていくだろう。

ところがその華々しい表舞台の活躍とは裏腹に、ホーメルの生産現場には見るに堪えない陰惨な実態が横たわっていた。安い肉製品が造られる背景には、悪辣な経営者に搾取される力なき労働者たち、移民問題で分裂する地域社会、劣悪飼育と身体虐待に苦しめられる動物たち、土地と水を汚染され病に悩まされる農村住民らの姿があった。それは生産性と効率性を追求して犠牲を顧みない企業と、経済の活性化を追求して産業支援のあり方を考えない政府、そして安さを追求してその影響に思いを馳せない消費者が三位一体《さんみいったい》となって生み出した現実でもあったろう。安価な商品は消費者の目に魅力的に映るが、低価格の達成には往々にして多大な犠牲が伴う――ホーメルの舞台裏は、まさにその典型例であるといえる。

これはホーメルの問題であってホーメルだけの問題ではない。労働者搾取は資本主義社会の持病ともいうべきもので、特に廉価ブランドを前面に出す企業では——下請け工場の労働者に超長時間の危険な低賃金労働を課すユニクロ、GAP等のファストファッション業界をはじめ——これが広く横行している。食肉業界をみると、自由貿易協定によってアメリカの安い農産物が国内に入ってきたことで職を追われたメキシコ人農家たちが元凶のアメリカへ流れ込み、ホーメルのほか、タイソンフーズやスミスフィールド・フーズなどの大手加工会社で苛酷な労働を強いられる。豚肉工場の環境については他社もホーメルの状況と大差ないが、他にも例えば鶏肉工場では、鶏を流れ作業ラインのハンガーに掛ける作業を一分につき五〇羽、一日二万羽以上もこなす、あるいは内臓摘出の作業を一分に数十回から一〇〇回も行なうといった状況である。反復運動損傷の発生件数一位、二位を食肉業界と家禽肉業界が占めるのは偶然ではない。しかるに大半が未登録移民という立場にある労働者たちは企業に表立って抗議するすべを持たない。

　他方、動物虐待も動物性食品業界全体に蔓延しており、これは生産性の向上とコストの削減を第一とする企業姿勢（と、それを望む消費者の姿勢）が改まらないかぎり解消される希望は無い。日本の企業が直接に関わった例としては、伊藤ハムの所有するアメリカの畜産会社ワイオミング・プレミアム・ファーム社の従業員による動物虐待事件が記憶に新しい。アメリカの動物擁護団体である全米人道協会（ＨＳＵＳ）は二〇一二年、同社の養豚場に潜入調査を行なったが、そこでは豚の虐待が常態化しており、職員は子豚を蹴り回し、子豚を放り投げて面白がり、子豚を奪われるのに抵抗する母豚を執拗に蹴り続け、脚の折れた豚がいれば折れた脚の上に肥満した体で乗って何度もバウンスするなど、想像するだけでおぞましい暴力を振るっていた。飼育環境も劣悪そのもので、簀子《すのこ》状の床には掃除されない排泄物や溝に嵌《は》まった子豚の死骸が散乱し、腫瘍《しゅよう》や子宮脱《しきゅうだつ》を患った豚が放置され、水を与えられず脱水死する豚もいた（詳細は http://video.humanesociety.org/?credit=web を参照）。こうした問題が発覚した時、親会社は表面的な事件調査を行なった後、全ての責任を工場に帰して、自分たちは何も関知していなかった、こんなことは絶対に許せない、と御託を並べていればよく、伊藤ハムのとった対応もまさにそれだった。食肉の販売価格を抑えるために動物福祉をないがしろにするような産業構造そのものに真の問題がある、といった議論は決して行なわれない。

なお、動物の飼育環境は日本国内でも相当に悪く、経済効率を優先する考えから豚などは雌であれば体の向きも変えられない鉄製の檻に閉じ込められ、雄であれば四畳ほどの空間に十数頭が押し込まれて身動きもできないでいるのが普通である。心を休める藁《わら》などは余計なコストになるので一本たりとて与えられない。殴る蹴るといった類の身体虐待がどの程度行なわれているのかは定かでないが、畜産農家たちの間にさえ動物福祉という概念が行き渡っていない日本においては、コストの切り詰めを追求した果ての飼育環境自体が虐待的なものとなっている。

こうした過程を経てつくられる安価な肉がスーパーマーケットの棚を満たし、ファミリーレストランやファストフード店の食材に使われ、およそ全ての生協グループによって宣伝される。私たちは普段、自分が口にする食べ物の裏にどんな物語が隠されているかを意識することはないが、市場に出回る安い肉はその実、パッケージ化された暴力である。どれほど血の臭いから遠ざけられていても、どれほど薄々分かっている事実を打ち消しても、私たちが暴力を食べていることに変わりはない。それはもはや食物連鎖などではないし、「私たちは多くの犠牲の上に生きている」などという欺瞞めいた開き直りで許される行為でもない。また、食卓に載った死体を前に感謝の言葉を唱えてみたところで、それは苦しみぬいたあげく殺されていった動物たちには届くはずもなく、密室の中で血を流す屠殺場労働者たちの耳にも入らない。そもそも一パック数百円の肉や一皿千円にもならない外食料理を食す人間が「いただきます」の僅か一言にどれほどの感謝を込められるか疑問でもある。そして、感謝をしながら悲鳴と流血と憎悪の産物にお金を支払い続けるかぎり、私たちの罪が軽くなることはあり得ない。

真に労働者の人権を重んじ、命の尊厳を守りたいと願うのなら、私たち自身が暴力の消費から手を引かなければならない。人は得てして自分の非を認めたがらず、何か悲惨な問題があると知ったら国や企業に改善を求める。無論それも大事ではあるが、その国や企業による悪質な営みを支えるのは消費者である。「生きるためには何かを食べなくてはいけない」とはよく聞かれるが、その「何か」の中身に、私たちは無関心であり過ぎたのではないか。ホーメルや伊藤ハムの肉製品、マクドナルドのハンバーガー、吉野家の牛丼を食べずとも人は生きていける。冷蔵庫を開いた時、食事の席に着いた時、あるいは外食しようと思った時、改めて自分の食生活に何か歪んだところがないか考えてみるのも、あながち無意味ではないだろう。

＊　＊　＊

本書の訳出に当たっては、いつもながら語学上・解釈上の疑問点に悩まされ、上智大学英語学科のマイク・ミルワード先生に御教示を請う次第となった。緑風出版の高須次郎氏、高須ますみ氏、斎藤あかね氏には、企画の御快諾に始まり版権の取得、的確な編集・校正作業に至るまで、一部始終に渡ってお世話になった。皆様に心から御礼申し上げたい。最後に、息子の仕事の社会的意義を理解し、常に応援の言葉をかけ続けてくれる母にも、改めて感謝の念を捧げたい。

［編者紹介］

テッド・ジェノウェイズ（Ted Genoways）

2003年から2012年にかけ、『バージニア・クォータリー・レビュー』誌の編集者を務める（在任中、同誌は6度、全米雑誌賞を受賞）。現在は『マザー・ジョーンズ』誌の寄稿編集者、『オン・アース』誌の総合編集者を務め、『アトランティック』『ブルームバーグ・ビジネスウィーク』『ハーパーズ』『ザ・ネーション』『ザ・ニュー・リパブリック』『アウトサイド』『ワシントン・ポスト・ブック・ワールド』など、数多くの雑誌に詩とエッセイを発表。全米記者クラブ賞、ジェームズ・アロンソン社会正義ジャーナリズム賞を受賞、全米人文科学基金およびグッゲンハイム財団から研究奨励金を授与される。ネブラスカ州民の四世、現在同州リンカーンに在住。

公式ＨＰ：http://www.tedgenoways.com

［訳者紹介］

井上太一（いのうえ・たいち）

1984年生まれ。2008年、上智大学外国語学部英語学科を卒業。

会社員を経たのち、翻訳業に従事。主な関心領域は動植物倫理、環境問題。語学力を活かして国内外の動物擁護団体、環境団体との連携活動も行なう。

訳書にアントニー・J・ノチェッラ二世ほか編『動物と戦争―真の非暴力へ、《軍事 - 動物産業》複合体に立ち向かう』（新評論、2015年）、ダニエル・インホフ編『動物工場―工場式畜産ＣＡＦＯの危険性』（緑風出版、2016年）、デビッド・A・ナイバート『動物・人間・暴虐史―“飼い貶し”の大罪、世界紛争と資本主義』（新評論、2016年）があるほか、寄稿論文に“Oceans Filled with Agony: Fish Oppression Driven by Capitalist Commodification” in David A. Nibert ed., *Animal Oppression and Capitalism*（Praeger Press, 2016年刊行予定）がある。

JPCA 日本出版著作権協会
http://www.jpca.jp.net/

＊本書は日本出版著作権協会（JPCA）が委託管理する著作物です。

本書の無断複写などは著作権法上での例外を除き禁じられています。複写（コピー）・複製、その他著作物の利用については事前に日本出版著作権協会（電話03-3812-9424, e-mail：info@jpca.jp.net）の許諾を得てください。

屠殺《とさつ》——監禁畜舎《かんきんちくしゃ》・食肉処理場《しょくにくしょりじょう》・食《しょく》の安全《あんぜん》

2016年12月30日　初版第1刷発行　　定価2600円＋税

編　者　テッド・ジェノウェイズ
訳　者　井上太一
発行者　高須次郎
発行所　緑風出版 ©
〒113-0033　東京都文京区本郷2-17-5　ツイン壱岐坂
［電話］03-3812-9420　［FAX］03-3812-7262［郵便振替］00100-9-30776
［E-mail］info@ryokufu.com［URL］http://www.ryokufu.com/
装　幀　斎藤あかね　　カバー写真　Anita Krajnc/Toronto Pig Save
制　作　R企画　　印　刷　中央精版印刷・巣鴨美術印刷
製　本　中央精版印刷　　用　紙　大宝紙業・中央精版印刷　　E1200

〈検印廃止〉乱丁・落丁は送料小社負担でお取り替えします。
本書の無断複写（コピー）は著作権法上の例外を除き禁じられています。なお、複写など著作物の利用などのお問い合わせは日本出版著作権協会（03-3812--9424）までお願いいたします。
Printed in Japan
ISBN978-4-8461-1622-4　C0036

◎緑風出版の本

■全国どの書店でもご購入いただけます。
■店頭にない場合は、なるべく書店を通じてご注文ください。
■表示価格には消費税が加算されます。

動物工場
工場式畜産ＣＡＦＯの危険性
ダニエル・インホフ編／井上太一訳
四六判上製
五六〇頁
３８００円
アメリカの工場式畜産は、家畜を狭い畜舎に押し込め、成長ホルモンや抗生物質を与え、肥えさせる。その上、流れ作業で食肉加工される。こうした肉は、人間にも害を与えかねず、そこで働く人々にも悪影響を与える。実態を暴露。

永遠の絶滅収容所
チャールズ・パターソン著／戸田清訳
四六判上製
三九六頁
３０００円
人類は、動物を家畜化し、殺戮することによって、残虐さを学び、戦争と虐殺を繰り返してきた。本書は、その歴史を辿り、ある生命は他の生命より価値があるという世界観を克服し、搾取と殺戮の歴史に終止符を打つべきだと説く。

世界食料戦争〔増補改訂版〕
天笠啓祐著
四六判上製
二四〇頁
１９００円
現在の食品価格高騰の根底には、グローバリゼーションがあり、アグリビジネスと投機マネーの動きがある。本書は、旧版を大幅に増補改訂し、最近の情勢もふまえ、そのメカニズムを解説、それに対抗する市民の運動を紹介している。

増補改訂**遺伝子組み換え食品**
天笠啓祐著
四六判上製
二八〇頁
２５００円
遺伝子組み換え食品による人間の健康や環境に対する悪影響や危険性が問題化している。日本の食卓と農業はどうなるのか？　気鋭の研究者がその核心に迫る。本書は大好評の旧版に最新の動向と分析を増補し全面改訂した。

エネルギー倫理命法
100％再生可能エネルギー社会への道
ヘルマン・シェーア著／今本秀爾、ユミコ・アイクマイヤー、手塚智子、土井美奈子、吉田明子訳
四六判上製
三九二頁
2800円
原発が人間存在や自然と倫理的・道徳的に相容れないこと、小規模分散型エネルギーへの転換の合理性、再生可能エネルギーによる代替の有効性を明らかにする。脱原発へ転換させた理論と政治的葛藤のプロセスを再現。

政治的エコロジーとは何か
フランス緑の党の政治思想
アラン・リピエッツ著／若森文子訳
四六判上製
二三二頁
2000円
地球規模の環境危機に直面し、政治にエコロジーの観点からのトータルな政策が求められている。本書は、フランス緑の党の幹部でジョスパン政権の経済政策スタッフでもあった経済学者の著者が、エコロジストの政策理論を展開。

バイオパイラシー
グローバル化による生命と文化の略奪
バンダナ・シバ著／松本丈二訳
四六判上製
二六四頁
2400円
グローバル化は、世界貿易機関を媒介に「特許獲得」と「遺伝子工学」という新しい武器を使って、発展途上国の生態系を商品化し、生活を破壊している。世界的に著名な環境科学者である著者の反グローバリズムの思想。

グローバルな正義を求めて
ユルゲン・トリッティン著／今本秀爾監訳、エコロ・ジャパン翻訳チーム訳
四六判上製
二六八頁
2300円
工業国は自ら資源節約型の経済をスタートさせるべきだ。前ドイツ環境大臣（独緑の党）が書き下ろしたエコロジーで公正な地球環境のためのヴィジョンと政策提言。グローバリゼーションを超える、もうひとつの世界は可能だ！

ポストグローバル社会の可能性
ジョン・カバナ、ジェリー・マンダー編著／翻訳グループ「虹」訳
四六判上製
五六〇頁
3400円
経済のグローバル化がもたらす影響を、文化、社会、政治、環境というあらゆる面から分析し批判することを目的に創設された国際グローバル化フォーラム（IFG）による、反グローバル化論の集大成である。考えるための必読書！

フランサフリック
アフリカを食いものにするフランス

フランソワ＝グザヴィエ・ヴェルシャヴ著／大野英士、高橋武智訳

四六判上製 五四四頁 3200円

数十万にのぼるルワンダ虐殺の影にフランスが……。植民地アフリカの「独立」以来、フランス歴代大統領が絡む巨大なアフリカ利権とスキャンダル。新植民地主義の事態を明らかにし、欧米を騒然とさせた問題の書、遂に邦訳。

鉄の壁［上巻］
イスラエルとアラブ世界

アヴィ・シュライム著／神尾賢二訳

四六判上製 五八四頁 3500円

公開されたイスラエル政府の機密資料や、故ヨルダン王フセイン、シモン・ペレス現大統領など多数の重要人物とのインタビューを駆使して、公平な歴史的評価を下し、歴史の真実を真摯に追求する。必読の中東紛争史の上巻！

灰の中から
サダム・フセインのイラク

アンドリュー・コバーン／パトリック・コバーン著／神尾賢二訳

四六判上製 四八四頁 3000円

一九九〇年のクウェート侵攻、湾岸戦争以降の国連制裁下の一〇年間にわたるイラクの現代史。サダム・フセイン統治下のイラクで展開された戦乱と悲劇、アメリカのCIAなどの国際的策謀を克明に描くインサイド・レポート。

石油の隠された貌

エリック・ローラン著／神尾賢二訳

四六判上製 四五二頁 3000円

石油はこれまで絶えず世界の主要な紛争と戦争の原因であり、今後も多くの秘密と謎に包まれ続けるに違いない。本書は、世界の要人と石油の黒幕たちへの直接取材から、石油が動かす現代世界の戦慄すべき姿を明らかにする。

イラク占領
戦争と抵抗

パトリック・コバーン著／大沼安史訳

四六判上製 三七六頁 2800円

イラクに米軍が侵攻して四年が経つ。しかし、イラクの現状は真に内戦状態にあり、人々は常に命の危険にさらされている。本書は、開戦前からイラクを見続けてきた国際的に著名なジャーナリストの現地レポートの集大成。